架构师书库

U0174473

Go微服务实战

刘金亮 著

机械工业出版社
China Machine Press

图书在版编目（CIP）数据

Go 微服务实战 / 刘金亮著 . —北京：机械工业出版社，2021.1（2021.12 重印）
（架构师书库）

ISBN 978-7-111-67412-2

I. G…　II. 刘…　III. 程序语言 – 程序设计　IV. TP312

中国版本图书馆 CIP 数据核字（2021）第 011041 号

Go 微服务实战

出版发行：机械工业出版社（北京市西城区百万庄大街 22 号　邮政编码：100037）

责任编辑：杨绣国　　　　　　　　　　　　　责任校对：李秋荣

印　　刷：北京市兆成印刷有限责任公司　　　版　　次：2021 年 12 月第 1 版第 2 次印刷

开　　本：186mm×240mm　1/16　　　　　　印　　张：24.75

书　　号：ISBN 978-7-111-67412-2　　　　　定　　价：89.00 元

客服电话：（010）88361066　88379833　68326294　　　投稿热线：（010）88379604

华章网站：www.hzbook.com　　　　　　　　　　读者信箱：hzjsj@hzbook.com

Preface 前言

当今世界，软件的规模越来越大、功能越来越复杂，研发团队的规模也变得越来越大，运维人员和研发人员之间的工作交集越来越多。在这个大前提下，微服务模式在大型项目中开始风靡。

本书对使用 Go 语言进行微服务开发做了全面细致的介绍，包括微服务的基础知识、微服务的拆分、微服务进程间通信（IPC）、微服务的分布式事务管理、领域驱动设计（DDD）、微服务中的测试、基于 ES-CQRS 的微服务实践、微服务生产环境和持续交付等。本书比较全面地对微服务进行了介绍，而且对于每个知识点都给出了技术实现和实例代码，比如微服务进程间通信部分重点介绍了 gRPC，ES-CQRS 部分则给出了 Go 语言的具体实现。在介绍完知识点之后，本书给出了一些综合性的案例，比如第 10 章、第 22 章等，并通过 GitHub 提供了完整的可运行的代码，可帮助有基本 Go 语言语法知识的读者尽快了解、掌握微服务模式。

不同的语言对于微服务的实现都不相同。为了让读者更深入地了解 Go 语言的微服务实现模式，本书前 6 章深入介绍了 Go 语言的语法知识，包括 Go 语言程序基础，基本数据类型，字符串与复合数据类型，函数、方法、接口和反射，并发编程，包和代码测试等。对于已经熟练掌握 Go 语言的读者来说，前 6 章可以略过，或者快速浏览一遍。

本书目的

本书是为 Go 语言开发者和希望进入 Go 微服务开发领域的读者准备的，它不是一本仅介绍微服务的书，有一半的篇幅是在介绍 Go 语言的知识，所以特别适合有 Java、Python 等其他编程基础而希望转到 Go 语言编程的读者阅读。

本书除了详细地介绍相应的理论知识以外，还配备了示例代码，所有代码均已在 GitHub 上开源，读者可以边读书边实践。希望通过这种方式让更多的工程师受益，帮助他们将所学知识尽快转化为生产力。

本书内容

本书分为四个部分，完整涵盖了从 Go 语言到微服务的各个方面。每一部分都提供了示例代码或实战项目，读者可以边学习边动手练习。

第一部分是 Go 语言基础（第 1 ~ 7 章），包括 Go 语言的基础语法、Go 语言的基本特性和 Go 语言的实战项目。Go 语言的基础语法部分包括变量、基本数据类型、垃圾回收机制、字符串和复合类型等。对于字符串的介绍，重点讲解了 Go 语言字符串的特点及存储方式。另外，第一部分还介绍了 Go 语言里的 slice 如何存储、如何操作。Go 语言对 slice 的使用非常频繁，而 struct 是在 Go 语言没有类的情况下对封装的具体体现，struct 是数据类型的核心。Go 语言的基本特性部分包括 Go 语言的基本函数、方法、接口、反射及并发等内容。Go 语言没有类，它如何实现面向对象的诸多特性呢？比如封装、多态等。函数和 goroutine 相结合又会出现什么情况？读者学习本部分内容后对 Go 语言的灵活性会有所理解。Go 语言的并发通过 goroutine 和 channel 实现，语法很简单，但理论知识需要清楚理解。Go 语言的实战项目部分主要介绍了 Go 语言自带的测试工具和一个实战项目。这个模拟项目对本部分前面的知识进行了总结和复习。

第二部分是 Go 语言进阶（第 8 ~ 10 章），主要内容是 Go 语言的并发编程进阶、Go 语言的 Web 编程以及综合实战。并发编程进阶及 Web 编程部分分别介绍了可以承担高负载的线程池实现以及 Go 语言里的 Web 编程。Go 语言的并发性能非常强，只要把 goroutine 用好，结合设计模式，就可以设计出优秀的高并发服务。而 Go 语言的 Web 编程就更为方便，甚至只使用标准模块就可以写出 Web 程序。另外，本部分还会介绍一个综合案例，不仅对第一部分及第二部分所学的知识进行总结和复习，同时还介绍了 Web 编程常用的 gin 框架。

第三部分是微服务理论（第 11 ~ 18 章），主要内容包括微服务模式的理论基础、微服务的进程间通信、微服务的分布式事务管理、领域驱动设计（DDD）、微服务测试、Docker 及 ES-CQRS 策略。在微服务模式的理论基础部分，详细介绍了各种模式的演变，并且给出了具体的示例代码。进程间通信部分主要介绍了 Go 语言中的常用进程通信方式——protobuf、gRPC 和 consul，是微服务的技术入门。在微服务的分布式事务管理部分对分布式事务管理的方式进行了探讨，对不同拆分方式的优缺点进行了对比，其中重点介绍了 Saga，并且给出了代码实现。领域驱动设计（DDD）部分介绍了其在 Go 语言中的实现，并给出了相关的概念，比如聚合、聚合的模式，此外，还展示了一个模拟实现。微服务测试部分介绍了测试的基本方法，建议结合第一部分中 Go 代码测试进行阅读。Docker 部分重点介绍了 Docker 的基本原理及使用方法。Docker 一般是由运维人员操作的，不过工程师也需要对 Docker 有一定的了解，以便于开发微服务。最后，本部分介绍了微服务中的知名策略——ES-CQRS 在 Go 语言中的实现。

第四部分是微服务实战（第 19 ~ 22 章），包括微服务的生产环境、日志和监控、持续交付、实战项目。生产环境部分重点介绍了生产环境的安全，以及应用、运维和外部安全等内容，这是工程师在实战中必须了解的知识。日志和监控是微服务开发必须关注的内容，一旦微服务处于运行状态，工程师就可以通过日志和监控工具来诊断服务。持续交付，或者说 DevOps，是微服务开发和部署过程中必不可少的知识领域，它是一个非常大的话题，本书站在 Go 语言的角度对其进行了介绍，并给出了实践案例，目的是让开发人员更好地理解持续交付。实战项目使用 Go kit 框架进行模拟。Go kit 框架是 Go 语言领域非常著名的框架，所以本书选择结合此框架对前面介绍的知识进行实战应用。

本书适合的读者

本书适合有其他语言编程经验或者 Go 编程基础的读者阅读，如果完全没有编程基础，建议首先阅读 D&K 的 *The Go Programming Language*（《Go 程序设计语言》）。

本书有助于有其他语言编程基础（比如 Java、Python、C++）的工程师转到 Go 语言的微服务实现项目中。

此外，对于对 Go 语言和微服务感兴趣的在读大学生来说，本书也是不错的选择，书中丰富的案例不仅能帮助学生学习知识，也能让学生提前了解工程项目的代码架构、测试工具等。

代码约定规范

为了读者阅读方便，特规定书中的代码格式如下：

```
book/chapter0/sample.go
1. package main
2. import (
3.     "fmt"
4. )
5. func main() {
6.     fmt.Println("Go代码示例!")
7. }
```

1）代码段上方会给出源码的具体路径，读者可以参考练习，这样也方便读者在本书配套的源码中查找对应的源码。

2）为了解释方便，代码大都提供了行号，如果需要特别说明，会以行号为索引进行说明。

3）如果因为排版问题代码出现了换行，行号不会增加。换言之，每个行号严格对应编辑器内的一行代码。

```
1. $go version
2. go version go1.12.6 darwin/amd64
```

1）命令行的输入也是带有行号的。

2）命令行统一以 $ 开始，不含有 $ 的一般是命令执行结果。

对于特别重要的地方，笔者会单独给出说明（有"说明"或"注意"的提示内容）。

更多信息

为了更好地使用本书，建议读者准备一台电脑，配备 Windows、MacOS 或者 Linux 操作系统均可。本书前两部分的代码笔者在 Mac 环境中测试过，其他操作系统下使用这些代码也没有问题。书中后面两部分的源码均是笔者在 Mac 电脑上开发、在 CentOS7.6 系统上测试过的，为避免不必要的 bug，建议读者的微服务环境也使用 CentOS7.6 系统。

Contents 目　　录

Go 语言基础

Go 语言是当今比较流行的语言，由 Google 公司研发。2010 年 9 月 Google 公司开源了其源码。从语法上来看，Go 语言与 C 语言相近，二者都有贝尔实验室的基因。不过本书对 Go 语言的介绍不会太详细，毕竟本书主要介绍 Go 语言的微服务实战，所以基础的语言部分将从基本的数据类型开始，然后是复合数据类型、函数、方法、接口及反射。本书还会介绍并发编程、包及 Go 语言工具、测试和错误及异常处理。至于环境的安装以及 if、while、for 等比较基础的内容，本书都会略过去，如果读者遇到此类问题请自行补充相关知识。

不过本部分的开始还是需要解释一下为什么本书要使用 Go 语言，而不是使用 Java、Python 或者 C++ 进行微服务开发。作为一个使用过 Python、Java 和 Go 语言的工程师，笔者总结出了选择 Go 语言的原因：

1）比 Java 代码简洁，开发效率高，性能更好。

2）比 Python 性能好很多，特别是并发处理优势巨大。

所以，如果要开发的是一个高并发、高性能的项目，那么应该考虑把部分功能放到 Go 语言里来处理。毕竟，微服务的优势不就是容器化后的高效跨语言吗？

Go 语言不会取代 Java，也不会取代 Python，但更多和服务器打交道的开发会选用 Go 语言。Docker、Kubernetes 不就是 Go 语言开发的吗？可见，Go 语言是工程师应该掌握的一门语言。

本书第一部分的示例代码地址为 https://github.com/ScottAI/book。

Chapter 1 | 第 1 章

Go 语言程序基础

1.1 Hello，World！

按照其他语言的惯例，本节也先用 Go 语言实现一个简单的 Hello, World! 程序，先来看一下最简单的代码，如下：

```
book/chapter01/helloworld/hello.go
1.  package main
2.
3.  import "fmt"
4.
5.  func main() {
6.      fmt.Println("Hello,World!")
7.  }
```

> 说明 本书略过了 Go 语言环境的安装，请读者自行查阅安装。建议读者在练习的时候每一节设置一个包（package），在此包下创建对应的 .go 文件后，就可以在该文件所在的目录下直接执行程序了，本例为 go run hello.go。

假设上面的代码命名为 hello.go，那么可在该目录下通过以下命令行执行该程序：

```
1. $ go run hello.go
```

然后可以在终端看到运行结果：Hello,World!

Go 语言是编译型语言，虽然本例只是执行了 go run 这一个指令，后台对应的处理流程却仍然是先编译为二进制机器指令，然后链接相关资源运行，最后输出结果。当然，我们也可以把编译和执行分为两步来完成，即先用 go build 指令进行编译，然后找到生成的二进制程序，并直接在命令行执行。对应本例，读者可以在 hello.go 所在目录下的命令行中执行如下命令：

```
1. $ go build ./hello.go
```

这样就可以看到在同一个目录下生成了二进制程序 hello。然后直接在命令行输入：

```
1. $ ./hello
```

这样就可以看到与执行 go run 命令一样的结果输出了。

> **说明** 还记得本书前言部分的示例代码吗？那里打印了汉字。如果读者是有经验的程序员，一定会猜到 Go 语言是原生支持 Unicode 的，所以用户可以方便地处理汉字及其他各种语言文字。

Go 语言非常简洁。"Hello,World!"程序虽然简单，但是非常具有代表性，接下来看一下程序结构：

第 1 行是包的声明。本例中是 main 包，也是每个项目的入口，main 包是独立的可执行程序。包是 Go 语言项目结构的核心组成，如果其他 Go 程序要导入已有的程序，要通过导入（import）对应的包来实现。每个 Go 语言程序的第一行都是包的声明，每个包可以有一个或多个以 .go 为扩展名的文件。

第 3 行通过使用 import 导入了 Go 语言提供的标准包 fmt，Go 语言提供了一百多个标准包，后面会根据需要进行介绍。此外，用户自己开发的包也可通过这种方式导入，在 import 关键字后面的括号中，可以写入用到的多个包。

> **注意** 使用 import 导入的包必须在本程序中用到。如果导入了却没有使用，则编译无法通过。同样，声明的变量也必须用到，否则也无法编译通过。这是 Go 语言的优良特性之一。

第 5 行定义了一个函数，func 是定义函数和方法的关键字，会在第 3 章具体介绍。现在我们只需知道，func 关键字后面是函数名，括号内是参数列表。函数体是用大括号括起来的。

第 6 行使用 fmt 的 Println 函数打印一个字符串。可以看到函数名的第一个字母是大写的，首字母大写代表包外可见。还有，语句后面不需要加分号，这一点 Python 程序员应该比较熟悉。

> **注意** Go 语言其实也可以使用分号，比如把多行代码写在一行的时候，不过不建议那样做，因为不便于阅读。既然 Go 语言没有分号，又如何解析语句呢？Go 语言在这一点上有些类似于 Python，又不同于 Python。Go 语言在编译的时候会把换行符解析为分号，所以大家写 Go 语言程序的时候要注意换行，即不要把函数的大括号单独作为一行，那样编译是通不过的。此外，还请注意 Go 语言的代码格式，不过 IDE

会自动检查并纠正。对于代码编辑器，可以选择 VSCode 或者 Goland，此处首推 Goland，因为它的提示功能非常强大。

仅仅这个程序还不足以体现 Go 语言的简洁和开发的高效，下面再来换一种方式实现这个 Hello World! 程序。

首先来看以下代码：

```
book/chapter01/1.1/helloserver/main.go
1.   package main
2.
3.   import (
4.       "fmt"
5.       "log"
6.       "net/http"
7.   )
8.
9.   func handler(w http.ResponseWriter,r *http.Request) {
10.      s := "你好，世界！"
11.      fmt.Fprintf(w,"%s",s)
12.      log.Printf("%s",s)
13.  }
14.  func main() {
15.      fmt.Println("server start.")
16.      http.HandleFunc("/",handler)
17.      if err := http.ListenAndServe("localhost:1234",nil); err != nil {
18.          log.Fatal("ListenAndServe:",err)
19.      }
20.  }
```

使用 Go 语言开发 Web 服务是不需要用户单独安装其他服务器的，直接使用标准的 net/http 包就可以构建 Web 服务了，正如上面的代码所示。这段代码实现的功能非常简单，即通过 fmt.Fprintf 函数向 http 请求打印字符串。执行本程序后，可以看到在控制台上会输出"server start."，然后在浏览器中访问地址 localhost:1234，这时候可以看到页面显示：

你好，世界！

同时，控制台也会打印这个字符串。

下面介绍上一段代码中比较重要的几行：

第 9 行至第 13 行，这是函数 handler 的定义，其参数是固定的，因为要满足接口的要求，具体情形会在后面介绍。请注意第 2 个参数，前面带有"*"，表明此处参数传递的是指针。http.Request 代表一次请求，是一个结构体。指针和结构体都会在后文介绍。在第 10 行中，:= 表示声明与赋值两个动作一并完成，如果仅仅是声明而不赋值需要使用 var 关键字，且 := 必须是未声明的变量。

第 16 行会将路径和处理函数绑定，当根路径要进行访问时，交给 handler 函数处理。

第 17 行至第 19 行，启动 Web 服务，并监听相应端口。

通过这个例子可以更为直观地感受到 Go 语言的简洁。标准包提供了应有的功能，使用的时候方便快捷。具体的 Web 编程会在第 9 章详细介绍，此处的代码仅供读者提前熟悉 Go 语言的风格。

1.2　变量、指针及赋值

1.2.1　变量和常量

与其他语言一样，Go 语言也是提供常量和变量的，这是程序的基础。变量的声明使用 var 关键字，常量的声明使用 const 关键字。

定义变量的形式如下：

```
var name [类型] = [表达式]
```

注意，在使用过程中，"类型"和"表达式"两者可以省略一个，但不可以同时省略。如果省略了"类型"，该类型将根据表达式推测得出。如果省略了"表达式"，则变量会被赋予一个默认值，各变量类型的默认值如下：

❑ 数字类型默认为 0。
❑ 布尔类型默认为 false。
❑ 字符串类型默认为 ""。

其他诸如接口、slice、指针、map、通道、函数的默认值是 nil。如果是复合类型，如结构体，其内部所有元素被赋予对应的默认值。

除了上面的基本用法之外，变量还有下面一些特别的用法：

```
book/chapter01/1.2/var/main.go
1.  package main
2.
3.  import (
4.      "fmt"
5.      "math/rand"
6.  )
7.
8.  func main() {
9.      // 多个变量一起通过类型声明
10.     var i,j,k int
11.     fmt.Printf("i:%d,j:%d,k:%d",i,j,k)
12.     fmt.Println()
13.     // 多个变量一起通过表达式声明
14.     var a,b,c = 1,"s",true
15.     fmt.Printf("a:%d,b:%s,c:%t",a,b,c)
16.     fmt.Println()
17.     // 声明赋值的缩写
18.     f := rand.Float64()*100
19.     fmt.Printf("f:%g",f)
20. }
```

```
21. // 执行结果
22. i:0,j:0,k:0
23. a:1,b:s,c:true
24. f:60.466028797961954
```

> **注意**　这里把执行结果和代码放在了一起，从第 21 行以后是执行结果。

上述代码段的说明如下：

第 10 行表示把多个变量与对应类型一起声明，多个变量是同一类型时可以使用这种方式。第 22 行是其对应的输出，可以看到默认都是 0。

第 14 行是通过表达式对一个变量列表进行定义和赋值，这种用法允许不同类型的表达式在同一行中定义。第 23 行是各变量的值。

第 18 行是短变量的使用，或者是声明和赋值一并完成的缩写或简写。如果已知一个变量要赋予的初始值，那么可以使用 ":=" 来表示，不需要使用 var。

其实短变量的用法还可以更为灵活，比如同时给两个变量定义并赋值，示例如下：

```
m,n := 0,1
```

请注意 ":=" 和 " =" 的区别，" =" 仅仅是赋值，要求变量已经存在，而 ":=" 是首次赋值，同时会完成定义。

变量是可变的，而与之对应的就是常量，常量的值是不可以改变的。Go 语言定义常量使用的是 const 关键字。

> **注意**　Go 语言中的常量一般会用作全局常量，如果你的程序里常量太多，请仔细审视软件的设计。

常量的值是在程序编译的时候确定的，之后不可再变。可使用如下形式定义常量：

```
const LENGTH = 100
```

其值可以是上述示例中的数字类型，也可以是字符串或者布尔类型。

可以一次性定义多个常量：

```
const (
SYS="Debian"
TYPE="pro"
)
```

常量还可以同时指定类型和表达式：

```
const s1 = "test"
const s2 string = "test"
```

以上两种用法中，第一种会根据等号右侧表达式的值推测出其 string 类型。需要指出的是，第一种用法是 Go 语言中的无类型用法，这种无类型也是一种类型，是一种比基本类型精度更高的类型，至少可以达到 256 位，比机器硬件精度更高。其实，无类型在 Go

语言中有六种：无类型布尔、无类型整数、无类型文字符号、无类型浮点数、无类型复数以及无类型字符串。这种无类型可以用来处理基本类型处理不了的数据，比如精度特别大的浮点数。

　　声明常量时可以使用常量生成器 iota。iota 可以通过枚举创建一系列相关的值，而且不需要明确定义类型。iota 每次从 0 开始取值，逐次加 1。

　　下面通过一个例子看一下枚举的实现：

book/chapter01/1.2/iota/main.go

```
1.  package main
2.
3.  import "fmt"
4.
5.  type data int
6.
7.
8.  const (
9.      Zero data = iota
10.     One
11.     Two
12.     Three
13.     Four
14. )
15.
16. func main()  {
17.
18.     fmt.Println(Zero)
19.     fmt.Println(One)
20.     fmt.Println(Two)
21.     fmt.Println(Three)
22.     fmt.Println(Four)
23. }
```

上述代码说明如下：

　　第 5 行使用 type 关键字定义了一个新类型，这个新类型就是 int 类型。之所以要再定义 data 这个类型，是因为下面还要定义里面的常量。这样就达到了其他语言枚举的效果。

　　第 8 行至第 14 行是为 data 类型定义的 Zero 到 Four 五个常量，我们只在第 9 行为 Zero 赋值（同 iota），后面的会自动加 1。

　　执行程序，打印效果如下：

```
0
1
2
3
4
```

对于 iota，如果仅仅是这种用法，自然是有局限性的，实际上 iota 是支持在表达式中使用的。

　　比如：

```
const(
p2_0 = 1<<iota
p2_1
p2_2
p2_3
)
```

通过左移运算符达到乘以 2 的幂的效果，数据将会分别是 1、2、4、8。

1.2.2　指针

Go 语言是支持指针的，这一点和 C/C++ 很像。假设有一个 int 型变量 x，&x 表示取 x 的地址，将此值赋给 p，那么 p 就是指针。取得指针指向的值，我们使用 *p。示例如下：

```
var int x //x默认初始值为 0
p := &x //p为整型指针，指向 x
fmt.Println(*p) // 此时打印输出  0
*p = 1 // 类似于 x=1
fmt.Println(x) // 此时打印输出 1
```

> 🎯说明　本书中默认初始值的叫法，就是 Go 官方文档中的 Zero Value，很多文档和书本都将其直译为"零值"。不过本书沿用了 C 语言的叫法，都叫作默认初始值。

我们可以用指针来代替变量名，如果指针改变了变量值，会影响到变量名，因为本质上它们就是同一个内存空间。

上面的例子是基本类型。其实，复合类型（如结构体或数组）也是变量，它们也有一个地址，也是可以通过指针进行操作的。对应地，复合类型内的具体元素同样有地址，并且可以通过指针进行操作。

对于上例中的 p，我们称之为指针类型。指针类型的默认初始值为 nil，可以通过 p==nil 来判断是否取得地址，nil 是未成功取得。

再来看一个对比：

book/chapter01/1.2/pointer/main.go
```
1.  package main
2.
3.  import "fmt"
4.
5.  func main() {
6.      m := 1
7.      selfPlusPointer(&m)
8.      fmt.Println(m)  //2
9.      fmt.Println(*selfPlus(1))  //2
10. }
11.
12. func selfPlusPointer(n *int){
13.     *n++
14. }
15.
```

```
16. func selfPlus(n int) *int {
17.     t := n+1
18.     return &t
19. }
```

上述代码中有两个函数：selfPlusPointer 和 selfPlus，函数的具体介绍会在第 4 章进行，此处先大概解释一下。

第 12 行至第 14 行的 selfPlusPointer 函数非常简单，接收到的是一个 int 指针类型的参数，直接执行了自增运算。注意，自增在 Go 语言中不是一个表达式，不像 C 语言可以用 n=n++，它是一个独立的语句，单独成行。这个函数没有返回值，因为我们直接通过指针把值修改了，相当于变量的值直接变了，也就不需要再传递了。

第 16 行至第 19 行的 selfPlus 函数接收到的是一个整型参数，这时候用一个临时变量暂时存储 n 的自增 1 结果，然后再返回临时变量的指针类型。

第 5 行至第 10 行是 main 函数。第 6 行定义变量 m，要注意第 7 行 &m 参数的使用，它代表传递 m 的地址给 selfPlusPointer 函数。接着打印 m，打印 2。注意第 9 行的用法，因为 selfPlus 返回的是指针类型，所以我们打印的时候要以"*"为前缀，这样才是取得指针指向的值，如果不加"*"，打印的就是一个地址。

> 说明 在 Go 语言中，除非显式地使用指针，否则所有的值传递都是具体值的复制，包括数组等复合结构。所以，指针是 Go 语言工程师必须掌握的知识。

前面介绍指针的时候用的都是有变量名的变量，那么，可不可以直接用指针指向一个没有变量名的变量呢？

Go 语言提供了 new 函数来帮助我们创建一个不需要名称的变量，并可以直接赋值给一个指针，其用法非常简单，示例如下：

```
p := new(int) //p 为 *int 类型
fmt.Println(*p) //0
```

对于指针的介绍就到这里，请读者注意代码中对指针的使用，值得一提的是，Go 语言的指针比 C++ 语言的要安全得多。

1.2.3 赋值

赋值语句最简单、最常见的形式是使用"="，等号左边是变量名，等号右边是表达式。

Go 语言提供了自增、自减和 *=、+= 等先运算再赋值的操作，示例如下：

```
m := 1
m++  // 相当于 m=m+1
m -= 1 // 相当于 m=m-1
```

这些语句都是为了避免表达式中重复出现变量名，让运算完成后再赋值。

多重赋值是 Go 语言中赋值的另一个特点，也就是说允许一系列变量一次性赋值。这种特性有时会让我们的编程非常便利，比如把 m 和 n 两个整型变量的值进行调换：

```
m,n = n,m
```

当然，也可以是两个以上的变量一起赋值：

```
x,y,z = 1,2,3
```

不过，如果同一行中有太多表达式，可读性就会下降，所以要灵活把握。

多重赋值在 Go 语言代码中非常常见，因为大多数函数返回的都是多个返回值。

```
in,err := os.Open("test.txt")
```

我们要打开一个本地文件，可以使用 os 包的 Open 函数返回文件的句柄和错误，然后用 in 和 err 对应等待赋值，如果 err 为 nil，则代表没有错误，这也是 Go 处理错误的方式，后文会有具体介绍。

如果此处我们不在意错误，可以将不需要的值赋给空标识符 _，如下：

```
in,_ := os.Open("test.txt")
```

 说明 在 Go 语言中，空标识符 _ 是比较常用的，不需要的赋值都可以赋给空标识符。可以将其理解为特殊的变量名。

除了上面介绍的通过等号显式赋值以外，在 Go 语言的代码中还隐藏着很多隐式赋值。比如：

```
data := []int{1,2,3}
```

这是整型切片的应用，会在第 3 章介绍。这里要提前指出此处的隐式赋值，相当于：

```
data[0] = 1
data[1] = 2
data[2] = 3
```

隐式赋值要求后面跟的具体值与前面的类型严格一致，否则编译会报错。

1.3 包及作用域

包是数据和函数的集合，Go 语言使用包实现程序的模块化。使用 package 关键字定义一个包时，一般约定使用小写字母对包命名。每个包下面可以有一个或者多个以 .go 结尾的文件，不过每个文件开头的 package 语句都是相同的，以此定义同一个包。

一个包意味着一个独立的命名空间，比如 p1 包里有个 Num 变量，而在 p2 包也有一个 Num 变量，这两个变量可能是完全不同的，也没有任何关系，我们使用的时候要分别导入，如 p1.Num 和 p2.Num。

需要注意的是，并不是一个包内所有的函数、变量都可以被外部程序调用。Go 语言通过函数、变量首字母的大小写来控制可见性，首字母大写的才是包外可见的，首字母小写的是包内私有的。

 说明　Go 语言中标识符的命名规则为驼峰式，比如 MakeSlice，即命名为多个单词时，各单词的首字母均大写。

在程序中需要用到某个包的时候，通常会使用 import 关键字进行导入，比如：

```
import "fmt"
```

导入之后，就可以通过包来调用其对外可见（或称之为可导出）的函数或变量了。比如：

```
fmt.Println("")
```

包名并不是全局唯一的，它仅仅是在上一层目录下唯一。比如，虽然 ch01/learn 包和 ch02/learn 包的名字都是 learn，但它们是两个不同的 learn 包，不过导入之后都是 learn 包，所以 Go 语言代码在导入的时候会取别名，比如：

```
import f  "fmt"
```

这样就可以通过 f 来调用 fmt 内的函数了。

对每个包的注释，只需要出现在一个文件里就可以了，一般在 package 命令之前书写本包的说明，紧挨着该命令。使用 go doc 可以生成说明文档。

注意　如果包的注释说明比较多，超过了三行，则可以考虑在该包下单独创建 doc.go 文件记录说明。建议在一个包下有多个文件时采用这种方式。

关于包，此处还要介绍一个重要的函数 init。该函数在包初始化的时候调用，且仅仅允许初始化的时候自动执行一次。该函数最常见的应用场景就是初始化数据库连接池，后面会介绍。

Go 语言程序的执行是从 main 包内的 main 函数开始的，如果 main 中导入了其他包，则会按照导入 main 包的顺序（具体的顺序依赖于具体实现，一般是根据包的路径字母的顺序来确定）进行初始化。每个包先初始化常量，再初始化变量，然后执行 init 函数，init 函数执行完以后开始执行 main 包下的 main 函数。

注意　一个包内可以有多个 init 函数，初始化的时候会按照出现的顺序执行。

在介绍完包以后，再来探讨一下作用域。我们定义的变量，其有效范围有多大呢？也就是说作用域如何呢？在包内定义的变量在整个包内可见。在方法内声明的变量仅在这个方法块（指方法的两个大括号内）内有作用，在方法块外是不可见的。我们可以理解为在大括号内声明的变量，在大括号外是不可见的。

1.4 选择和循环

像所有的语言一样，Go 语言也提供了关键字实现选择，比如，通过 if else、switch 语句来实现。

对于 if 语句，这里不再赘述，与其他语言基本一致。下面简单介绍一下 switch 语句。switch 语句的一般用法如下：

```
switch{
case n<0:
    fmt.Println("<0")
case n>0:
    fmt.Println(">0")
default:
    fmt.Println("=0")
}
```

上述代码中，无论满足哪个 case 条件，都不需要 break，这与 Java 不同，但可以使用 default 语句，如代码中所示。

Go 语言的循环只提供了 for 关键词，没有 while 等其他关键词，因为 for 完全可以替代 while。这一点非常符合 Go 语言简洁的风格。

for 循环是编程中最常见的循环，我们可以通过变量控制循环的次数，比如：

```
for i := 0;i<100;i++ {

}
```

循环一共会执行 100 次，当 i 达到 100 时循环结束。注意，i 的作用域是这个 for 循环，我们可以在大括号内使用 i。如果要在 100 次循环完成前结束循环，可以用 break，如果仅仅是结束本次循环代码块内剩余的代码然后继续开始下一次循环，可以用 continue，这些都与其他语言一样。

Go 语言没有提供 while 关键词，那么我们如何用 for 来实现 while 的功能呢？有两种方式，一种是：

```
for {

}
```

即直接写 for，就相当于 while，如果需要结束循环，在 for 代码块内使用判断加 break 就可以。

如果要模仿 do ... while，可以使用另一种方式：

```
for ok:=true;ok;ok=expression{

}
```

一旦 expression 返回的值为 false，则循环结束。

这样，while 可以做到的就完全可以使用 for 来替代了。

熟悉 Python 的读者都知道 range 函数非常好用，可以方便地遍历队列等对象。而在 Go 语言中，直接把 range 作为了关键字，当然在实现上与 Python 有所不同，for 和 range 的结合使用在 Go 编程中是非常常见的。

下面针对本节的几个知识点给出示例代码。

book/chapter01/1.2/loop.go

```
1.  package main
2.
3.  import "fmt"
4.
5.  func main() {
6.      for i:=0;i<10;i++{
7.          if i%2 == 0{
8.              continue
9.          }
10.         fmt.Print(i,"   ")
11.     }
12.     fmt.Println()
13.     i := 5
14.     for{
15.         if i<1 {
16.             break
17.         }
18.         fmt.Print(i,"   ")
19.         i--
20.     }
21.
22.     fmt.Println()
23.     arr := []int{1,2,3,4,5}
24.     for i,v := range arr{
25.         fmt.Println("index:",i,"value:",v)
26.     }
27. }
```

请读者结合前文的解释阅读代码，并且在自己的计算机上调试本程序。

1.5　垃圾回收

Go 语言的垃圾回收也是自动实现的，本节将介绍 Go 语言的垃圾自动回收功能。所谓垃圾回收，就是释放那些不会再使用的程序所占的空间，比如已经没有引用的变量。垃圾回收过程是与 Go 程序并发执行的。

很多语言都有垃圾回收机制，比如 Java、Python 等。对应的垃圾回收策略也有不同，比较著名的垃圾回收机制有引用计数（Reference Counting）、分代收集（Generation）、标记 – 清除（Mark and Sweep）。

而 Go 语言的垃圾回收机制是三色标记算法，该算法在论文 *On-the-fly Garbage*

Collection: *An Exercise in Cooperation* 内提出，Go 团队根据该论文在 Go 语言中实现了垃圾回收机制，如图 1-1 所示。

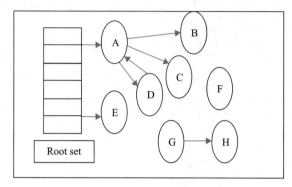

图 1-1　Go 语言垃圾回收示意图

下面以图 1-1 所示的例子来说明三色标记算法。三色标记算法的原则就是把堆中的对象分配到不同颜色的集合当中，而颜色（黑、白、灰）是根据算法标记的。

首先来解释一下各个颜色代表的含义。

- 黑色集合：没有任何指针指向白色集合的对象集合。
- 白色集合：允许有指针指向黑色集合。
- 灰色集合：可能会有指针指向白色集合的对象。

根据上面的定义可知，白色集合就是最后要回收的对象集合。下面根据该图来介绍一下算法的步骤。

第一步，所有对象进入白色集合，这时三个集合的状态如下。

白色集合：A B C D E F G H

黑色集合：

灰色集合：

第二步，找到根对象（根对象是指程序能直接访问的对象，比如全局变量），放入灰色集合，此步骤结束后状态如下。

白色集合：B C D F G H

黑色集合：

灰色集合：A E

第三步，取出灰色集合的对象，把这些对象指向的对象取出放入灰色集合，自己则放入黑色集合。如此循环，直到灰色集合为空。此步骤之后状态如下。

白色集合：F G H

黑色集合：A E B C D

灰色集合：

第四步，清理白色集合。

Go 语言的垃圾回收是并行处理的，所以在不同集合之间移动的时候要考虑读写问题。Go 语言的垃圾回收是通过修改器（Mutator）和写阻塞（Write Barrier）来完成的。

Go 语言的垃圾回收机制一直在优化，读者如果对这部分内容感兴趣，可以在 GitHub 上搜索查看更多新想法。

1.6　小结

本章介绍了 Go 语言的基础知识，包括变量、指针和包及作用域，还有垃圾回收与程序执行顺序。

本章的内容对于有编程功底的读者来说比较简单。但是如果读者没有编程经验，则需要更多地练习。

基本数据类型

Go 语言的数据类型有四大类：基本数据类型、复合类型、引用类型以及接口类型。本章主要介绍的是基本数据类型，包括整型、浮点型、复数、布尔类型和常量。

基本数据类型中的常量在 1.2 节中已经介绍过。此处要对字符串特别说明，在一些介绍 Go 语言的书籍中，字符串也会被认为是基本数据类型。不过本书中会把字符串和复合类型结合起来介绍，因为字符串和复合类型的数组在底层原理上非常相似，这部分内容会在 3.1 节与数组一起介绍。

Go 语言支持 Unicode，其类型见表 2-1。

表 2-1 基本类型说明表

类型	长度（字节）	默认值	说明
bool	1	false	
byte	1	0	uint8
rune	4	0	int32
int、uint	4 或 8	0	32 或 64
int8、uint8	1	0	
int16、uint16	2	0	
int32、uint32	4	0	
int64、uint64	8	0	
float32	4	0.0	
float64	8	0.0	
complex64	8		
complex128	16		
unintptr	4 或 8		

同时，Go 语言支持八进制、六进制以及科学计数法。标准库 math 定义了各数字类型的取值范围。

我们可以像下面这样定义上述几种类型的变量：

```
a, b, c, d := 077, 0x2F, 2e9, math.MinInt15
```

注意，空指针的值是 nil，而并非 C 语言或 C++ 里面的 NULL。

本章开始已经介绍 Go 语言的数据类型包括整型、浮点型、复数和布尔类型，下面会按照这个顺序依次进行简单讲解。

2.1 整型

Go 语言的整型和浮点型、复数一样，其值根据正负、大小的不同，分为多个具体类型。这一点与 C 语言相似。

比如，整型有 int8、int16、int32、int64 等类型，但因为编译器的原因，Go 语言又不会将它们严格定义为 8 位、16 位、32 位或 64 位。

> **注意** rune 是 int32 的别名，使用 utf-8 进行编码。如果要访问字符串中的字符，比如遍历字符串中的每个字符，可以使用这个类型。

2.1.1 整型取值范围

整型又分带符号和无符号两种形式。int 为带符号类型，uint 为无符号类型。

Go 语言同时支持 int 和 uint 这两种类型，它们的长度相同，但具体长度取决于不同编译器的实现。

Go 语言里面也有直接定义好位数的类型，包括：rune、int8、int16、int32、int64 和 byte、uint8、uint16、uint32、uint64 等。

带符号整型中各个具体类型对应的值范围如下：

❑ int8（-128 ~ 127）

❑ int16（-32768 ~ 32767）

❑ int32（-2,147,483,648 ~ 2,147,483,647）

❑ int64（-9,223,372,036,854,775,808 ~ 9,223,372,036,854,775,807）

无符号整型中各个具体类型对应的值范围如下：

❑ uint8（0 ~ 255）

❑ uint16（0 ~ 65,535）

❑ uint32（0 ~ 4,294,967,295）

❑ uint64（0 ~ 18,446,744,073,709,551,615）

2.1.2　运算符

Go 语言里面的数值运算符包括二元运算符、一元运算符。

1. 二元运算符

二元运算符包括算术运算、逻辑运算和比较运算，运算符优先级按从上到下的递减顺序排列：

```
*     /     %     <<      >>      &      &^
+     -     |     ^
==    !=    <     <=      >       >=
&&
||
```

在同一个优先级中，使用的是左优先结合规则，如有特殊，可使用括号明确优先顺序。

算术运算符"+""−""*"和"/"适用于整型、浮点型和复数，但是取模运算符"%"仅用于整型间的运算。取模运算符的符号和被取模数的符号总是一致的。除法运算符" / "的行为则依赖于操作数的类型，比如 5.0/4.0 的结果是 1.25，但是 5/4 的结果是 1，因为整数除法会向着 0 的方向截断余数。

两个相同的整数类型可以使用下面的二元比较运算符进行比较，比较表达式的结果是布尔类型。

```
==    equal to
!=    not equal to
<     less than
<=    less than or equal to
>     greater than
>=    greater than or equal to
```

如果算术运算的结果过大，就会出现溢出现象，无论有无符号，超出高位的 bit 位部分将被丢弃。如果原始的数值是有符号类型，数值的正负号可能会出现变化。

布尔型、数字类型和字符串等基本类型都是可比较的，也就是说两个相同类型的值可以用"=="和"!="进行比较。

2. 一元运算符

一元运算符包括一元加法运算符、一元减法运算符、bit 位操作运算符。

一元加法运算符和一元减法运算符如下：

+　　一元加法（无效果）

−　　负数

bit 位操作运算符见表 2-2。

位操作运算符" &^"用于按位清空（AND NOT）：对于表达式 z = x &^ y，如果对应 y 中某 bit 位为 0，那么结果 z 对应的 bit 位等于 x 相应的 bit 位的值，否则 z 对应的 bit 位为 0。

移位运算符"<<"和">>"的含义及说明见表 2-3，其中 x << n 和 x >> n 的右操作数

(n) 必须为无符号数。

表 2-2 位操作运算符

符号	操作	操作数是否区分符号
&	位运算 AND	No
|	位运算 OR	No
^	位运算 XOR	No
&^	位清空（AND NOT）	No
<<	左移	Yes
>>	右移	Yes

表 2-3 移位运算符

操作	含义	说明
<<	左移	左移运算用零填充右边空缺的 bit 位
>>	右移	无符号数的右移运算用 0 填充左边空缺的 bit 位，有符号数的右移运算用符号位的值填充左边空缺的 bit 位

2.2 浮点型

Go 语言有两种类型的浮点型，分别为 float32 和 float64，建议尽量使用 float64。举例如下：

```
var f1 float32 = 9.90
fmt.Println(f1*100)
var f2 float64 = 9.90
fmt.Println(f2*100)
```

执行上面的代码，会有如下结果：

```
989.99994
990
```

float32 输出的结果明显是不对的，这是因为 float32 是按照默认小数位数输出的，但默认的小数位数并不准确。而 float64 则输出了正确的结果。所以，在使用浮点型时，应尽可能使用 float64。

为了对前面介绍的整型以及本节的浮点型进行全面的对比，下面给出整型和浮点型的示例代码，读者可以看到各个类型的取值范围及默认值：

```
1.  package main
2.
3.  import "fmt"
4.
5.  func main() {
6.      // 无符号整型，默认值都是 0
```

```
7.       var u8 uint8
8.       var u16 uint16
9.       var u32 uint32
10.      var u64 uint64
11.      fmt.Printf("u8: %d, u16: %d, u32: %d, u64: %d\n", u8, u16, u32, u64)
            // 默认值都为 0
12.      u8 = 255
13.      u16 = 65535
14.      u32 = 4294967295
15.      u64 = 18446744073709551615
16.      fmt.Printf("u8: %d, u16: %d, u32: %d, u64: %d\n", u8, u16, u32, u64)
17.
18.      // 整型
19.      var i8 int8
20.      var i16 int16
21.      var i32 int32
22.      var i64 int64
23.      fmt.Printf("i8: %d, i16: %d, i32: %d, i64: %d\n", i8, i16, i32, i64)
            // 默认值都为 0
24.      i8 = 127
25.      i16 = 32767
26.      i32 = 2147483647
27.      i64 = 9223372036854775807
28.      fmt.Printf("i8: %d, i16: %d, i32: %d, i64: %d\n", i8, i16, i32, i64)
29.
30.      // int 型，32 位系统的取值范围为 int32，64 位系统的为 int64，两种系统的取值相同但为
            不同类型
31.      var i int
32.      //i = i32 // 报错，编译不通过，类型不同
33.      //i = i64 // 报错，编译不通过，类型不同
34.      i = -9223372036854775808
35.      fmt.Println("i: ", i)
36.
37.      // 浮点型，f32 的精度为 6 位小数，f64 的精度为 15 位小数
38.      var f32 float32
39.      var f64 float64
40.      fmt.Printf("f32: %f, f64: %f\n", f32, f64) // 默认值都为 0.000000
41.      f32 = 1.12345678
42.      f64 = 1.123456789012345567
43.      fmt.Printf("f32: %v, f64: %v\n", f32, f64) // 末位四舍五入，输出: f32:
            1.1234568, f64: 1.1234567890123457
44.
45.      // 复数型
46.      var c64 complex64
47.      var c128 complex128
48.      fmt.Printf("c64: %v, c128: %v\n", c64, c128) // 实数、虚数的默认值都为 0
49.      c64 = 1.12345678 + 1.12345678i
50.      c128 = 2.1234567890123456 + 2.1234567890123456i
51.      fmt.Printf("c64: %v, c128: %v\n", c64, c128) // 输出: c64:
            (1.1234568+1.1234568i), c128: (2.1234567890123457+2.1234567890123457i)
52.
53.      // 字符型
54.      var b byte                                   // uint8 别名
55.      var r1, r2 rune                              // uint16 别名
56.      fmt.Printf("b: %v, r1: %v, r2: %v\n", b, r1, r2) // 默认值为 0
```

```
57.        b = 'a'
58.        r1 = 'b'
59.        r2 = '字'
60.        fmt.Printf("b: %v, r1: %v, r2: %v\n", b, r1, r2) // 输出: b: 97(ASCII
               表示的数), r1: 98(utf-8表示的数), r2: 23383 (utf-8表示的数)
61.
62.        b = u8
63.        r1 = i32
64.        fmt.Printf("b: %v, r1: %v\n", b, r1) // 输出: b: 255, r1: 2147483647
65.
66.        // 指针地址
67.        var p uintptr
68.        fmt.Printf("p: %v\n", p) // 默认值为 0
69.        p = 18446744073709551615 // 64位系统最大值
70.        //p = 18446744073709551616 // 报错: 超出最大值
71.        fmt.Printf("p: %v\n", p)
72. }
```

2.3　复数和布尔类型

Go 语言提供了两种不同大小的复数类型，分别为 complex64 和 complex128，它们分别由 float32 和 float64 组成。复数由实部和虚部组成，内置的 real 和 imag 函数用于获取复数的实部和虚部。

```
var a complex128 = complex(2,3) //2+3i
fmt.Println(real(a)) // 2
fmt.Println(imag(a)) //3
```

复数是把数据的实部和虚部分别进行处理，因其在编程中使用较少，所以此处不做过多的介绍，接下来看布尔类型。

Go 语言的布尔类型与其他语言基本一致，其关键字也是 bool，值可以使用 true 或者false。

不过 Go 语言的布尔类型没有强制类型转换，无法把 0 转换为 false。

```
var b bool
b = 0    // 会报错
```

布尔类型的示例代码如下：

```
1.  package main
2.
3.  import "fmt"
4.
5.  func main() {
6.      var v1, v2 bool        // 声明变量，默认值为 false
7.      v1 = true              // 赋值
8.      v3, v4 := false, true  // 声明并赋值
9.
10.     fmt.Print("v1:", v1)   // v1 输出 true
```

```
11.     fmt.Print("\nv2:", v2) // v2 没有重新赋值，显示默认值: false
12.     fmt.Print("\nv3:", v3) // v3 false
13.     fmt.Print("\nv4:", v4) // v4 true
14. }
```

2.4 格式化说明符

在打印数字时，需要考虑如何把数值转化为字符串，这就是数字的格式化，或者称为格式化打印。本节将介绍把数字格式化的各个公式。

- ❏ %d 用于格式化整型（%x 和 %X 用于格式化 16 进制表示的数字）；
- ❏ %g 用于格式化浮点型（%f 输出浮点型，%e 输出科学计数表示法）；
- ❏ %0d 用于规定输出定长的整型，其中开头的数字 0 是必须的。
- ❏ %n.mg 用于表示数字 n，并精确到小数点后 m 位，除了使用 g 之外，还可以使用 e 或者 f，例如，使用格式化字符串 %5.2e 来输出 3.4，结果为 3.40e+00。

2.5 小结

本章介绍了 Go 语言的基本数据类型，包括整型、浮点型、复数和布尔类型。这些类型是我们在编程中使用的基础类型，不过本章没有进行过于详细的介绍，读者可以结合后续内容学习。

第 3 章 *Chapter 3*

字符串与复合数据类型

为什么字符串要放到本章来介绍呢？既然字符串是基本类型，为何要与复合数据类型一起介绍呢？这是因为笔者希望将字符串和数组结合起来讲，两者有很多相似之处。

数组是复合类型最基本的类型，所以本章首先会介绍字符串和数组。除了介绍字符串和数组以外，本章还会介绍切片（slice）、map、结构体（struct）、JSON 等内容。

切片是 Go 语言中最常用的复合类型，类似于其他语言中的队列。map 则是 Go 语言中的字典，与引用类型结合使用可以满足大多数需求。因为 Go 语言没有对象和类的概念，所以其封装思想主要通过复合类型来实现，比如结构体。后续代码实例会介绍本章知识点的具体使用。

3.1　字符串和数组

字符串和数组，包括 3.2 节要介绍的 slice（切片）在 Go 语言的底层存储上都是一样的（如图 3-1 所示），只是在语法层面存在着不同。

数组是具有一定长度且元素数据类型相同的序列。注意，在 Go 语言里面，数据的长度是固定的。当我们把数组 a 赋值给数组 b 的时候，这是值的完全复制，并不是其他语言中引用的传递，所以为了提高此方面的性能要用到指针。但实际操作中一般用 slice，因为 slice 更为灵活。

字符串就是一种特殊的数组，特殊之处在于字符串是只读的。数组的长度虽然是固定的，但我们可以通过下标的方式，比如 a[i]，进行值的读写，使具体元素值发生变化。而字符串的长度和具体元素值都是不可变的，字符串可以理解为固定长度且元素不可变的字节数组。字符串的赋值是需要注意的地方，比如在对 s1 和 s2 这两个字符串进行 s1=s2 的赋值操作时，本质不会进行赋值，仅会传递字符串的地址和字节长度，因为字符串不可变，就没必要再复制一份了。

3.1.1 字符串

字符串一般用来存放可读字符，因为 Go 源码要求为 UTF-8 编码，所以一般将字符串按照 UTF-8 的码点（rune）序列来理解。实际上，字符串对应的是字节序列，存储 byte 类型的 0 值也是可以的。此外，还可以在字节内存储 GBK 编码，当然是多个字节对应一个编码，此处将对应字符串理解为字节序列更为准确。

字符串本质上是不可变的字节序列，for range 并不支持非 UTF-8 编码的遍历，因为程序"不知道"几个字节对应一个字符。再者，len() 函数在 Go 语言中返回的是字符串字节数而非字符个数。

对于字符串，Go 语言在 reflect.StringHeader 的结构体内有如下定义：

```
type StringHeader struct{
Data uintptr
Len int
}
```

结构体的具体内容在 3.4 节会进行介绍。其中，类型 uintptr 就是指针，用来存放字符串的地址。

下面几个代码示例，可对字符串的相关操作进行说明：

```
book/ch03/3.1/strings/main.go
1.    package main
2.
3.    import "fmt"
4.
5.    func main() {
6.        s := "hello,world"
7.        fmt.Println(len(s))
8.        fmt.Println(s[0],s[10])
9.        fmt.Println(s[:5])
10.       fmt.Println(s[6:])
11.       fmt.Println(s[:])
12.   }
13.
14.   // 以下是程序打印输出
15.   11
16.   104 100
17.   hello
18.   world
19.   hello,world
```

第 8 行，打印出来的 104 和 100 就是"h"和"d"两个字符。

第 9 行至第 11 行，是生成一个新串，如果不写开始的下标就默认是 0，不写结束的下标就默认是到最后一个字符。如果是 s[i:j]，则表示左闭右开地取得字符。对应的结果可以看第 17 行至第 19 行。

　　不过，后面形成的新串和原来的字符串是公用内存的，新串只是记录地址和长度，可以参考图 3-1 加以理解。

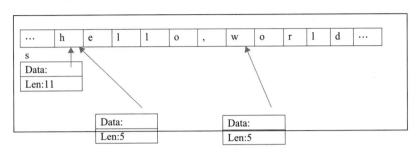

图 3-1　字符串示意图

　　s 字符串从 h 开始到 d 结束，即字符串"hello,world"。而 s[:5] 则是从 h 开始到 o 字母，即字符串"hello"，s[6:] 是从 w 开始取 5 个字节，即字符串"world"。

　　这三个字符串在内存的底层是共享的，每个字符串只是记录了地址和字节长度。

　　介绍完字符串的这些特点，再来介绍 UTF-8、Unicode 和字节的关系，这些概念是处理字符串的理论基础。

　　对于最初的计算机字符集，理论上 ASCII 编码就够用，它有 128 个字符：英文的大小写字母、数字、各种标点和控制符。不过随着计算机行业的高速发展，全世界有各种语言糅杂在同一个互联网中，而且未来会越来越多。显然，如果有一种字符集能够支持所有的语言，那么在进行程序处理时会更高效，程序员编码也会更为方便，在这种情况下 Unicode 标准应运而生。

　　Unicode 支持超过一百种的语言和十万字符的码点。

　　UTF-8 是 Unicode 标准的一种具体实现，其特点是字符长度可变，长度为 1 到 4 个字节不等。因为具有这个特性，所以它可以无缝对接 ASCII 码，如果 UTF-8 编码的第一个 bit 位是 0，那么长度为一个字节，即只使用第一字节剩下的 7 位存储字符，这正好能覆盖 ASCII 码字符集。如果 UTF-8 编码的前两个 bit 位是 10，则表示长度为两个字节，第二个字节以 0 开头；对于三个字节的 UTF-8 码，这三个字节对应的 bit 位分别是 110、10 和 0。这种方式可以压缩字符存储长度。

　　因为字符串与字节之间存在这种不确定的长度关系，且有可能出现字节损坏或者非 UTF-8 编码，所以对于字符串的操作，建议使用 Go 语言提供的如下几个包。

❑ strings：提供搜索、比较、切分与字符串连接等功能。

❑ bytes：如果要对字符串的底层字节进行操作，可以使用 []bytes 转换类型后进行处理。

❑ strconv：主要是字符串与其他类型的转换，比如整数、布尔。

❑ unicode：主要是对字符串中的单个字符做判断，比如 IsLetter、IsDigit、IsUpper 等。

> **注意** 字符串可以强制转换为 []bytes 和 []rune 这两种类型进行处理。不管是哪种转换，系统都需要付出多分配一块内存的代价。可是如果需要对字符串进行新增字符等操作，转换到 []bytes 后可以使用 bytes.Buffer 的 writeRune 方法；而转换到 []rune 则会多做一些检查，会要求底层尽可能保持一致。

3.1.2 数组

在 Go 语言中，数组的使用频率并不高，因为其长度不可变，所以很多时候都是使用 slice（切片）。slice 比数组更灵活，其长度是可变的。不过，在介绍 slice 之前，还是要先介绍一下数组，以增进读者对 slice 的理解，且数组也有一定的用武之地。

定义数组有如下几种方式：

```
var a [3]int
var b [3]int = [3]int{1,2,3}
c := [...]int{1,2,3}
d := [...]int{4,4:1,1:2}
```

第一种方式就是定义一个长度为 3 的整型数组，里面的三个元素都是默认初始值 0。

第二种方式是定义数组的同时进行初始化的赋值，这种定义方式有些冗余，精简操作就是把变量名称 b 后面的 [3]int 去掉，直接进行赋值。

第三种方式省略了数组长度，其长度由后面初始化值的长度确定。

第四种方式更为特殊，可以看到后面并没有给所有的元素赋值，而且赋值使用了 index:value 方式，比如 4:1 的意思就是给下标为 4 的元素赋值 1。这时候数组长度根据出现的最大下标确定，上面的例子赋值完成后的值如下：

```
[4 2 0 0 1]
```

> **注意** 在 Go 语言中，[3]int 和 [4]int 是两种不同的数组类型，这两种不同的数组类型是在编译时就已经确定的。把 [4]int 赋值给 [3]int 的变量会报错，因为 Go 语言的数组长度是数组的一部分，并非像 C 语言那样只存储数组开始的地址。
>
> 在分配内存底层空间的时候，数组的元素是紧挨着分配到固定位置的，这也是数组长度不可变的原因。

接下来看几个例子：

```
book/ch03/3.1/array/main.go
1.  package main
2.
3.  import "fmt"
4.
5.  func main() {
6.      a := [...]int{1,2,3,4}
7.      b := &a
```

```
8.        fmt.Println(a[0],a[1])
9.        fmt.Println(b[0],b[1])
10.       var s = [...]string{"hello"," 世界 "}
11.       for i,v := range s {
12.           fmt.Printf("s[%d]:%s\n",i,v)
13.       }
14.       for i:=0;i<len(s);i++{
15.           fmt.Printf("s[%d]:%s\n",i,s[i])
16.       }
17. }
18.
19. // 以下是上面代码的执行结果
20. 1 2
21. 1 2
22. s[0]:hello
23. s[1]: 世界
24. s[0]:hello
25. s[1]: 世界
```

第 7 行，定义了一个指向数组 a 的指针 b，按理来说通过 b 也可以访问数组 a 内的元素。结合第 8 行、第 9 行及对应的第 20 行、第 21 行的打印结果，可以验证通过指针 b 确实可以访问数组 a 的元素，其实也可以对指针 b 使用 range 方式遍历。

第 10 行，定义了一个字符串数组，而且字符里面有汉字。

第 11 行至第 17 行，对字符串 s 使用两种方式进行了遍历。看第 22 行至第 25 行的打印结果可知，两种方式得到的结果是一样的。不过还是建议读者使用 range，因为这种方式不会出现数组下标越界的问题。

数组的元素可以是基本数据类型，也可以是接口、结构体等，这些数据结构马上就会介绍。

我们也可以定义 0 个元素的数组：

```
var d [0]int
```

> 注意　在使用数组时一定要注意，Go 语言的数组是传递值的，而通常其他语言的数组都是传递引用的。如果读者要使用数组作为一个函数的参数，请使用指针方式，要不然函数形参接收到的数组其实是完全复制了一份，不仅浪费性能，而且对于形参数组的修改不会影响到原数组。

3.2　slice

3.2.1　结构定义

slice（切片）是一个拥有相同类型元素的可变长序列，且 slice 的定义与数组的定义非常像，它就是没有长度的数组。

对于 slice 的结构体，reflect.SliceHeader 的定义如下：

```
type SliceHeader struct {
    Data uintptr
    Len int
    Cap int
}
```

可以看到，slice 有三个属性：指针、长度和容量。指针指向 slice 开始访问的第一个元素；长度是切片的长度；容量是指从 slice 开始访问的第一个元素到底层数组最后一个元素的元素个数。slice 的长度不可以超过 slice 的容量。

 说明　切片的底层是数组，Go 语言的切片对应着底层数组，一个底层数组可以对应多个 slice。

3.2.2　基本操作

首先来了解一下 slice 的定义：

```
s := []int{1,2,3,4,5}
```

如果在方括号 [] 中指定了长度或者写入了省略号，那么这就是一个数组。

如果只是想创建一个 slice 而不赋值，那么可以使用 make 函数进行操作。示例如下：

```
ss := make([]int,10)
```

上面的示例通过 make 函数定义了 []int 类型的切片，长度为 10。定义时可以设定第三个参数（容量），本例留空，默认取长度 10。对于数组元素，由于没有设定具体的初始值，因此元素都会取对应元素类型 int 的初始默认值 0。

可以使用 range 方式遍历 ss 切片：

```
for i,v := range ss{
    fmt.Println(i,v)
}
```

运行后输出的值都是 0，而下标是从 0 到 9，证明 make 分配了一块内存空间。

如果想主动释放 slice 的空间，可以通过为它赋值 nil 实现：

```
ss = nil
```

接下来看一下切片的基本操作：

book/ch03/3.2/slicebase/main.go
```
1.  package main
2.
3.  import "fmt"
4.
5.  func main() {
6.      a := [...]int{1,2,3,4,5}
7.      ss := a[1:3]
8.      fmt.Println(a)
```

```
9.        fmt.Println(ss)
10.       ss[0] = 666
11.       ss[1] = -666
12.       fmt.Println(a)
13.       fmt.Println(ss)
14. }
15.
16. // 以下是上述代码的执行结果
17. [1 2 3 4 5]
18. [2 3]
19. [1 666 -666 4 5]
20. [666 -666]
```

第 6 行定义了一个数组，注意，是数组不是切片。

第 7 行定义了一个切片，将 a[1] 作为 ss 切片的第一个元素，长度为 2。然后打印数组和切片，可以在第 17 行和第 18 行看到结果。

第 10 行至第 11 行对切片的元素重新赋值，然后分别打印数组 a 和切片 ss。结合第 19 行和第 20 行可以看到，对于切片的操作不仅影响了切片本身，也影响了数组。可知 ss 切片其实是指向数组 a 的引用。

下面通过图 3-2 来解释 ss 和 a 的关系。

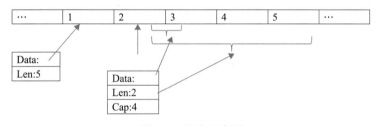

图 3-2　切片示意图

可以看到，切片的 data 是指向起始元素的指针，而长度根据赋值时的开始和结束下标进行推测。容量是从起始元素到数组最后一个元素的元素个数，可以通过 cap 函数取得，读者可以自行通过 cap 函数查看 ss 的容量，这里看到的是 4。打印 ss 容量的语句如下：

```
fmt.Println(cap(ss))
```

 说明　不管是数组还是切片都可以以 s[i:j](0<=i<=j<=cap(s)) 的方式进行操作，注意每次取元素都是左闭右开的，而且 i 和 j 都是默认值，如果不写 i，默认为 0；如果不写 j，默认为 cap(s)。所以 s[:] 就是整个 s。

注意　上一节内容专门强调了用数组作为函数形参要注意使用指针，而 slice 就不存在这个问题，slice 传递的本就是地址（严格来说是 reflect.SliceHeader），不会复制值，对切片的操作也会直接影响原来的数组或切片。

3.2.3 append

slice 的长度是动态的，那么，若要给 slice 增加元素应该如何操作呢？

通过 append 可以在原来的切片上插入元素，可以在开头、结尾、指定位置插入元素或其他 slice。

下面通过代码来看一下 append 的使用：

book/ch03/3.2/append/main.go

```go
1.  package main
2.
3.  import "fmt"
4.
5.  func main() {
6.      var a = []int{1,2,3}
7.      fmt.Println("cap:",cap(a))
8.      a = append(a,333)
9.      fmt.Println("cap:",cap(a))
10.     a = append(a,[]int{-333,-333,-333,-333}...)
11.     fmt.Println("cap:",cap(a))
12.
13.     for i,v := range a {
14.         fmt.Println(i,v)
15.     }
16.
17.     // 可以使用 append 进行删除
18.     a = append(a[:0],a[:3]...)// 只保留前三个元素
19.     for i,v := range a {
20.         fmt.Println(i,v)
21.     }
22.     fmt.Println("cap:",cap(a))
23.
24.     a = append([]int{222,222},a...)// 在开头插入新的切片
25.     a = append(a[:2],append([]int{-222},a[2:]...)...)// 在下标 2 的位置插入 -222
26.     for i,v := range a {
27.         fmt.Println(i,v)
28.     }
29.     fmt.Println("cap:",cap(a))
30.
31. }
32.
33. // 以下是程序运行结果
34. cap: 3
35. cap: 6
36. cap: 12
37. 0 1
38. 1 2
39. 2 3
40. 3 333
41. 4 -333
42. 5 -333
43. 6 -333
44. 7 -333
45. 0 1
```

```
46. 1 2
47. 2 3
48. cap: 12
49. 0 222
50. 1 222
51. 2 -222
52. 3 1
53. 4 2
54. 5 3
55. cap: 6
```

第 6 行和第 7 行，使用初始值的方式定义了一个 slice，打印一下切片 a 的容量，参考第 34 行的结果 3，可见容量和长度是一样的。

第 8 行和第 9 行，使用 append 为切片 a 在尾部追加一个元素 333。然后打印容量，结合第 35 行可知，容量变为了 6，这是 slice 的自动扩容，如果发现当前的容量不足以容纳新元素，则自动扩展到原来的 2 倍。

第 10 行和第 11 行，向切片 a 追加一个新的切片，新的切片包含 3 个元素。然后打印一下切片 a 的容量，结合第 36 行，发现容量变为了 12，是上一次容量的两倍。注意第 10 行函数里面的省略号，其代表可变参数，后面会介绍。

第 13 行至第 15 行，打印当前的切片 a，结合第 37 行至第 44 行的结果，确认每次新增的元素都是在最后。

第 18 行至第 22 行，使用 append 完成一次删除，只保留前三个元素。结合第 45 行至第 47 行可以看到切片 a 有三个元素。第 48 行显示切片 a 的容量为 12。此时，底层数组大小没有变，只是切片 a 的长度变了，切片 a 的容量并没有变。

第 24 行至第 25 行，在切片 a 的开头插入新的切片，有两个 222 元素。接着在下标为 2 的位置插入 -222。

第 26 行至第 28 行，打印当前切片 a 的元素，结合第 49 行至第 54 行的结果可知，第 24 行和第 25 行的操作是成功的。

第 29 行，打印当前切片 a 的容量，第 55 行的结果却变为了 6。难道切片除了自动扩展还可以自动收缩？不是的，之所以结果变为 6，是第 24 行的代码造成的。仔细观察第 24 行的代码，它在切片 a 的前面插入了新的切片，这时候底层的操作是取得切片 a 的长度作为容量，连接到新切片的后面，发现当前容量不够，扩展容量至两倍变为 6。读者可以在第 24 行后面自行打印容量，第 24 行执行完就已经变为 6 了。

3.2.4　copy

切片之间的元素赋值可以利用 copy 函数来实现，下面来看一下代码示例：

book/ch03/3.2/copy/main.go
```
1.  package main
2.
3.  import "fmt"
```

```
4.
5.  func main() {
6.      a1 := []int{1,1,1,1,1}
7.      b1 := []int{-1,-1,-1}
8.      copy(a1,b1)// 将 b1 复制到 a1
9.      fmt.Println("a1:",a1)
10.     fmt.Println("b1:",b1)
11.
12.     a2 := []int{2,2,2,2,2}
13.     b2 := []int{-2,-2,-2}
14.     copy(b2,a2)// 将 a2 复制到 b2
15.     fmt.Println("a2:",a2)
16.     fmt.Println("b2",b2)
17. }
18. // 以下是程序打印结果
19. a1: [-1 -1 -1 1 1]
20. b1: [-1 -1 -1]
21. a2: [2 2 2 2 2]
22. b2 [2 2 2]
```

第 6 行至第 10 行，先定义了两个切片 a1 和 b1，长度分别为 5 和 3。然后使用 copy 将 b1 复制到 a1，因为 a1 比 b1 长，所以前三个元素变为 –1，后两个元素保持不变，可参考第 19 行和第 20 行的结果。

第 12 行至第 16 行，a2 长度为 5，而 b2 长度为 3，将 a2 复制到 b2，因为 a2 比 b2 长，所以 b2 的三个元素都变为 2，参考第 21 行和第 22 行的打印结果。

> **注意** copy 的参数必须是 slice，不能是数组。所以如果数组 a 要使用 copy，则需要传递 a[:]，或者其他切片形式如 a[i:j]。

3.2.5 其他

切片和数组一样都可以是多维的，本书只介绍 Go 语言里面的重点，多维部分就略过了。

数组可以为空，也就是有 0 个元素。切片也可以为空，长度可以为 0，但容量不为 0，也可以两者都为 0。此处需要注意，长度和容量都为 0 的切片并不等于 nil，不能用是否等于 nil 进行判断，而是要根据长度和容量进行判断。

因为 slice 是通过指向的底层数组来存储数据的，而且可能有多个 slice 指向同一个底层数组。这样就会导致一个情况，如果一个小的切片指向这个底层数组，将会导致底层数组处于使用状态而无法被垃圾回收。

也有一种比较极端的情况，可能我们只使用了底层数组的一个元素，而导致底层数组的所有内容不能被回收。在这种情况下，虽然不会报错，但是会占用太多内存，可能导致运行速度变慢。

比如前面的例子：

```
a := []int{1,2,3,4,5}
```

```
a = append(a[:0],a[:3]...)
```

若删除了后面的两个元素，切片的容量不会变，垃圾回收机制也不会回收后面已删除的两个元素，若想让切片的容量相应减少，有一种方式就是在删除之前，先把 a[3] 和 a[4] 赋值为 nil。

建议仅在切片声明周期较长、底层数组较大的情况下使用这种处理方式，因为这种方式本身也是有系统开销的。在生命周期比较短或者底层数组不长的情况下，不应考虑这种方式。

3.3 map

3.3.1 定义

map（映射）是 Go 语言提供的 key-value（键值对）形式的无序集合，即其他语言中的 Hash 表。键值对的键有唯一性要求，可以通过键来获取值或者更新值。

 说明 map 的底层是一个 Hash 表，但是 map 通过封装把 Hash 表的一些具体实现进行了隐藏，用户可以便捷地使用 map。

map 类型的形式如下：

```
map[k]v
```

其中，k 是键，在同一个 map 中所有的 k 必须是同一类型，而且只有可以比较，或者说只有可以使用"=="符号比较的类型才可以作为 k。显然用 bool 类型作 k 并不灵活，而使用浮点型作为 k，可能会因为不同机器和系统对于精度定义的不同而导致异常。

在同一个 map 中，v 也只能是同一类型。在定义 v 的时候，可以选择任何类型，没有限制。

3.3.2 基本操作

下面通过 make 函数来创建一个 map：

```
m1 := make(map[string]int)
```

通过上面的方式创建了一个 k 类型为 string、v 类型为 int 的 map。

用户也可以直接使用 map 关键字创建带有初始值的 map，示例如下：

```
m2 := map[string]int{
"k1":11,
"k2":22
}
```

如果要访问 11 这个值，就要使用 m2["k1"] 的方式。如果要删除该元素，则可以使用

delete 函数，写法如下：

```
delete(m2,"k1")
```

与之相关的一些具体操作可通过如下代码来了解。

```
book/ch03/3.3/main.go
1.  package main
2.
3.  import "fmt"
4.
5.  func main() {
6.      m1 := make(map[string]int)
7.      m1["k1"]=11
8.      m1["k2"]=22
9.      print(m1)
10.     delete(m1,"k1")
11.     print(m1)
12.     delete(m1,"k1")
13.     print(m1)
14.
15.     val,ok := m1["k1"]
16.     if ok {
17.         fmt.Println(val)
18.     }else{
19.         fmt.Println("not exist")
20.     }
21.
22.     var m2 map[string]int
23.     m2["kk1"] = -11
24. }
25.
26. func print(m map[string]int)  {
27.     for k,v := range m{
28.         fmt.Println(k,v)
29.     }
30. }
31.
32. // 以下是程序执行结果
33. k1 11
34. k2 22
35. k2 22
36. k2 22
37. not exist
38. panic: assignment to entry in nil map
```

第 6 行至第 9 行，先通过 make 函数定义了一个映射（map），然后给该 map 增加了 k1:11、k2:22 两个键值对。第 9 行，调用了 print 函数，注意第 26 行至第 29 行 print 函数的写法，里面用 range 关键字对 map 进行了遍历。输出结果在第 33 行和第 34 行。

第 10 行至第 13 行，先用 delete 函数把 k1 的键值对删除，从第 11 行的输出结果（见第 35 行）可以看到 k1 确实被删除。第 12 行再删除 k1，此时应该已经没有 k1 了，但是不会报错，从第 36 行的输出结果可知，这里确实只有 k2。也就是说删除一个 map 中没有的键时并不报错。接下来看如何判断 map 里面是否有某键。

注意第 15 行，取 m["k1"] 值的时候，返回的是两个数据，一个是 value 值，一个是"是否存在"。比如本例，k1 已经不存在了，ok 就为 false，这时执行第 19 行，执行结果见第 37 行。

第 22 行和第 23 行，定义了一个 map m2，但是没有带初始值，这时候执行第 23 行就会报错。

> **注意** map 在元素赋值之前必须初始化，要么使用 make 函数，要么声明的时候就带着初始值，这样比较安全，可以避免使用时报错。

在上例中，delete 函数执行时，没有元素也不会报错，我们访问某元素，比如 m["KKK"]，虽然 map 中没有该键，但是并不会报错，而是会返回值类型的默认初始值，本例 int 的默认初始值就是 0。

> **注意** map 类型的默认初始值是 nil，也就是说未初始化的 map 是 nil。尽管如此，未初始化的 map 执行删除元素、len 操作、range 操作或查找元素时都不会报错。但是如果在初始化之前进行元素赋值则会报错。

map 的遍历顺序是不固定的，不同的机器可能对 Hash 算法的使用会有所不同，而且从实际应用来看，map 的遍历顺序确实体现出无序的特征。如果要对 map 排序，需要对 key 进行排序，然后根据安装 key 的顺序取值来达到 map 排序的效果。

与 slice 相比，map 除了本身的 key-value 结构以外，对底层内存的使用也更为高效。map 的 value 可以是 struct 等复合数据结构，所以使用也是比较灵活的。

3.4 struct

前面已经介绍的数组、slice、map 有一定的相同之处，即处理的都是相同类型的元素，map 的 key 和 value 属于相同的类型。但如果要把多个类型的元素放到一起进行处理，则要使用 Go 语言为我们提供的数据结构 struct（结构体）。

struct 非常适合定义一个有意义的对象，可以用于定义属性和方法，这和 C 语言的结构体、Java 和 Python 的 class 有着相似的意义。当然，struct 肯定不是 class，它有自己的特点，读者通过本章的学习会了解到 struct 的特点。

> **注意** struct 也是复合类型，而非引用类型。复合类型和引用类型是有区别的，复合类型是值传递，而引用类型是引用传递。

3.4.1 结构定义

先来使用 struct 关键字定义一个 struct：

```
type Person struct {
    name string
    gender int
    age    int
}
```

上述代码简单地定义了一个 struct，它包含三个成员，也可以说三个字段或属性。在语法上，可以把同类型的元素写在一行，彼此用逗号隔开，后面跟上类型 gender int、age int。但是，不建议采用放在同一行中用逗号隔开的写法，还是一行一个成员比较好。除了类型以外，在定义结构体的时候还可以定义对应的数据库字段和 JSON 关键字。

工程师可以定义没有任何成员的空结构体 struct{}，在并发编程中，channel 之间的通信可以用空结构体作为信号量。

在介绍了 struct 的定义后，接着介绍 struct 的使用。我们可以定义一个所有成员都取默认初始值的 struct 变量，示例如下：

```
var p1 Person
```

当然也可以在定义变量的同时赋予初始值：

```
p2 := Person{"Scott",1,30}
```

这种赋值方式要求赋值顺序一定要和 struct 成员的定义顺序保持一致，显然，这对于写代码是非常不方便的，如果某个 struct 比较复杂，这种写法更是让人苦恼。所以，Go 语言提供了下面的方式：

```
p3 := Person{name:"Scott",gender:1,age:30}
```

这种方式可以解决 struct 比较复杂时的赋值问题，也是比较常用的方式。注意，在这种方式里，Person 和 p3 赋值语句是在一个包内完成的，如果要在其他包使用 Person 创建变量并赋值则会报错，因为成员首字母全部为小写。

> **注意** struct 成员的可见性也是通过首字母大小写控制的，首字母小写仅本包可见，首字母大写则包外也可访问。

如果我们要访问 struct 变量内的具体某个成员，则可以使用 "."，比如访问上面例子中 p3 的名字：

```
p3.name
```

这里请注意 struct 内成员的可见性，上面的代码仅当与 Person 的定义在同一包内时才不会报错。

结构体作为复合结构也是值传递的，所以在使用结构体的时候一定要注意与指针的结合，使用指针来传递可以提高效率，避免数值的复制。

结构体指针的定义非常简单，就是在 struct 类型前面加上"*"，比如：

```
var pp *Person
```

pp 就是 Person 这个 struct 指针类型的变量，上面例子中的 pp 是 nil 值。结构体指针本质上就是指针，所以其默认初始值是 nil。如果在上例中调用 pp.name 则会报错，因为此时的 pp 还没有初始化。

 注意 结构体指针必须初始化以后才可以使用，因为如果仅仅声明结构体指针类型变量，其默认初始值是 nil。

3.4.2　基本操作

很多时候我们都需要先初始化一个 struct，然后将其地址引用返回给一个结构体指针变量，故而 Go 语言专门提供了一个 new 函数：

```
pp := new(Person)
pp.name = "Scott"
```

这里的 pp 还是指向 struct 的指针，但 new 函数已经为我们初始化了结构体，再继续为结构体的 name 属性赋值就不会报错了。

下面来看一个代码示例：

book/ch03/3.4/pointer/main.go
```
1.  package main
2.
3.  import "fmt"
4.
5.  type Person struct {
6.      Name string
7.      Gender,Age int
8.  }
9.
10. func main() {
11.     p1 := Person{Name:"Scott",Gender:1,Age:30}
12.     p2 := AddAge(p1)
13.     fmt.Println(p1)
14.     fmt.Println(p2)
15.
16.     AddAgePlus(&p1) // 注意参数
17.     fmt.Println(p1)
18.
19.     pp := new(Person)
20.     AddAgePlus(pp)
21.     fmt.Println(pp)
22. }
23.
24. func AddAge(p Person) (p2 Person){
25.     p.Age += 1
26.     return p
```

```
27. }
28. func AddAgePlus(pp *Person)  {
29.     pp.Age += 1
30. }
31.
32. // 以下是运行结果
33. {Scott 1 30}
34. {Scott 1 31}
35. {Scott 1 31}
36. &{ 0 1}
```

第 5 行至第 8 行，定义 struct，注意，属性都是首字母大写，说明是包外可访问的。

第 24 行至第 30 行，定义了两个函数。AddAge 使用 struct 作为参数，修改完成以后再返回这个 struct；而 AddAgePlus 则会采用 struct 指针作为参数，把 Age 属性加 1 以后，没有返回值。

第 11 行至第 17 行是对上述两个函数的验证。先创建 p1 变量，然后使用 p2 接收 AddAge 函数的返回值，接着打印，参考第 33 行和第 34 行的输出结果可以发现，p1 没有任何改变，而 p2 的 Age 属性加 1 了。这也确实证明了 AddAge 函数是值传递的，其函数体内的操作并没对 p1 产生影响。第 16 行调用了 AddAgePlus 函数，注意参数传递的是 p1 的地址，然后第 17 行接着打印 p1，第 35 行是打印结果，可以看到 p1 的 Age 属性加 1。因此，我们在使用 struct 的时候一定要注意指针的使用，可以提高效率。

第 19 行至第 21 行是对 new 函数的使用。new 函数的返回值是一个结构体指针，我们用 pp 接收，然后调用 AddAgePlus 函数。注意，此时就不需要再用 & 取地址了，因为 pp 本身就是指针。第 21 行表示打印，第 36 行是打印结果，可以看到 Age 变为 1，因为 new 函数初始化的时候，每个成员都用的是默认初始值。

🎯 说明　前面介绍了 make 函数，本节又介绍了 new 函数，此处将两个函数做一下对比说明。make 函数用于 slice、map 和 chan 进行内存分配，它返回的不是指针，而是上面三个类型中的某一个类型本身。new 函数返回初始化的类型对应的指针，new 函数主要用在 struct 初始化中，其他场景应用较少。

3.4.3　组合

struct 是 Go 语言程序中最常用的数据类型，前面已经说过它有些像其他语言中的 class，所以此处再来探讨一下 Go 语言的特性。Go 语言是支持面向对象编程的，可是却没有继承。那么，Go 语言是通过什么方法实现类似继承的效果的呢？答案就是通过 struct 的组合。Go 语言推荐使用 struct 组合来达到代码复用效果，并以此实现类似继承的功能。

struct 组合涉及多个 struct，一个 struct 可以含有其他 struct，以此达到复用效果。

注意　虽然 struct 可以含有其他 struct，但不可以含有它自身，也就是说一个 struct 的成员不可以是本 struct。不过，struct 内的成员可以是指向自己的指针。

下面通过代码来看一下 struct 组合的使用：

```
book/ch03/3.4/comli/main.go
1.  package main
2.
3.  import "fmt"
4.
5.  type Person struct {
6.      Name string
7.      Gender,Age int
8.  }
9.
10. type Employee struct {
11.     p Person
12.     Salary int
13. }
14.
15. type Student struct {
16.     Person
17.     School string
18. }
19.
20. func main() {
21.     e := Employee{p:Person{"Scott",1,30},Salary:1000}
22.     fmt.Println(e)
23.     fmt.Println(e.p.Name)
24.
25.     var s Student
26.     s.Name = "Billy"   // 相当于 s.Person.Name = "Billy"
27.     s.Gender = 1       // 相当于 s.Person.Gender = 1
28.     s.Age = 6          // 相当于 s.Person.Age = 6
29.     s.School = "定慧里小学"
30.     fmt.Println(s)
31. }
32.
33. // 以下是运行结果
34. {{Scott 1 30} 1000}
35. Scott
36. {{Billy 1 6} 定慧里小学}
```

第 5 行至第 8 行，定义一个 struct Person。

第 10 行至第 13 行，定义 Employee struct，里面包含了 Person 结构体，把 Person 作为 Employee 的一个字段。

第 21 行至第 23 行测试了 Employee 的使用。先定义变量 e，请注意查看 struct 组合初始化的方式，然后打印整个变量，结合第 34 行可以看到，这样使用可以打印所有信息。第 23 行展示了如果我们要访问 struct 组合内部的一个字段该如何操作，结合第 35 行的结果可以看到，可以通过外层 struct 直接访问组合内部 struct 的属性。不过这种访问 struct 组合具体字段的方式比较复杂，需要写多个点。接下来看一下匿名字段的使用。

第 15 行至第 18 行，定义一个 student struct。注意第 16 行，这是匿名字段的用法，编程时只需要写类型即可。

第 25 行至第 30 行再次展示了匿名字段的用法，当要访问内部结构体的字段时，不需要按照完整路径去写，在结构体下直接访问内部结构体的字段即可。注意，匿名字段的写法也可以使用后面备注的方式替换。

> 注意 匿名字段的使用让内部结构体的访问更为简洁便利，但要注意的是，不要出现字段名称重复的情况，那样会让 Go 语言在编译的时候因名称混乱导致错误。

其实，struct 的用法更为灵活，可以在定义的时候使用 tags，使 struct 字段与 JSON 和数据库字段建立对应关系，这些都会在后文进行介绍。

3.5　JSON

JSON（JavaScript Object Notation）是一种信息传递的标准，其与后文将要介绍的 Protocol Buffer 都属于标准，但 JSON 更容易阅读，在后端开发中经常使用。

Go 语言对 JSON 提供了非常好的支持，encoding/json、encoding/xml 和 encoding/asn1 等包都是用于处理 JSON 的。具体使用方式，请参考 9.3.4 节的示例代码。

3.6　小结

本章介绍了字符串和复合数据类型。与基本数据类型不同，复合数据类型更能体现 Go 语言的特色，比如 slice 的使用。本章内容在编程实践中经常使用，读者应该熟练掌握。

函数、方法、接口和反射

本章介绍 Go 语言的函数、方法、接口和反射。Go 语言代码简洁，编写简单，很大程度上是因为 Go 语言提供给工程师的语言特性较少。Go 语言中的功能封装是通过函数进行的，不同结构体之间可以通过接口来进行统一，再结合反射特性就可以开发大型的、复杂的项目。

通过本章的学习，读者可以掌握函数的定义和使用、方法和函数的关系，以及接口和反射的定义和使用。

4.1 函数

函数几乎是所有语言都提供的一种结构，但是 Go 语言的函数有自己的特征，比如对闭包的支持，再如 defer 关键字的使用。本节会介绍函数的定义、闭包、作用域、返回值、变长参数及 defer 关键字。

4.1.1 函数的定义

虽然 Go 语言是支持面向对象编程的，但是函数才是 Go 语言的基本组成元素，而实际上面向对象的用法在 Go 语言里并不是很常见。本节将针对 Go 语言的函数进行相关介绍。

Go 语言里的函数分为具名函数和匿名函数。两种函数在代码中出现的形式分别如下：

```
// 具名函数
func Square(a int) int {
    return a * a
}
// 匿名函数
```

```
var square = func(a int) int {
    return a*a
}
fmt.Println(square(2))
```

4.1.2 闭包

匿名函数可以赋值给一个变量，也可以直接写在另一个函数的内部，来看下面这段示例代码：

```
book/ch04/4.1/clo/main.go
1.  package main
2.
3.  import "fmt"
4.
5.  func main() {
6.      f := double()
7.      fmt.Println(f())
8.      fmt.Println(f())
9.      fmt.Println(f())
10.     fmt.Println(f())
11. }
12.
13. func double() func() int  {
14.     var r int
15.     return func() int {
16.         r++
17.         return r*2
18.     }
19. }
20.
21. // 以下是程序运行结果
22. 2
23. 4
24. 6
25. 8
```

第 13 行至第 19 行，定义了一个函数。这个函数里面先声明了一个变量 r，因为没有显式地赋值，所以其作为 int 类型的默认初始值是 0。然后在 double 函数里又定义了一个匿名函数，这里是直接把这个函数"return"回去的。在匿名函数里，先针对 r 进行自加操作，然后再返回 r*2，结果是 2。请注意 double 函数的返回类型定义，思考当返回值是一个函数时该如何定义。

第 6 行，变量 f 接收了 double 函数的返回值，也就是那个匿名函数。

第 7 行至第 10 行表示打印 f 的结果，第 22 行至第 25 行是输出结果，即 2、4、6、8。按照开始的分析，结果不应该是 2、2、2、2 吗？这说明匿名函数掌握了函数 double 定义的变量 r，虽然 r 的定义在匿名函数的外面，但是匿名函数在编译的时候还是把这个变量包装进自己的函数内了，从而跨过了作用域的限制，可以让 r 一直存在，这就是闭包，这个匿名函数就是闭包函数。

说明 在面向函数的编程中，大的功能往往会通过函数切分成多个独立的较小的功能，而且不可以定义太多全局变量，这就导致变量的作用域往往是包。打个比方，闭包在作用上类似于面向对象编程中类的实例，它会把函数和所访问的变量打包到一起，不再关心这个变量原来的作用域，闭包本身可以看作是独立对象。闭包函数与普通函数的最大区别就是参数不是值传递，而是引用传递，所以闭包函数可以操作自己函数以外的变量。结合前面介绍的垃圾回收机制来看，因为闭包函数对外部变量的操作才使其不能被释放回收，从而跨过了作用域的限制。

4.1.3 作用域

上一节介绍了闭包函数，大家已经知道了它可以让变量的作用域限制失效，但是如果对函数当中变量的作用域进行深入分析，你会发现有些情况下过多使用闭包函数会让我们在编程当中遇到麻烦。来看一下示例代码：

book/ch04/4.1/clo2/main.go

```
1.  package main
2.
3.  import "fmt"
4.
5.  func main() {
6.      // 方式一
7.      var funcList []func()
8.      for i:=0;i<3;i++{
9.          funcList = append(funcList,func(){
10.             fmt.Println(i)
11.         })
12.     }
13.     for _,f := range funcList{
14.         f()
15.     }
16.     // 方式二
17.     var funcList2 []func()
18.     for i:=0;i<3;i++{
19.         j := i
20.         funcList2 = append(funcList2,func(){
21.             fmt.Println(j)
22.         })
23.     }
24.     for _,f := range funcList2{
25.         f()
26.     }
27.     // 方式三
28.     var funcList3 []func(int)
29.     for i:=0;i<3;i++{
30.         funcList3 = append(funcList3,func(i int){
31.             fmt.Println(i)
32.         })
33.     }
34.     for i,f := range funcList3{
```

```
35.          f(i)
36.      }
37. }
38.
39. // 以下是程序运行结果
40. 3
41. 3
42. 3
43. 0
44. 1
45. 2
46. 0
47. 1
48. 2
```

第 7 行至第 15 行，先在第 7 行定义了一个函数的切片，然后用一个 for 循环为切片增加了三个匿名函数，每个匿名函数的函数体内都只有一个打印语句，其作用是把 for 循环里面的变量 i 打印出来。第 40 行至第 42 行是打印结果，可以看到打印了三个 3，而不是 0、1、2。

第 17 行至第 26 行，先定义了一个函数的切片，第 17 行和第 7 行的两个切片类型完全一样，仅仅是切片的名称不一样。注意，第 19 行不是直接让匿名函数打印 for 循环中的变量 i，而是先把 i 赋值给 j，由匿名函数来打印 j。第 43 行至第 45 行是打印结果，可以看到结果为 0、1、2。

下面先来分析一下这两种方式为什么会有不同的结果。其实很简单，前文已经强调过，匿名函数使用外部变量用的是指针，并非值复制。在 for 循环里变量 i 是一个共享变量，每循环一次都会把原来存储的值加 1。三次循环执行完后，i 存储的就是 3，第一种方式在函数执行的时候虽然打印了 3 次，也只是重复打印了三次 3。而第二种方式在循环体内每次执行的时候又声明了一个局部变量 j，相当于每次都把 i 不同的值存储下来，最终输出结果就是 0、1、2。

说明　Go 语言里的局部变量名称和全局变量名称是可以重复的，重复的时候，系统会默认把重名变量看作局部变量。所以，上面的方式二中，第 19 行完全可以写成 i := i，下面的打印语句也使用 i，结果还会是 0、1、2，因为编译器是可以区分两个 i 的。但这样写显然会给阅读和程序检查带来困扰，所以不建议这样写代码。

第 28 行至第 37 行，方式三是方式二的简单变形，如果觉得单独增加一个局部变量会比较突兀，也可以通过改变函数类型的方式来增加形参，这样一来，不需要显式地写局部变量声明也可以达到打印 0、1、2 的目的。

注意　闭包会将自己用到的变量都保存在内存中，导致变量无法被及时回收，并且可能通过闭包修改父函数使用的变量值，所以在使用的时候也要注意性能和安全。

4.1.4　多返回值及变长参数

Go 语言函数的简单特性主要体现在函数可以返回多个返回值、变长参数等方面，对此也有必要通过示例说明一下：

```
book/ch04/4.1/argu/main.go
1.   package main
2.
3.   import "fmt"
4.
5.   func main() {
6.       fmt.Println(swap(1,2))
7.       fmt.Println(sum(1,2,3,4,5,6,7,8,9,10))
8.       argus := []int{2,3,4,5,6,7,8,9,10}
9.       fmt.Println(sum(1,argus...))
10.      args := []interface{}{1234,"abcd"}
11.      print(args)
12.      print(args...)
13.  }
14.
15.  func swap(a,b int) (int,int) {
16.      return b,a
17.  }
18.
19.  func sum(a int,others ...int) int {
20.      for _,v := range others{
21.          a += v
22.      }
23.      return a
24.  }
25.
26.  func print(a ...interface{})  {
27.      fmt.Println(a...)
28.  }
29.
30.  // 以下是程序运行结果
31.  2 1
32.  55
33.  55
34.  [1234 abcd]
35.  1234 abcd
```

第 7 行至第 9 行演示的是对 sum 函数的两种调用方式。第一种是直接传入要求和的所有数字，并用逗号隔开。第二种是定义一个 int 类型的切片，把这个切片传进去，注意传参数的时候要带省略号 "..."（第 9 行）。

第 15 行至第 17 行是一个交互赋值的例子。通过这个例子可以看到多个参数和多个返回值的写法。这个例子很简单，就不做过多解释了。

第 19 行至第 24 行是可变长函数的定义。注意在定义参数的时候前面加上省略号就可标明定义的是可变长参数。这里先定义一个 int 类型的参数 a，后面是任意个 int 数值（可变长参数），函数会求和然后返回。

第 26 行至第 28 行，注意空接口也可以定义可变长参数，这就意味着可以传任何类型的参数，而且在同一个切片里可以有不同类型的元素，比如本例就是把数字和字符串定义在一个空接口切片中的。

第 10 行至第 12 行，是对于变长 interface{} 类型的使用。请注意参数后加省略号和不加省略号导致的执行结果的区别（对应的结果行是第 34 行和第 35 行）。加省略号的作用是把切片里面的值解析出来再传递。

这里要强调一下函数的参数传递方式。Go 语言中，函数的参数只能进行值传递，不能进行引用传递。虽然可以使用指针，但是本质上传递的还是指针指向的地址，因为访问的是地址内的值，所以会被误认为是引用传递。比如，切片会让人觉得函数在处理切片时使用的是引用传递，其实是因为切片里面包含地址，所以可以直接访问。此外，切片包含的长度和容量也是通过值传递到函数内的，如果在函数内修改了长度或容量，函数外的切片是接收不到的，所以需要再返回一个切片，也是基于这个原因，append 函数才会每次都返回切片。

> **注意** 函数的参数传递只有值传递一种方式，即便是使用指针，也是使用值传递的方式传递了指针的值。请注意上面介绍的切片作为参数时的用法。

4.1.5 defer 关键字

在实际应用中，我们要确保在执行函数的过程中遇到报错时能及时处理一些必要的事情，比如关闭连接等。通常情况下，可以使用 defer 关键字来实现这些功能。

defer 关键字用于释放资源，会在函数返回之前调用，即便函数崩溃也会在结束前调用 defer。一般用法如下：

```
f,err := os.Open(fileName)
if err != nil{
    panic(err)
}
defer f.Close()
```

这样操作后，后面处理的代码即便报错，也会在结束前先执行文件关闭操作。

一个函数内也可以有多个 defer，在调用的时候按照栈的方式先进后出，即写在前面的会后调用。

4.2 方法

OOP（面向对象编程）无疑是当今世界最流行的语言特性，主流的 Java、Python、C++都是面向对象的。Go 语言也是支持面向对象的，不过在特征上又和上述语言有明显的不同。Go 语言没有继承，但是却有方法，并且方法是 Go 语言面向对象的主要特征。

Go 语言的方法和其他语言不太一样，其方法不再属于一个类，也不是 C++ 那种成员函数，Go 语言的方法是关联到类型的，且其存在与类没有任何关系，仅仅和类型有关系，这与 Java 与 Python 的方法都必须属于某个类不同。

方法的定义形式如下：

```
type Rectangle struct{w,h float64}
func (r Rectangle) area() float64{
    return r.w * r.h
}
```

Go 语言的方法定义非常像函数，仅仅是在函数名称前面定义了方法接受者或者叫接收器。本例定义了 r，它是上面定义的 Rectangle 类型的接收器，其主要作用就是代表该方法的调用者。接收器类似于其他语言的 self、this 等关键字，Go 语言里面没有这些关键字。Go 语言中的接收器是编程者自己定义的，名称越短越好，一般都是对应类型的首字母。

> **注意**　Go 语言的方法也可以称为类型方法，接收器将类型和方法绑定在一起。

先看一个非常简单的示例，熟悉一下 Go 语言中方法的定义和使用：

```
book/ch04/4.2/base/main.go
1.  package main
2.
3.  import "fmt"
4.
5.  // 定义一个矩形
6.  type Rectangle struct{w,h float64}
7.  func main() {
8.      rec := Rectangle{w:2,h:3}
9.      fmt.Println(area(rec.w,rec.h))
10.     fmt.Println(rec.area())
11. }
12.
13. // 定义一个求矩形面积的函数
14. func area(w,h float64)  float64{
15.     return w*h
16. }
17.
18. // 定义一个矩形类型的方法
19. func (r Rectangle) area() float64  {
20.     return r.w*r.h
21. }
22. // 以下是程序运行结果
23. 6
24. 6
```

第 6 行定义了一个矩形 struct。

第 19 行至第 21 行定义了一个 Rectangle 的方法，用于求矩形的面积，接收器为 r。第 14 行至第 16 行定义了一个与方法同名的函数，也是用于求面积的。

第 9 行至第 10 行分别表示打印函数的执行结果和方法的执行结果，从第 23 行和第 24

行来看，两者的执行结果一样，但是方法显然更为简洁。

方法的概念本就是从函数演变而来的，最早的函数是 C 语言的，后来才有了方法的形式。我们可以认为 Go 语言的方法就是把函数的第一个参数移到了名称的前面。

> 注意　Go 语言里面的方法没有重载的概念。

用户可以给任何自定义的类型定义方法，定义一个或多个都可以，不过要求自定义类型和对应的方法在同一个包中。

> 注意　给 Go 语言内置的类型（比如 int）定义方法是不可以的，因为要求类型定义和其对应的方法必须在同一个包内。

在调用方法的时候，对应的调用对象和接收器进行数据传递采用的也是值传递方式。如果主调对象的数据量比较大，可以把接收器定义为指针类型，通过指针类型还可以在方法内直接修改调用对象的值。下面通过代码示例体会一下更全面的用法：

```
book/ch04/4.2/pointer/main.go
1.  package main
2.
3.  import "fmt"
4.
5.  // 定义一个矩形
6.  type Rectangle struct{w,h float64}
7.  func main() {
8.      p := &Rectangle{w:2,h:3}
9.      fmt.Println(p.area())
10.
11.     rec := Rectangle{w:2,h:3}
12.     rp := &rec
13.     fmt.Println(rp.area())
14.
15.     fmt.Println((&rec).area())
16.     fmt.Println(rec.area())        // 会隐式地加上 *rec，合法用法
17.
18.     Rectangle{w:2,h:3}.area() // 会报错，因为无法通过这种方式获取变量的地址
19.     Rectangle{w:2,h:3}.area2() // 合法用法，因为 area2 方法的接收器不是指针类型，采用值传递
20.
21.
22. }
23. // 定义一个接收器为指针类型的方法
24. func (r *Rectangle) area() float64  {
25.     return r.w*r.h
26. }
27. // 定义一个接收器为矩形类型的方法
28. func (r Rectangle) area2() float64  {
29.     return r.w*r.h
30. }
```

第 23 行至第 26 行定义了一个接收器为指针类型的方法 area，对应的第 27 行至第 30

行又定义了接收器为普通对象的方法 area2。

第 8 行至第 16 行介绍了四种调用 area 的方法，这些方法都是合法可行的。特别注意第 16 行的方法，虽然接收器是指针，但是直接用对象本身去调用也不会报错，因为程序会自动隐式地加上"*"。

第 18 行这种写法会报错，虽然第 16 行的用法是正确的。这是因为第 16 行先定义了一个变量，通过这个变量名加上"*"就可以获取变量的地址；而第 18 行则不然，隐式加"*"会在编译的时候报错。

第 19 行这种用法不会报错，因为 area2 的接收器不是指针而是普通对象，也就意味着所有变量的值都会以值传递的方式传到方法内。

> **注意**　如果自定义的类型本身已经是指针类型，例如 type p *int，则不允许为该类型定义方法。对于 func (p) f() {...}，采用 p 类型的这种方法定义编译是通不过的。这里主要是为了阅读方便，指针类型会强制要求在接收器处声明，否则不许用。

Go 语言不支持继承，所以提供了其他方式达到类似继承的效果，比如通过 struct 组合可以达到相应的效果。还是通过代码看一下具体用法：

```
book/ch04/4.2/extends/main.go
1.  package main
2.
3.  import (
4.      "fmt"
5.      "image/color"
6.  )
7.
8.  // 定义一个矩形
9.  type Rectangle struct{w,h float64}
10. // 定义一个彩色矩形
11. type ColorRect struct {
12.     Rectangle
13.     Color color.RGBA
14. }
15. func main() {
16.     var cr ColorRect
17.     cr.h = 3
18.     cr.w = 2
19.     fmt.Println(cr.area())
20. }
21. // 定义一个接收器为矩形类型的方法
22. func (r Rectangle) area() float64  {
23.     return r.w*r.h
24. }
```

本例在 3.4 节已经介绍过，此处仅仅贴出示例代码，请读者自行阅读。

4.3　接口

接口即约定，通过 interface 关键字定义了接口以后，凡是满足定义的都被认定为该接口的实现。这是隐式实现方式，与 Java 通过 implements 关键字显式实现是完全不同的。

关于隐式实现，有一个非常形象的说明：小黄鸭（小孩子洗澡时玩的小玩具）是不是鸭子类型？Go 语言中认为只要像鸭子，有鸭子的嘴、鸭子的脚、鸭子的身体，那么就是鸭子。也就是说只要定义了一个接口，且某个类型完全满足这个接口的定义，那么这个类型就实现了这个接口，不再需要单独使用某个关键字去说明。

注意 Go 语言的这种接口隐式实现方式允许在具体类型已经存在的情况下再去定义接口，这样也不会破坏原来的定义。

接口定义了需要被实现的一组函数方法的抽象集合，如果要实现某个接口就必须实现该接口的所有方法。

先来看一下接口使用的示例代码，如下：

book/ch04/4.3/base/main.go
```
1.  package main
2.
3.  import (
4.      "fmt"
5.      "math"
6.  )
7.
8.  type ShapeDesc interface {
9.      Area() float64
10.     Perimeter() float64
11. }
12.
13. type rectangle struct {
14.     H,W float64
15. }
16.
17. type circle struct {
18.     R float64
19. }
20.
21. func (r rectangle) Area() float64 {
22.     return r.H * r.W
23. }
24. func (r rectangle) Perimeter() float64  {
25.     return 2*(r.H+r.W)
26. }
27.
28. func (c circle) Area() float64  {
29.     return c.R*c.R*math.Pi
30. }
31. func (c circle) Perimeter() float64  {
32.     return 2*c.R*math.Pi
```

```
33. }
34.
35. func main()  {
36.     var s1,s2 ShapeDesc
37.     s1 = rectangle{H:2,W:3} // 注意此处，rectangle 实现了 ShapeDesc 接口
38.     s2 = circle{R:2} // 注意此处，circle 实现了 ShapeDesc 接口
39.     Desc(s1)
40.     Desc(s2)
41. }
42.
43. func Desc(s ShapeDesc)  {
44.     _,ok := s.(circle)
45.     if ok{
46.         fmt.Println("This is circle.")
47.     }
48.     _,ok = s.(rectangle)
49.     if ok{
50.         fmt.Println("This is rectangle.")
51.     }
52.     fmt.Println("area:",s.Area())
53.     fmt.Println("perimeter:",s.Perimeter())
54. }
55.
56. // 以下是运行结果
57. This is rectangle.
58. area: 6
59. perimeter: 10
60. This is circle.
61. area: 12.566370614359172
62. perimeter: 12.566370614359172
```

第 8 行至第 11 行，定义了一个接口，接口里面定义了两个函数：Area 和 Perimeter。

第 13 行至第 19 行，定义了两个 struct：一个矩形和一个圆形。

第 21 行至第 26 行，为矩形 struct 定义了两个方法：一个 Area 和一个 Perimeter。这两个函数就是最开始接口 ShapeDesc 定义的函数，所以矩形 struct 实现了接口 ShapeDesc。

第 28 行至第 33 行，圆形 struct 也实现了接口 ShapeDesc。

第 43 行至第 54 行，该函数以 ShapeDesc 类型作为形参，函数体根据参数判断类型打印不同的语句，然后分别执行 Area 和 Perimeter 方法。此处要注意第 44 行和第 48 行判断类型的用法。

第 36 行至第 40 行，首先定义 ShapeDesc 接口类型的两个变量 s1 和 s2，第 37 行和第 38 行又分别定义两个变量，即 rectangle 和 circle 类型，这两个类型可以赋给 s1 和 s2，因为它们都实现了接口 ShapeDesc。第 39 行和第 40 行分别调用了函数 Desc，可以查看第 57 行至第 62 行的打印结果。

注意，第 43 行至第 54 行的函数也可以采用如下写法：

```
1.  func Desc(s ShapeDesc)  {
2.      switch kind :=s.(type) {
3.      case circle:
```

```
4.            fmt.Println("This is circle.")
5.       case rectangle:
6.            fmt.Println("This is rectangle.")
7.       default:
8.            fmt.Println("%v is unknown type",kind)
9.       }
10.
11.      fmt.Println("area:",s.Area())
12.      fmt.Println("perimeter:",s.Perimeter())
13. }
```

Desc 函数的两个方式也是接口断言经常用的。虽然有些类型实现了某接口并且使用对应接口类型的变量来存储具体类型的变量，但是这时候变量只能调用接口所定义的方法，不能调用具体类型拥有而接口没有的方法，这时就需要通过断言转换变量类型后再去调用，也就是说接口断言派上用场了。

上面就是 Go 语言中的类型断言。因为接口的值是动态的，需要判断其具体类型是什么、接口类型是什么，这种操作就是类型断言。

> 说明 Go 语言的类型断言可以用 x.(T) 表达，其中 x 是一个接口类型的具体值表达式，而 T 是一个类型——断言类型。T 的主要作用就是检查动态值 x 是否满足 T。

接口类型的值是如何存储的呢？接口类型包括两部分，即一个具体类型和该类型的一个值，分别称为动态类型和动态值。为什么称其为动态类型和动态值呢？这是因为 Go 语言作为一种静态语言，经过编译以后就没有严格意义上的类型值了，所以需要通过类型描述来描述类型的具体信息，以提供给编译器使用。还是通过一个代码示例看一下接口类型值的变化过程：

book/ch04/4.3/adv/main.go
```
1.  package main
2.
3.  import "fmt"
4.
5.  type IPrint interface {
6.      MyPrint()
7.  }
8.
9.  type IS1 struct {
10.     A,B int
11.     S string
12. }
13.
14. type IS2 struct {
15.     S string
16. }
17.
18. func main() {
19.     var is1 IPrint
20.     s1 := IS1{A:1,B:1,S:"hello"}
```

```
21.     is1.MyPrint() // 运行会报错
22.     is1 = s1
23.     is1.MyPrint()
24.     fmt.Println(is1.S) // 编译报错，Iprint 接口没有 S
25.     is1 = IS2{S:"hello world"}
26.     is1.MyPrint()
27. }
28.
29. func (i IS1) MyPrint()  {
30.     fmt.Println(i.S)
31. }
32.
33. func (i IS2) MyPrint()  {
34.     fmt.Println(i.S)
35. }
```

第 5 行至第 7 行，定义了一个接口，仅含有一个函数 MyPrint。

第 9 行至第 16 行，定义了两个 struct。

第 29 行至第 35 行，分别为前面定义的两个 struct 实现了接口 IPrint。

第 19 行至第 26 行是要重点介绍的部分。首先在第 19 行定义了 IPrint 接口类型变量 is1，在第 19 行执行完成后，其接口类型值（或者简称为接口值）如下。

类型：nil

值：nil

然后定义了一个 IS1 结构体，变量为 s1，这时候在内存当中有了 s1 的一块内存空间，其地址就是 *s1。

第 21 行做了个假设，事实上这行代码是无法执行的，因为当前 is1 的接口类型值的值部分是 nil，去调用 MyPrint 方法肯定会报错。

第 22 行把 s1 赋值给 is1，这时候 is1 的接口类型和值如下。

类型：*s1

值：具体的 s1 的内存空间

第 23 行再去调用 MyPrint 方法的时候，就相当于执行了 (*s1).MyPrint。那么能不能通过 is1.S 的方式来调用 (*s1).S 呢？答案是否定的，因为接口里面只有 MyPrint 方法，所以第 24 行编译无法通过。

第 25 行是把 is1 的接口类型值变为如下内容。

类型：*IS2{S: "hello world"}

值：上述类型的具体内存空间

这时候再通过第 26 行调用 MyPrint 方法的时候，打印的是"hello world"。

> 注意　接口类型的值（或简称接口值）包括动态类型和动态值，也就是说在编译阶段并不知道具体的类型和值，而是在程序执行到此时再通过动态类型和动态值去调用具体的方法。所以读者在思考接口运行方式时，始终要将接口看作动态类型和动态值两个字段，这样更有利于理解。

另外，还需要对空接口进行特殊说明，在 4.1 节介绍函数的时候已经使用过空接口的概念，即可以使用 interface{} 定义接收任何类型的接口。空接口类似于其他面向对象语言的 Object。

Go 语言的接口很灵活，这里不再一一介绍其特征，下面是使用 Go 语言要注意的内容：

❑ 接口中只能声明方法，不可以有具体实现。

❑ 接口中不可以声明变量，仅允许声明方法。

❑ 实现一个接口，就必须实现接口内声明的所有方法。

❑ 实现一个方法就是要和接口声明的方法的方法名、形参、返回值完全一致。

❑ 接口也是可以嵌套组合的，和结构体一样。

❑ 在接口中声明方法时，不可以出现重名方法。

本节介绍的接口，与上一节介绍的方法结合起来可以非常好地完成面向对象的设计，虽然没有用到继承，但是也可以达到继承的效果，而且接口在使用上更为灵活。Go 语言的理念是没必要把数据和方法封装在一起，只需要通过接口将逻辑进行抽象和组合即可，这与 C++、Java 完全不同。接口是 Go 语言实现面向对象的最重要方式。基于 Go 语言的这种 Interface 方式，让面向对象一下子简单了很多，编程时不需要再去考虑是使用多重继承还是将继承和接口分开，也不需要去考虑多态的问题，这让工程师可以更多地关注逻辑而不是编译器的设计。Go 语言的面向对象依赖于接口，而不是依赖于实现。

4.4　反射

反射（reflect）是 Go 语言提供的动态获取对象类型及结构信息的方式，通过 reflect 可以使用 Go 语言提供的相关能力。

为什么需要反射呢？想象一下，如果现在要获取一个表的所有字段，并写入一个 struct，当然可以一个字段一个字段地对应着写（具体可以参考 7.4 节），但是也可以使用 select * 的方式，然后再通过反射的方式获取所有字段的类型、结果信息，最后再进行绑定。这个步骤是通用的，可以写成一个专门的包，事实上 GitHub 上已经有类似的包，比如 sqlx。类似的情况都需要使用反射。越是需要编写尽可能通用的代码时，越是需要使用反射。

> 💬说明　反射可帮助处理未知类型，非常灵活，但是在实际编程中使用的次数比函数、方法、接口要少很多，这是因为反射的实现比较复杂，编程当中使用时要慎重。

reflect 包有两个核心类型：reflect.Value 和 reflect.Type。前者用于存储任意值，后者用于存储任意类型。

下面通过示例代码看一下反射的用法：

book/ch04/4.4/main.go

```
1.  package main
2.
3.  import (
4.      "fmt"
5.      "reflect"
6.  )
7.
8.  type X struct {
9.      A1 int
10.     B1 float64
11.     C1 bool
12. }
13.
14. type Y struct {
15.     A2 int
16.     B2 int
17.     C2 float64
18.     D2 string
19. }
20.
21. func main() {
22.     x1 := X{A1:100,B1:3.14,C1:true}
23.     y1 := Y{A2:1,B2:2,C2:1.5,D2:"hello"}
24.     rx1 := reflect.ValueOf(&x1).Elem()
25.     ry1 := reflect.ValueOf(&y1).Elem()
26.     x1Type := rx1.Type()
27.     y1Type := ry1.Type()
28.     fmt.Printf("This type is %s,%d fileds of it are:\n",x1Type,rx1.NumField())
29.     for i:=0;i<rx1.NumField();i++{
30.         fmt.Printf("Name:%s,Type:%s,Value:%v\n",x1Type.Field(i).Name,rx1.
                Field(i).Type(),rx1.Field(i).Interface())
31.     }
32.
33.     fmt.Printf("This type is %s,%d fields of it are:\n",y1Type,ry1.NumField())
34.     for i:=0;i<ry1.NumField();i++{
35.         fmt.Printf("Name:%s,Type:%s,Value:%v\n",y1Type.Field(i).Name,ry1.
                Field(i).Type(),ry1.Field(i).Interface())
36.     }
37. }
38. // 以下是程序执行结果
39. This type is main.X,3 fileds of it are:
40. Name:A1,Type:int,Value:100
41. Name:B1,Type:float64,Value:3.14
42. Name:C1,Type:bool,Value:true
43. This type is main.Y,4 fields of it are:
44. Name:A2,Type:int,Value:1
45. Name:B2,Type:int,Value:2
46. Name:C2,Type:float64,Value:1.5
47. Name:D2,Type:string,Value:hello
```

第 8 行至第 19 行，定义了两个结构体：X 和 Y，并给这两个结构体定义了几个不同类型的成员。

第 22 行至第 23 行，定义了 X 和 Y 结构体的两个变量：x1 和 y1。

第 24 行至第 25 行，通过 reflect.ValueOf 方法获取新创建的变量的地址，一般该方法返回的是传入变量的一份值复制。此处直接传递变量的地址，得到的也是变量的地址对象。然后调用 Elem 方法获取地址指针指向的值封装。

第 26 行至第 27 行，通过调用 Type 方法可以获取变量的类型。

第 28 行至第 37 行，分别对两个变量的结构体明细字段进行打印，可以结合第 39 行至第 47 行的打印结果查看。第 28 行的 NumField 方法返回 reflect.Value 结构中的字段个数，而第 30 行中的 Field 函数返回的是结构中指定的字段。注意 Interface 函数是以接口类型返回 reflect.Value 结构中的字段值的，使用这个方法时要注意结构中的成员定义首字母都要大写，也就是包外可见，否则会报错。

反射的功能相对比较简单，只要熟悉 reflect.Value 和 reflect.Type，就可以完成较为复杂的功能，再来看一个比较复杂的示例：

book/ch04/4.4/adv/main.go

```go
1.  package main
2.
3.  import (
4.      "fmt"
5.      "reflect"
6.  )
7.
8.  type X struct {
9.      I int
10.     F float64
11.     S string
12. }
13. type Person struct {
14.     Name string `json:"jname"`
15.     Gender int  `json:"jgender"`
16.     Age int     `json:"jage"`
17. }
18.
19. func (x X) CompareStr(xx X) bool {
20.     rx1 := reflect.ValueOf(&x).Elem()
21.     rx2 := reflect.ValueOf(&xx).Elem()
22.     for i:=0;i<rx1.NumField();i++{
23.         if rx1.Field(i).Interface() != rx2.Field(i).Interface(){
24.             return false
25.         }
26.     }
27.     return true
28. }
29.
30. func (p Person) PrintTags()  {
31.     for i :=0;i<reflect.TypeOf(p).NumField();i++{
32.         fmt.Println(reflect.TypeOf(p).Field(i).Tag.Get("json"))
33.     }
34. }
35.
36. func main() {
```

```
37.        x1 := X{I:1,F:1.2,S:"hello"}
38.        x2 := X{I:1,F:1.2,S:"hello"}
39.        fmt.Println(x1.CompareStr(x2))
40.
41.        p := Person{Name:"Scott",Gender:1,Age:30}
42.        p.PrintTags()
43.
44. }
45.
46. // 以下是程序执行结果
47. true
48. jname
49. jgender
50. jage
```

第 8 行至第 12 行，定义了一个简单的结构体，为后续的结构体比较方法 CompareStr 做准备。

第 19 行至第 28 行，CompareStr 方法用于比较两个 X 型结构体是否相等，方法的实现方式就是按照顺序比较两个字段的值，如果有一个不相等则返回 false，否则最后返回 true。

第 37 行至第 39 行，先定义了两个成员值完全一样的 X 型变量：x1 和 x2，然后调用了 CompareStr 方法，可以看到第 47 行打印的结果为 true。

第 13 行至第 17 行，定义了一个 Person 结构体，每个属性都对应地定义了标签，主要是为后续 PrintTags 方法做准备。

第 30 行至第 34 行，定义了 PrintTags 方法，该方法会循环 struct 内的所有字段，然后查找对应的 tag 并打印。

第 41 行定义了一个 Person 类型的变量，并且在第 42 行调用了 PrintTags 方法。结合第 48 行至第 50 行的结果，可以看到确实打印了每个成员的标签。

反射的用法就介绍这么多，此处还是要强调反射的三个缺点：

❏ 反射代码的写法可读性比较差，不利于后续的运维。

❏ 反射的实现比较复杂，所以反射执行得比较慢，会影响程序的整体性能。

❏ 反射的错误在编译时无法发现，到运行时才报错，而且都是 panic 类型，这容易让程序崩溃。

基于以上原因，建议读者在使用反射时一定要谨慎。

4.5　小结

本章介绍了函数、方法、接口和反射。函数是 Go 语言逻辑实现的最重要方式，特别是匿名函数和闭包的用法更要熟练掌握。

方法则体现了 Go 语言与其他语言的区别，Go 语言的方法是与类型绑定的。方法与函数基本一样，只是在函数的前面加上了一个接收器参数，读者要熟练掌握指针类型的接收器以及普通接收器，也要熟练掌握隐式转换。

接口和方法同时使用可以满足大部分的 OOP 编程需要。但要强调的是，虽然 OOP 非常流行，但是并不是所有时刻都需要面向对象。Go 语言给出的方式更为灵活，没有继承，就通过 struct 和方法的组合来实现。此外，Go 语言作为一个静态语言，接口的出现让接口值的处理也更为灵活，可在程序执行时再确定动态类型和动态值。

反射主要用于写通用函数，在编程中定会用到，但是用到的次数要比方法、接口等少很多。一旦用到反射，读者一定要注意其性能和导致程序崩溃的可能性。

经过本章的学习，读者已经可以进行基础编程了，不过 Go 语言最擅长的多线程编程还没有介绍，第 5 章就介绍并发编程。本章知识与并发编程的知识构成了 Go 语言基础语法的核心。

第 5 章 Chapter 5

并发编程

在 CPU 发展的早期，其主要目标是提升处理器的处理频率。在提升频率遇到瓶颈后，CPU 的发展进入多核时代。与之相对应，编程语言也开始向并行化的模式发展，Go 语言就是在这种背景下发展起来的。可以说 Go 语言的并发是基于并行的。并行是指同时运行多个线程，而并发是把一个任务拆分成多个小块去执行（可能是轮番调度同一个处理器），不过只有在当前系统线程阻塞的情况下才会分配给其他核的线程。

主流的并行编程模式有多种，最著名的应属多线程。多线程的并发可以自然地对应到多核处理器，而且主流的操作系统也都提供了系统级的多线程支持。Go 语言的多线程是基于消息传递的。Go 语言将基于 CSP（Communicating Sequential Process）模型的并发编程内置到了语言中，其特点就是 goroutine（协程）之间是共享内存的。

Go 语言最引人注目的就是其高性能的并发编程，它是通过 goroutine 和 channel（通道）实现的。goroutine 是 Go 语言程序中可独立执行的单元，而 channel 的作用则是在 goroutine 间传递消息。

5.1 协程

协程（goroutine）是 Go 语言特有的一种轻量级线程，使用 Go 语言关键字启动。goroutine 和系统线程是不一样的，不可等同来看。

实际上，所有的 Go 语言都是通过 goroutine 运行的，我们所熟知的 main 函数也是启用一个 goroutine 来调用的。

5.1.1　核心概念

- ❑ 进程：是指具有一定功能的程序关于某数据集合上的一次执行过程，主要包含程序指令和数据。
- ❑ 线程：进程的子集，是由进程创建的拥有自己控制流和栈的轻量级实体，一个进程至少有一个线程。线程是进程的实际存在。
- ❑ goroutine：是 Go 语言并发程序的最小执行单位，可以理解为 goroutine 运行在操作系统的线程之上，它更为轻量。

通过上面三个概念，我们可以总结一下三者的特性。goroutine 比线程更为轻量，而线程又比进程更为轻量。一个进程可以有多个线程，每个线程可以有多个 goroutine；反过来 goroutine 需要一个有进程的环境才可以运行。所以，goroutine 运行的时候，需要有一个进程，并且进程至少有一个线程，进程和线程都由系统负责调度和管理，而 Go 语言工程师只需要负责 goroutine 即可。

 注意　Go 语言程序是通过调度程序组件使用 m：n 的调度技术来运行 goroutine 的。m：n 是指多路复用 n 个操作系统线程执行 m 个 goroutine。具体的调度会在 8.1.3 节详细介绍。

5.1.2　goroutine 的基本使用

goroutine 的使用比较简单。下面先通过一个例子来看一下如何创建一个单个的 goroutine。

```
book/ch05/5.1/base/main.go
1.  package main
2.
3.  import (
4.      "fmt"
5.      "time"
6.  )
7.
8.  func HelloWorld()  {
9.      fmt.Println("Hello,World!")
10. }
11.
12. func main() {
13.     go HelloWorld()
14.     time.Sleep(1*time.Second)
15.     fmt.Println("The End!")
16. }
17. // 以下为程序执行结果
18. Hello,World!
19. The End!
```

第 8 行至第 10 行，定义一个函数，函数里面仅仅是打印 "Hello,World!"。

第 12 行至第 16 行，使用 go 关键字启动 goroutine，注意第 13 行，这里启动了一个 goroutine 来运行 HelloWorld 函数。程序执行完成后可以看到第 18 行和第 19 行的输出。不过为什么要在第 14 行加上一个程序的休眠呢？因为如果不加程序休眠，很可能最终只打印 "The End!"，这是缘于 main 函数在 HelloWorld 函数的 goroutine 执行完之前已经完成，只要 main 函数结束就会结束程序中所有的 goroutine，故而为了安全加上了休眠。

这个例子非常简单，goroutine 里面仅仅打印了一个字符串。如果 goroutine 里面的代码比较复杂，goroutine 和 main 函数的 goroutine 之间的顺序能否有保证？再来看一个示例：

book/ch05/5.1/adv1/main.go
```
1.  package main
2.
3.  import (
4.      "fmt"
5.      "time"
6.  )
7.
8.  func main() {
9.      go func() {
10.         for i:=10;i<20;i++{
11.             fmt.Print(" ",i)
12.         }
13.     }()
14.     fmt.Println()
15.     for i:=0;i<10;i++{
16.         fmt.Print(" ",i)
17.     }
18.     time.Sleep(2*time.Second)
19. }
20.
21. // 以下为程序执行结果
22. 0 1 2 3 4 5 6 7 8 9 10 11 12 13 14 15 16 17 18 19
23. 0 10 11 1 2 3 4 5 6 7 8 9 12 13 14 15 16 17 18 19
```

第 9 行至第 13 行，定义了一个匿名函数，并且直接使用 go 关键字运行，函数的主体部分是打印从 10 到 19 的数字。

第 14 行，输出一个换行。

第 15 行至第 17 行，通过 main 函数打印 0 到 9。

重点来看第 22 行和第 23 行的运行结果，这两次运行结果不同，就是因为 main 函数的 goroutine（可以叫作主 goroutine）和自启动 goroutine 之间是并发执行的，彼此没有关系，所以 0 到 9 是从小到大的顺序，10 到 19 也保持着这个顺序，可是两个线程之间混在一起，没有同步关系，如果要实现同步关系需要进行额外的编程。

第 14 行的换行之所以在打印结果上没有体现出来，是因为这两次都是先执行了换行，所以从结果中看不出来。

上面的例子仅启动了一个 goroutine，接下来启动多个 goroutine，更直观地感受一下并发执行的效果，示例代码如下：

book/ch05/5.1/adv2/main.go

```
1.  package main
2.
3.  import (
4.      "fmt"
5.      "time"
6.  )
7.
8.  func main() {
9.      for i:=0;i<20;i++{
10.         go func(i int) {
11.             fmt.Print(" ",i)
12.         }(i)
13.     }
14.     time.Sleep(2*time.Second)
15.     fmt.Println("The End!")
16. }
17. // 以下为程序两次执行结果
18.  3 1 11 5 12 13 14 0 2 7 4 17 16 18 9 8 6 10 19 15The End!
19.  1 10 0 15 11 12 13 14 5 2 3 4 17 16 7 6 18 8 9 19The End!
```

第 9 行至第 13 行，在循环语句中通过匿名函数启动了 20 个 goroutine，每个 goroutine 打印 0~19 中的一个数字。结合第 18 行和第 19 行两次执行的结果来看，每次执行的打印顺序是不一样的，因为每次都是并发执行，不额外控制的话顺序就有随机性。

第 14 行的休眠是为了保证所有的 goroutine 都执行完成。有了第 14 行的休眠可以看到每次第 15 行的打印都会在最后。

5.1.3　sync.WaitGroup

在编程实战中，不可能在 main 函数中通过休眠来等待 goroutine 执行结束，这样既浪费资源也不优雅。Go 语言肯定会提供更为优雅高效的方式来结束 goroutine，下面就来进行介绍。

下面通过简短清晰的代码启动多个 goroutine，示例代码是 Go 语言的标准包中 sync 包的使用：

book/ch05/5.1/sync/main.go

```
1.  package main
2.
3.  import (
4.      "fmt"
5.      "sync"
6.  )
7.
8.  func main() {
9.      var wg sync.WaitGroup
10.     for i:=0;i<20;i++{
11.         wg.Add(1)
12.         go func(x int) {
13.             defer wg.Done()
14.             fmt.Print(" ",x)
```

```
15.            }(i)
16.        }
17.        fmt.Printf("\n%#v\n",wg)
18.        wg.Wait()
19.        fmt.Println("\nThe End!")
20. }
21.
22. // 以下为程序两次执行结果
23.   1 10 5
24. sync.WaitGroup{noCopy:sync.noCopy{}, state1:[3]uint32{0x0, 0x14, 0x0}}
25.   19 11 12 13 14 15 16 17 18 7 6 0 8 3 2 9 4
26. The End!
27.
28.   7 10 3 9 2 19 6 11 5 8 14 15 16 17 13 1 0
29. sync.WaitGroup{noCopy:sync.noCopy{}, state1:[3]uint32{0x0, 0x14, 0x0}}
30.   4 12 18
31. The End!
```

在本例中，定义了一个 sync.WaitGroup 类型的变量 wg，其实 sync.WaitGroup 就是本示例代码的核心。sync 包可以让我们知道何时所有的 goroutine 执行完成，可以不再使用 time 包，在第 3 行至第 6 行的导入部分确实也没有 time 包。

下面来详细看一下 sync.WaitGroup 的结构体，其定义如下：

```
type WaitGroup struct{
    noCopy noCopy
    state1 [12]byte
    sema uint12
}
```

结构体很简单，只有三个字段，其中 state1 字段是一个计数器，其用法也很好理解。每当有一个 goroutine 运行的时候就调用 Add 方法给计数器加 1，待一个 goroutine 运行完后，通过 Done 方法为计数器减 1，然后使用 Wait 方法等待计数器的数变为 0。

需要注意的是，Add 方法和 Wait 方法都是在主 goroutine 中执行的，而 Done 的执行却是在启动的 goroutine 中。第 13 行是调用 Done 方法，不过要注意该方法前面的 defer。defer 关键字后面跟函数调用语句，defer 的触发机制包含下面三种情况：

❑ defer 所在的函数返回时，触发 defer 后面的函数调用语句。

❑ defer 所在的函数执行到末尾时，触发 defer 后面的函数调用语句。

❑ defer 所在的函数报 panic 时，触发 defer 后面的函数调用语句。

在本例中，goroutine 执行到末尾时，触发调用 Done 方法。关于 defer 更多的用法会在第 6 章进行更详细的介绍。

 注意　当 sync.WaitGroup 作为参数传递到函数内且调用 Done 方法的时候，一定不要忘记函数的值传递特性，这里应该传递 sync.WaitGroup 变量的地址，如果传递值则会复制另一个 sync.WaitGroup 类型变量出来，和函数外的那个变量就没有关系了，即便调用了 Done 方法，最后还是会报 DeadLock 错误。

5.2　通道

通道（channel）是 Go 语言提供的一种在 goroutine 之间进行数据传输的通信机制。当然，通过 channel 传递的数据只能是一些指定的类型，这些类型称为通道的元素类型。此外，要使通道正常运行还需要保证通道有数据接收方。

通道的声明非常简单，只需要使用 chan 关键字即可，关闭通道则使用 close 函数。

 注意　channel 的默认初始值是 nil。

5.2.1　channel 写入数据

既然 channel 是用来传递数据的，那我们先来看看如何向 channel 写入数据。直接来看一个向 channel 写入数据的示例代码：

```
book/ch05/5.2/write/main.go
1.  package main
2.
3.  import (
4.      "fmt"
5.      "time"
6.  )
7.
8.  func main() {
9.      c := make(chan int)
10.     go writeChan(c,666)
11.     time.Sleep(1*time.Second)
12. }
13.
14. func writeChan(c chan int ,x int)  {
15.     fmt.Println(x)
16.     c <- x
17.     close(c)
18.     fmt.Println(x)
19. }
20. // 以下为程序执行结果
21. 666
```

第 14 行至第 19 行，定义了一个函数，函数的参数 c 是 chan 类型，也就是 channel 类型。第 16 行中 <- 表达式的作用是将 x 值写入 c channel 内。第 17 行使用 close 函数关闭了这个 channel，channel 关闭以后就不可以进行通信了。在函数的开始和结束处，都打印了 x 变量。

第 9 行至第 11 行，先通过 make 定义了一个 int 类型的通道 c。然后马上在第 10 行启动 goroutine，并且把 c 作为 channel 参数、把数字 666 作为整型参数传递给函数 writeChan。

下面来看程序的运行结果。第 21 行只打印了一次数字，不是应该在函数的开始和结束处分别打印一次数字 x 吗？是因为主 goroutine 结束导致没来得及打印第二次吗？不是的，其实是因为第 11 行已经休眠，拉长休眠时间并且多运行几次还是只会打印一次。

> **注意** 当主 goroutine 结束的时候，所有其他的 goroutine 都会被强制结束。

这与 channel 的工作原理是有关的。执行完 c<-x 这行代码后，函数 writeChan 就进入阻塞状态，因为 c 中的数据一直没有其他 goroutine 读取，所以一直到主 goroutine 结束后面的代码都不会被执行。

> **注意** channel 是 goroutine 之间同步的主要方式。在无缓存的 channel 中，每一次数据发送都对应着数据的接收。所谓无缓存 channel 是指用 make 创建 channel 时没有给第二个参数。make(chan int,3) 这种属于有缓存 channel。

接下来就来看一下 goroutine 如何从 channel 接收数据。

5.2.2　channel 接收数据

在了解了如何向 channel 写入数据后，下面来看如何从 channel 处接收数据。上一节向 channel 写入数据时使用的是 c<-，而从 channel 读取数据则正好反过来，使用的是 <-c。

还是通过示例代码来看一下：

```
book/ch05/5.2/read/main.go
1.  package main
2.
3.  import (
4.      "fmt"
5.      "time"
6.  )
7.
8.  func main() {
9.      c := make(chan int)
10.     go writeChan(c,666)
11.     time.Sleep(1*time.Second)
12.     fmt.Println("Read:",<-c)
13.     if _,ok := <-c;ok{
14.         fmt.Println("Channel is Open")
15.     }else {
16.         fmt.Println("Channel is closed")
17.     }
18. }
19.
20. func writeChan(c chan int,x int)  {
21.     fmt.Println("Start:",x)
22.     c <- x
23.     close(c)
24.     fmt.Println("End:",x)
25. }
```

第 20 行至第 25 行，像读取 channel 的例子一样，也写了 writeChan 函数，毕竟要测试读，首先要写。

第 9 行至第 11 行，也和上一个示例代码一样，定义一个 channel，然后传入 writeChan 函数，并启动一个 goroutine 来运行这个函数，并且在第 11 行让主 goroutine 休眠。

第 12 行至第 17 行是这个示例和上一个示例的不同之处。在第 12 行，先使用 <-c 读取了通道 c 的数据，第 13 行至第 17 行则是再次读取 c，并查看通道 c 是否被关闭。上一示例有相应解释，一旦写入数据通道就会阻塞，而被读取之后就会继续，正好下一行就是第 23 行关闭通道。

多运行几次，结果大多如下：

```
Start: 666
Read: 666
End: 666
Channel is closed
```

不过也出现了如下这种情况：

```
Start: 666
Read: 666
Channel is closed
```

这是因为主 goroutine 关闭的时候，writeChan 函数的 goroutine 还没来得及执行第 24 行，可见这样写还是不够严谨。

> **注意** 通过 close 函数关闭 channel 不是必须的，只有在需要通知其他的数据读取通道数据已经写入完成时，才必须关闭。不主动关闭的通道，垃圾回收器会自动回收。而文件操作的 close 函数则是必须有的，请读者区分开。

5.2.3 以 channel 作为函数参数

Go 语言程序在把 channel 作为函数参数的时候指定通道方向，通道有两种类型：无方向通道和双向通道，默认的是双向通道。

> **注意** 当使用通道作为函数参数的时候，可以指定通道的方向，也就是指定该通道是发送数据还是接收数据。

下面来看两种写法，先看第一种：

```
func one (c chan int, x int){
    fmt.Println(x)
    c <- x
}

func two(c chan<- int, x int){
```

```
    fmt.Println(x)
    c<-x
}
```

one 和 two 两个函数实现的功能是相同的，但显然在写法上，特别是在通道参数的定义上是不同的。two 这个函数的定义就是带有方向的通道，可以看到 c 在定义的时候 chan 的右侧有一个 "<-"，说明 c 通道只能用于写入数据。如果试图从只写通道读取数据的话，编译器会报错。

> **注意** 在函数外面定义双向 channel: c := make(chan int)，它作为参数传到函数 two(c,3) 后，进行了隐式转换，通道 c 由双向通道变为参数指定方向 chan<-。但反过来是不行的，也就是不允许单向通道变为双向通道。

同样，也可以定义只读通道，示例如下：

```
func three(out chan<- int, in<-chan int){
    for v:= range in{
        out <- v
    }
}
```

上面是一个只读通道和一个只写通道的例子。

> **注意** 到目前为止，对于 channel 的讨论都是在无缓存 channel 的范围内。无缓存 channel 的特点就是同步，一个 channel 写入数据后，如果没有其他 goroutine 读取，则通道一直阻塞。

5.2.4 缓存 channel

前面一直介绍的是无缓存通道，相对应地肯定也可以使用缓存 channel。缓存通道有一个队列用于存储通道的数据，队列的最大长度是通过 make 关键字创建通道时指定的：

```
c := make(chan int 3)
```

上面语句创建了一个可以容纳三个 int 型数值的通道，可以通过图 5-1 来理解。

图 5-1 通道示意图 1

缓存通道的发送操作是在队列的尾部插入元素，而接收操作是从队列的头部移除一个元素。如果队列满了，发送数据的 goroutine 则会进入阻塞状态等待另一个 goroutine 来读取数据，进而腾出空间；而如果队列是空的，接收数据的 goroutine 则进入阻塞状态等待另一个 goroutine 在通道上发送数据。

下面通过图形来看一下缓存队列的变化。假如先向上述队列写入三个数值：

```
c<-1
c<-2
c<-3
```

这时队列里面放满了整型数字，如果没有其他 goroutine 读取，则会进入阻塞状态，如图 5-2 所示。

图 5-2　通道示意图 2

如果此时将队列内的一个整型数字打印出来：

```
fmt.Println(<-c)
```

这时会打印 1，然后队列就会变成图 5-3 所示的样子。

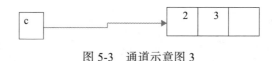

图 5-3　通道示意图 3

此时的状态，既允许通道读又允许通道写，通过缓存区让通道的接收和发送两个操作可以同时进行。

如果要知道缓存区的容量，可以像对 slice 的操作一样使用 cap 函数；如果要知道缓存区元素的个数可以使用 len 函数。不过通道缓存区的容量是在定义的时候就知道的，但在正常情况下，当前元素的个数是不停变化的，所以一般不会在缓存区使用 cap 和 len 函数。

下面来写一个例子，模拟几个工人同时从一个任务处领取任务，所有任务完成后，工人下班。可以把任务定义为一个缓存通道，把工人定义为 goroutine，下面来看代码：

book/ch05/5.2/buffer/main.go
```
1.   package main
2.
3.   import (
4.       "fmt"
5.       "sync"
6.   )
7.
8.   const(
9.       noGoroutine = 5
10.      noTask = 10
11.  )
12.
13. var wg sync.WaitGroup
14.
15. func main() {
16.      // 创建缓存容量为 noTask 的缓存通道
17.      tasks := make(chan int,noTask)
18.
19.      // 启动数量为 noGoroutine 的 goroutine
```

```
20.     for no := 1;no<=noGoroutine;no++{
21.         wg.Add(1)
22.         go taskProcess(tasks,no)
23.     }
24.
25.     // 向 tasks 缓存通道内放入任务号
26.     for taskNO:=1;taskNO<=noTask;taskNO++{
27.         tasks<-taskNO
28.     }
29.     close(tasks)
30.     wg.Wait()
31.
32. }
33.
34. func taskProcess(tasks chan int,workerNo int)  {
35.     defer wg.Done()
36.
37.     for t := range tasks{
38.         fmt.Printf("Worker %d is processing Task no:%d \n",workerNo,t)
39.     }
40.     fmt.Printf("Worker %d got off work \n",workerNo)
41. }
42.
43. // 以下是程序某一次的执行结果 (每次结果会不同)
44. Worker 1 is processing Task no:3
45. Worker 1 is processing Task no:6
46. Worker 1 is processing Task no:7
47. Worker 1 is processing Task no:8
48. Worker 1 is processing Task no:9
49. Worker 1 is processing Task no:10
50. Worker 1 got off work
51. Worker 3 is processing Task no:4
52. Worker 3 got off work
53. Worker 4 is processing Task no:5
54. Worker 4 got off work
55. Worker 5 is processing Task no:1
56. Worker 5 got off work
57. Worker 2 is processing Task no:2
58. Worker 2 got off work
```

第 8 行至第 11 行，定义了两个常量，一个是 goroutine 数量，等同于 worker 数量；一个是任务数。

第 13 行，定义变量 wg，用于后续控制多个 goroutine，待全部执行完成后再结束主 goroutine。

第 34 行至第 41 行定义了函数 taskProcess。该函数有两个参数，一个是 int 型通道，一个是 int 类型的工人编号。实现的功能就是打印工人编号和任务编号，在读取完 tasks 通道后，打印工人下班信息，然后调用 Done 方法让 wg 减 1。注意 for 循环结束的条件是 tasks 关闭，关闭操作在 main 方法中。

第 16 行和第 17 行，定义一个缓存队列长度为任务数的 int 型通道。

第 19 行至第 23 行，按照工人数量启动 goroutine，每个 goroutine 里面都运行

taskProcess 函数，传入的工人编号是 1 至 5。注意此时的任务通道 tasks 还是空的，所以 goroutine 在此刻还是处于阻塞等待状态。

第 26 行至第 28 行，往 tasks 通道中放入任务编号，int 型。此时的 5 个 goroutine 会开始读取 tasks 的任务编号。

第 29 行，关闭通道。注意，不管 goroutine 有没有执行完成，先关闭通道，因为即便是通道关闭，如果缓存区还有数据的话，goroutine 还是可以读取的。

第 30 行，等所有的 goroutine 执行完成后，继续执行主 goroutine 结束程序。

请思考，如果第 29 行和第 30 行换一下顺序，会发生什么？答案是会出现死锁，goroutine 阻塞等待缓存区继续写入数据，而主 goroutine 又等待所有 goroutine 执行完再关闭通道，因此进入了死锁状态。

第 44 行至第 58 行是一次执行的结果，每次执行的结果应该都会不同，可以看到每个 worker 的任务量是不同的，因为每次都是并发执行，结果具有不确定性。

 注意 通道关闭后仍然可以接收通道的数据，直到通道为空，继续接收则会让对应的操作结束。而向关闭后的通道发送数据则会导致异常。

5.2.5　select

Go 语言作为天生的多线程语言，经常要在程序中同时使用或处理多个 channel，并且经常需要根据不同的 channel 读写进行不同的操作。所以，Go 语言提供了 select 关键字。可以把 select 理解为 switch case，只是 select 是根据不同的 channel 通信进入不同的处理代码。

select 有监听 channel 通信的作用，当有通信发生时就触发相应的代码块。

select 的基本用法和大致结构如下：

```
select{
case <-ch1:
    // 如果从 ch1 读取数据，则执行该部分代码块
case ch2 <- 1 :
    // 如果向 ch2 写入数据，则执行该部分代码块
default:
    // 如果前面的 case 都不满足，则执行此部分代码块
}
```

下面通过一个简单的例子来看一下 select 的使用：

```
book/ch05/5.2/select/main.go
1.   package main
2.
3.   import (
4.       "fmt"
5.   )
6.
```

```
7.  func main() {
8.      ch1 := make(chan int)
9.      ch2 := make(chan int)
10.     go func() {
11.         //time.Sleep(3*time.Second)
12.         ch1 <- 1
13.     }()
14.     go func() {
15.         //time.Sleep(5*time.Second)
16.         ch2 <- 2
17.     }()
18.
19.     select {
20.     case <-ch1:
21.         fmt.Println("can read from ch1")
22.     case <-ch2:
23.         fmt.Println("can read from ch2")
24.     //default:
25.     //  fmt.Println("default...")
26.     }
27. }
```

这是一个非常简单的使用 select 的例子。

第 8 行和第 9 行定义了两个 int 型通道。

第 10 行至第 17 行，启动了两个 goroutine，运行了两个匿名函数，函数的作用分别是为 ch1 和 ch2 写数据。

第 19 行至第 27 行，通过 select 判断是 ch1 还是 ch2 可读，进而打印不同的信息。要注意的是，select 内的 case 不是顺序执行的，并非每次都是先判断写在前面的 case，而是会并行判断，当两个条件都满足的时候会相对公平地选择一个执行。读者可以执行上述代码，看一下是不是打印 ch1 相关信息和打印 ch2 相关信息的概率差不多。

注意，对于注释掉的第 24 行和第 25 行，如果去掉注释，很可能就会执行 default，因为主 goroutine 和前面启动的两个 goroutine 是并发执行，在判断 case 的时候数据往往还没有写入 ch1 和 ch2，这时候就会执行 default。而当去掉 default 的时候，因为没有满足条件的 case，所以 select 会进入阻塞状态。读者可以去掉第 11 行和第 15 行的注释再执行代码，看一下结果是否又会不同。

 注意　select 可以管理和编排多个 channel，是并发编程当中非常重要的应用。但是一定要注意使用 selelct 时的死锁问题，在开发过程中要格外小心。

5.2.6　超时检查

使用 select 可以方便地完成 goroutine 的超时检查。超时就是指某个 goroutine 由于意外退出，导致另一方的 goroutine 阻塞，从而影响主 goroutine，可以参考 5.2.4 节 book/ch05/5.2/buffer/main.go 例子中提出的思考题，该问题就属于超时。

注意 当 goroutine 向某个无缓存通道发送数据，而没有其他 goroutine 从该无缓存通道接收数据时，发送的 goroutine 就会阻塞，这种情况叫作 goroutine 泄露。goroutine 泄露是造成超时的最常见原因。

对于超时这个问题要特别注意，所以本节主要介绍的是如何对超时的情况进行检查。这里所说的超时检查方式，技术上是使用 select+time.After() 来实现的。

先来看一个比较简单的检查方式，示例代码如下：

```
book/ch05/5.2/timeout1/main.go
1.   package main
2.
3.   import (
4.       "fmt"
5.       "time"
6.   )
7.
8.   func main() {
9.       // 匿名函数中的代码块休眠 4s
10.      ch1 := make(chan string)
11.      go func() {
12.          time.Sleep(4*time.Second)
13.          ch1 <- "ch1 si ready!"
14.      }()
15.      // 注意 time.After 的使用，而且休眠时间为 2s
16.      select {
17.      case mess := <- ch1:
18.          fmt.Println(mess)
19.      case t := <- time.After(2*time.Second):
20.          fmt.Println("ch1 timeout!",t)
21.      }
22.      // 匿名函数休眠 4s
23.      ch2 := make(chan string)
24.      go func() {
25.          time.Sleep(4*time.Second)
26.          ch2 <- "ch2 is ready!"
27.      }()
28.      //time.After 内等待 5s
29.      select {
30.      case mess := <- ch2:
31.          fmt.Println(mess)
32.      case t := <- time.After(5*time.Second):
33.          fmt.Println("ch2 timeout",t)
34.
35.      }
36.  }
37.  // 以下是程序执行结果
38.  ch1 timeout! 2019-08-21 09:48:58.086281 +0800 CST m=+2.004157554
39.  ch2 is ready!
```

第 9 行至第 14 行，先定义一个通道，然后启动一个 goroutine 运行匿名函数。匿名函数先休眠 4 秒，然后将一个字符串写入通道 ch1。

第 15 行至第 21 行，select 内写了两个 case，一个是从 ch2 读取信息，如果可以读取，则打印信息；另一个是通过 time.After 函数读取 2 秒后的时间。注意，整个 select 的前 2 秒是阻塞状态，因为前面的 goroutine 要休眠 4s 再向通道写入数据，而 select 只等待 2 秒就会执行第二个 case。结合第 38 行的执行结果可知，执行的确实是第二个 case。

第 22 行至第 27 行，定义一个 string 型的通道 ch2，然后启动一个 goroutine 来运行匿名函数，匿名函数先休眠 4 秒，然后向 ch2 通道写入字符串数据。

第 29 行至第 36 行，select 内写了两个 case，第一个是从 ch2 内读取信息，等 ch2 可读的时候执行该代码块；第二个是从执行到 select 开始 5 秒后执行该代码块，注意前面的匿名函数是休眠 4 秒，所以该代码块应该没有机会执行。结合第 39 行的运行结果可知，执行的是第一个 case。

到这里，第一种用法就介绍完了，也就是在 select 内使用 time.After 函数，设定最长等待时间。因为 select 内如果没有满足条件的 case 则进入阻塞状态，而 time.After 的作用就是设定等待时间，等待时间到了，如果 select 内还没有满足条件的 case，则执行该 case。

通过这种方法虽然可以解决超时问题，但是显然不够灵活，这种硬编码的方式在编程中是不常用的。也是基于这种缺点，需要一些更灵活的解决超时问题的方式。下面来看一下示例代码：

```
book/ch05/5.2/timeout1/main.go
1.  package main
2.
3.  import (
4.      "fmt"
5.      "math/rand"
6.      "sync"
7.      "time"
8.  )
9.
10. func main() {
11.     var wg sync.WaitGroup
12.     wg.Add(1)
13.     // 需要初始化随机数的资源库，如果不执行这行，不管运行多少次都返回同样的值
14.     rand.Seed(time.Now().UnixNano())
15.     no := rand.Intn(6)
16.     no *= 1000
17.     du := time.Duration(int32(no))*time.Millisecond
18.     fmt.Println("timeout duration is:",du)
19.     wg.Done()
20.     if isTimeout(&wg,du){
21.         fmt.Println("Time out!")
22.     }else {
23.         fmt.Println("Not time out")
24.     }
25. }
26.
27. func isTimeout(wg *sync.WaitGroup,du time.Duration) bool  {
28.     ch1 := make(chan int)
```

```
29.    go func() {
30.        time.Sleep(3*time.Second)
31.        defer close(ch1)
32.        wg.Wait()
33.    }()
34.    select {
35.    case <-ch1:
36.        return false
37.    case <- time.After(du):
38.        return true
39.    }
40. }
```

这是一种模拟，让程序的等待时间可以根据传入参数进行不同的超时时长判断。这里是用随机数来模拟时长的，真实的项目中可以根据配置参数或者统计参数在运行时传递到函数中。本部分代码就不再做逐行解读，请读者自行实验。

5.3　pipeline

channel 可以连接 goroutine，如果一个 goroutine 的输出是另一个 goroutine 的输入，就叫作 pipeline。可以理解为 pipeline 是虚拟的，用来连接 goroutine 和 channel，并且最终形成一个 goroutine 的输出成为另一个 goroutine 的输入，且是使用 channel 传递数据的。

使用 pipeline 的好处有三点：首先，在程序中形成一个清晰稳定的数据流，我们在使用的时候不需要过多考虑 goroutine 和 channel 的相关通信和状态问题。其次，在一个 pipeline 内，不需要把数据再保存为变量，节省了内存空间并提高了效率。最后，使用 pipeline 能够简化程序的复杂度，便于维护。

为了便于理解，还是先来看示例代码：

```
book/ch05/5.3/main.go
1.  package main
2.
3.  import (
4.      "fmt"
5.      "math/rand"
6.  )
7.
8.  var done = false
9.  var Mess = make(map[int]bool)
10. func main() {
11.     A := make(chan int)
12.     B := make(chan int)
13.     go sendRan(50,10,A)
14.     go receive(B,A)
15.     sum(B)
16. }
17.
18. func genRandom(max,min int) int {
19.     return rand.Intn(max-min)+min
```

```
20. }
21.
22. func sendRan(max,min int,out chan<- int)  {
23.     for{
24.         if done{
25.             close(out)
26.             return
27.         }
28.         out <- genRandom(max,min)
29.     }
30. }
31.
32. func receive(out chan<- int ,in <-chan int)  {
33.     for r := range in{
34.         fmt.Println(" ",r)
35.         _,ok := Mess[r]
36.         if ok {
37.             fmt.Println("duplicate num is:",r)
38.             done = true
39.         }else {
40.             Mess[r] = true
41.             out <- r
42.         }
43.     }
44.     close(out)
45. }
46.
47. func sum(in <-chan int)  {
48.     var sum int
49.     for r := range in{
50.         sum += r
51.     }
52.     fmt.Println("The sum is:",sum)
53. }
```

先来说一下整个程序完成的任务：随机生成一些数字写入 channel，然后另一个 channel
读取，如果随机数在以前已经出现过，就关闭生成的 channel。有一个函数会计算读取
channel 里面所有随机数的和并打印，下面还是详细讲解一下代码。

第 8 行和第 9 行，定义了两个变量。done 是布尔类型，默认为 false，一旦发现产生了
重复的随机数，则设置为 true。map 类型的 Mess 则用来记录随机数，每个随机数 r 都对应
Mess[r]true 的值，每次新的 r 生成以后只需要判断 Mess[r] 是否为 true 就可知该数据是否已
经生成过。

第 18 行至第 30 行，生成随机数，并且写入通道。该操作通过 genRandom 和 sendRan
函数来完成。genRandom 函数根据传入的两个参数 max 和 min 生成一个随机数。第 24 行
是判断 done 的值，如果其值变为 true 就关闭通道。不过 done 的值在本函数中不会修改，
它是在后面的 receive 函数修改的。

第 32 行至第 45 行，把数据从通道 in 写入通道 out。其中第 35 行至第 42 行用于判断
该值以前是否生成过，如果生成过则把 done 设置为 true。这里会影响上面的 sendRan 函

数。最后，关闭通道 out。

第 47 行至第 53 行，sum 函数用于读取通道的数并且求和。注意这个循环，在 receive 关闭通道以后才会停止读数据。

第 10 行至第 16 行是 main 函数，它调用了两个 channel，作为参数传递给 sendRan 和 receive 函数，然后用 goroutine 的方式分别运行这两个函数。第三个函数 sum 并没有使用 goroutine 运行，因为这个函数放到这里起阻塞 main 函数往下执行的作用，channel 不关闭，sum 的读取循环就不会结束，这样正好可以让主 goroutine 等待其他两个 goroutine 的执行结束。

执行程序，会看到如下结果：

```
1.    11
2.    17
3.    17
4.  duplicate num is: 17
5.  The sum is: 28
```

因为重复的数字没有写入通道 out，且直接关闭了通道（见第 36 行至第 38 行），所以重复的数字不会被 sum 计算。

5.4 小结

本章对于 goroutine、channel 和 pipeline 做了介绍，不过比较浅显，这也是为了便于没有 Go 语言基础的读者更好地理解相应的知识。更深入的并发编程知识会在第 8 章探讨和介绍。

第 6 章 *Chapter 6*

包和代码测试

前面的章节已经介绍了 Go 语言里面的类型、函数、方法、接口、反射以及并发编程。此时的我们已经可以编写一些较为复杂的程序了。可能细心的读者会发现一个问题，为什么前面所有的示例都是一个 package 包，而且全是 main？那是因为在介绍 Go 语言的一些语法和机理时，为了方便演示每次都将示例代码放到了 main 包里。其实，在实际项目当中，一般会分成很多包，所以本章就会介绍包的使用方法和工具。

本章的另一部分内容是测试和优化。不管是哪种语言，工程师花费在测试和优化上的时间都是最多的。Go 语言是如何进行测试的，又是如何进行代码优化的呢？本章会进行详细介绍。

6.1 包及 Go 工具

包（package）是 Go 语言中实现代码复用的重要手段。包的存在可以让工程师只关心包中有用的函数，而其他大多数的函数都不用去关心。一般情况下，不同的包由不同的人维护。

Go 语言自带了 100 多个标准包，这些包使 Go 语言用起来非常便捷，几乎不需要其他第三方框架就可以完成服务器端、Web 端编程。

可依据函数、接口、方法之间的关联性来对包进行划分，关联性高的功能会放在一个包内，便于理解和后续修改维护。这种模块化特性，允许我们在不同的项目内甚至世界范围内共享和复用代码。

指定编译的速度快是 Go 语言的一大优势，为什么 Go 语言的编译如此快呢？主要有以下三点原因：

- ❑ 每个源码文件用到的导入文件都在开头显式地列出来，这样编译器就不需要遍历文件查找。
- ❑ Go 语言避免循环引用，也就是说引用都是有向无环的引用。
- ❑ Go 语言编译输出的目标文件不仅记录自己的导出信息，也记录依赖包的导出信息，所以在一个包内很快可以编译整个包的文件。

下面来看一下包的导入和命名等详细内容。

6.1.1　包导入

每一个包在一个项目内都有一个唯一的导入路径，这个导入路径是使用唯一的字符串进行标识的。路径和包的名称之间没有必然的联系，不过一般包名默认会使用路径最后一个 "/" 后的名称，比如对于 math/rand，包名就是 rand。当然，这只是大多数情况，也有例外，比如 main 包就是一层包，不需要使用 "/"。此外，本书前面的示例也没有遵守这一默认规则，后续的示例会遵守这一规则。

包的名称是在每一个源码文件的第一行通过 package 关键字声明的，而编程时用到的第三方包则是通过 import 关键字导入的。每导入一个包就用一次 import 关键字，用法如下：

```
import "fmt"
import "os"
```

也可以使用圆括号把需要导入的包写在一起：

```
import(
    "fmt"
    "os"
)
```

> 🔔 **注意** 导入的包必须在程序内用到，否则编译无法通过。其实这也是为了提高编译速度。

以上规则和用法，前面的示例已体现过。不过有些特殊的地方还是要强调一下。在同一个项目当中，只是要求导入路径唯一，并没有要求包名称唯一。比如前面提到的 rand 包，除了 math/rand，crypto/rand 的导入路径也是 rand 包。如果要在同一个代码文件中导入这两个包，则会出现冲突，这时就必须为包取别名，示例如下：

```
import(
    crand "crypto/rand"
    "math/rand"
)
```

> 🔔 **注意** 别名仅在当前文件中有效，即便是同一个包下的其他文件导入相同包也不可以直接使用此别名，除非那个文件也在导入时取了同样的别名。别名的应用非常广泛，除了这种不得已的情况，为了便捷也可以给导入的包取一些容易记的别名。

除了取别名以外，如果要用的包内函数名不会与其他包重复，也可以在引入的时候使用 "."，这样使用该函数的时候就不用通过前置包名来调用了。比如：

```
import . "fmt"
```

使用了 "." 后，在使用打印函数的时候就可以直接用 Println(" ")，而不需要像以前那样通过代码 fmt.Println(" ") 来实现了。

还有一种情况，有时候需要导入一个包，仅仅是需要这个包执行 init 函数。init 是编译的时候调用的，开发人员不可以在代码里面调用。而除了这个包的 init 函数以外，其他函数又都用不到，怎么办呢？虽然可以 import 这个包，但是在代码中如果不用这个包的话，编译就无法通过，所以 Go 语言专门提供了空导入来应对这个问题。

看一个在数据库连接包的示例：

```
import(
    "database/sql"
    _ "github.com/go-sql-driver/mysql"
)
```

这里使用了一个连接 MySQL 的包，但是一个空导入，因为只需要用到 mysql 包的 init 函数。数据库连接的具体知识会在第 9 章介绍。

在实际项目当中，要经常给包命名，自然也就需要了解 Go 语言对应包的命名相关知识了。

在 Go 语言中包的命名提倡简练，所以在项目当中也应当在保证可读性的前提下，让包名称尽可能短。

> 🔔 注意　因为包名比较短，容易和一些关键字或变量名称冲突，所以很多包名都用复数形式，比如 bytes、strings。如果需要通过多个单词说明包的意义，可以适当压缩，比如 buf 就是把 buffer 压缩而成。

6.1.2　Go 工具

Go 语言提供了标准工具，利用这些工具，工程师可以方便地进行下载、查询、构建、格式化、测试、安装代码包等操作，这组标准工具称为 Go 工具（Go tool）。

Go 工具是一组命令集，可以实现几组重要的功能，比如包管理器、构建系统、测试驱动等。Go 工具的命令行接口有十几个子命令，具体可以运行 go help 来查看：

```
Go is a tool for managing Go source code.

Usage:

    go <command> [arguments]

The commands are:
```

```
bug         start a bug report
build       compile packages and dependencies
clean       remove object files and cached files
doc         show documentation for package or symbol
env         print Go environment information
fix         update packages to use new APIs
fmt         gofmt (reformat) package sources
generate    generate Go files by processing source
get         download and install packages and dependencies
install     compile and install packages and dependencies
list        list packages or modules
mod         module maintenance
run         compile and run Go program
test        test packages
tool        run specified go tool
version     print Go version
vet         report likely mistakes in packages
```

可以看到，只是命令就有这么多，这还不包括命令后面可以带有的参数，Go 语言提供的命令工具是十分全面的。

Go 工具的风格被称为"瑞士军刀"风格，一方面囊括了绝大多数常用的命令，另一方面，每个命令都是最小化配置，使用更简单。为了实现最小化配置，很多用法都需要靠约定来达成。比如每个路径下只允许有一个 package，这样找到一个源文件的 package 后就可以方便地根据路径找到这个包内所有的文件。

使用 Go 工具的时候基本不需要配置，部分仅仅需要很少的配置。Go 语言通过环境变量的方式来实现相应的配置，现在来看一下如下环境变量。

（1）GOPATH

这是用户必须配置的变量，很多时候甚至只需要配置这一个变量，后面介绍的其他变量可以不配置。GOPATH 用于指定工作空间的根目录，如果要在一台计算机上改变工作空间，则通过该环境变量切换到其他的路径。GOPATH 下有三个子目录：src、pkg 和 bin，src 子目录用于存放源文件，pkg 子目录用于存放编译后的文件包，而 bin 子目录用于存放可执行程序。

（2）GOROOT

GOROOT 是一个环境变量，用于保存 Go 语言标准包的根目录。大多数情况下只需要理解这个变量的意义即可，而不需要手动设置，因为 GOROOT 会默认使用 Go 语言的安装目录。

（3）GOOS 和 GOARCH

GOOS 指定目标操作系统（比如 Linux、Windows 或 Android 等），GOARCH 用于存储指定目标处理器的架构（比如 arm、amd64 等）。这两个环境变量在我们进行编译时，特别是在交叉编译时会用到。

前面介绍了四个常用的环境变量，除此之外还有一些不常用的环境变量，读者可以使用 go env 命令查看各个环境变量及对应的值，下面是执行结果的一部分：

```
$go env
GOARCH="amd64"
GOBIN=""
GOCACHE="/Users/liujinliang/Library/Caches/go-build"
GOEXE=""
GOFLAGS=""
GOHOSTARCH="amd64"
...
```

在介绍了 Go 工具的环境变量后，就要介绍具体的 go 命令了，这些命令能够帮助我们完成文档管理、编译或测试等工作，下面选取几个重要的命令进行介绍。

（1）go get

可以通过该命令从互联网资源上下载包，比如从 GitHub、Bitbucket 等网站下载代码库。前面提到的 MySQL 的驱动 github.com/go-sql-driver/mysql，就是 GitHub 的代码库，可以通过如下代码下载：

```
go get -u github.com/go-sql-driver/mysql
```

参数 -u 代表下载包的最新版本。go get 命令本质上包含了两个步骤：安装和编译，相当于包含了后面要介绍的 go install 和 go build。go get 可以使用的参数见表 6-1。

表 6-1　go get 参数说明

参数	作用描述
-d	让命令程序只执行下载动作，而不执行安装动作
-f	仅在使用 -u 标记时才有效。该标记会让命令程序忽略对已下载代码包的导入路径的检查。如果下载并安装的代码包所属的项目是你从别人那里 Fork 过来的，使用这个参数就尤为重要了
-fix	让命令程序在下载代码包后先执行修正动作，再进行编译和安装
-insecure	允许命令程序使用非安全的 scheme(如 HTTP) 去下载指定的代码包。如果你用的代码仓库（如公司内部的 Gitlab）没有 HTTPS 支持，可以添加此标记。请在确定安全的情况下用该参数
-t	让命令程序同时下载并安装指定代码包中测试源码文件依赖的代码包
-u	让命令利用网络来更新已有代码包及其依赖包。默认情况下，该命令只会从网络中下载本地不存在的代码包，而不会更新已有的代码包

（2）go build

该命令的作用是编译指定的源文件或源码包以及它们依赖的包，如果包的名字是 main，则会创建可执行程序。go build 可以在要编译的包路径下直接执行而不需要指明包名，默认为编译当前路径的包；也可以把导入路径作为参数放到 go build 后面，这样就可以在任意路径下执行编译了。

在 log 包路径下可以不指定包，命令如下：

```
log$ go build
```

或者在任意路径下执行如下命令：

```
$ go build log
```

go build 可以编译多个 go 文件，只需要用空格隔开，都跟在 go build 后面即可，此操作要求这几个文件都在同一个包内，如果包内依赖了其他包会自动编译，不用指定包名称。

如果编译的是 main 包，则要保证包中有 main 函数，否则无法编译通过。如果 main 包执行 go build 命令，则会输出可执行文件，默认是 main 函数所在源文件名去掉 .go 后缀。

go build 常用的参数见表 6-2。

表 6-2　go build 参数说明

参数	作用描述
-a	强行对所有涉及的代码包（包含标准库中的代码包）进行重新构建，即使它们已经是最新的
-n	打印编译期间所用到的其他命令，但是并不真正执行它们
-p n	指定编译过程中执行各任务的并行数量（确切地说是并发数量）。在默认情况下，该数量等于 CPU 的逻辑核数。但是在 darwin/arm 平台（即 iPhone 和 iPad 所用的平台）下，该数量默认是 1
-race	开启竞态条件的检测。不过此标记目前仅在 Linux/AMD64、FreeBSD/AMD64、Darwin/AMD64 和 Windows/AMD64 平台下受到支持
-v	打印出被编译的代码包的名字
-work	打印出编译时生成的临时工作目录的路径，并在编译结束时保留它。在默认情况下，编译结束时会删除该目录
-x	打印编译期间所用到的其他命令。注意它与 -n 标记的区别

> 注意　在执行 go build 命令时，目标程序会检查目标代码的所有依赖以及依赖的依赖，直到检查完最末层的依赖，如果发现循环依赖则编译会报错并停止。

（3）go install

了解了 go build 后，再理解 go install 就容易了。go install 的作用也是编译源文件，而且用法和 go build 基本一致。下面来看一下 go install 的特点及与 go build 的区别。

❑ go install 编译产生的可执行文件以其所在的目录名命名。

❑ go install 将编译产生的可执行文件放在 bin 目录下，而 go build 产生的可执行文件与源文件同路径。

❑ go install 将可执行文件依赖的包编译后放在 pkg 目录下。

其实现在回看 go get，就是 git clone+go install 的功能组合。

（4）go list

该命令的主要作用是查看包的信息，如果要查看一个包是否在工作空间中，可以通过如下命令实现：

```
$ go list github.com/go-sql-driver/mysql
```

如果要查看工作空间所有的包，可用如下命令：

```
$ go list
```

还有一种比较常用的方式是查找包的完整描述信息，这时要使用 -json 参数来实现：

```
$ go list -json fmt
{
```

```
    "Dir": "/usr/local/Cellar/go/1.12.6/libexec/src/fmt",
    "ImportPath": "fmt",
    "Name": "fmt",
    "Doc": "Package fmt implements formatted I/O with functions analogous to
        C's printf and scanf.",
    "Target": "/usr/local/Cellar/go/1.12.6/libexec/pkg/darwin_amd64/fmt.a",
    "Root": "/usr/local/Cellar/go/1.12.6/libexec",
    "Match": [
        "fmt"
    ],
    "Goroot": true,
    "Standard": true,
    "GoFiles": [
        "doc.go",
        "format.go",
        "print.go",
        "scan.go"
    ],
    ...
```

上述命令会返回所有的元数据信息。

若想知道关于 go list 的更多参数和用法，可以执行 go help list 命令来查看。

（5）go doc 与 godoc

任何编程语言都鼓励编写良好的辅助文档，在 Go 语言中尤其如此。Go 语言提供了两种查看文档的方式，即 go doc 与 godoc。如果要在终端直接打印文档信息，可以使用 go doc；使用 godoc，则可以通过参数生成 Web 格式的文档，方便通过浏览器查看。

用户可以直接通过 go doc <方法或包> 来查看信息，此命令可以打印接口、函数、方法、变量的信息，当然要求首字母大写，比如查看 fmt.Println 函数：

```
$ go doc fmt.Println
func Println(a ...interface{}) (n int, err error)
    Println formats using the default formats for its operands and writes to
    standard output. Spaces are always added between operands and a newline is
    appended. It returns the number of bytes written and any write error
encountered.
```

go doc 是 Go 工具关于文档的标准功能，体现小，执行迅速，在编程的过程中如果要了解某个函数、方法等，可以直接使用，特别是对于不熟悉的标准功能。go doc 可以选择使用的参数见表 6-3。

表 6-3　go doc 参数说明

参数	作用描述
-c	加入此参数后会使 go doc 命令区分参数中字母的大小写。默认情况下，命令是大小写不敏感的
-cmd	加入此参数后会使 go doc 命令会打印 main 包中可导出的程序实体（其名称的首字母大写）的文档。默认情况下，这部分文档是不会被打印出来的
-u	加入此参数后会使 go doc 命令会打印不可导出的程序实体（其名称的首字母小写）的文档。默认情况下，这部分文档是不会被打印出来的

如果要生成体系化的 Web 页面，则需要使用 godoc。godoc 有两种使用方式，即有 -http 参数和没有 -http 参数的情况。

不添加 -http 参数的情况下，godoc 的用法和 go doc 很接近，也可以直接打印包的信息，比如 godoc fmt。

若添加 -http 参数，就是以 http 的方式查看文档，比如 godoc -http=:3030 命令，相当于启动了一个 Web 服务，可以通过 http://localhost:3030 来查看文档。

> **注意** 文档非常重要，很多程序员都是先写文档再写代码，建议读者也采用这种方式，便于完善思路，也有利于别人复用自己的代码。

除了上面介绍的比较重要的几个 Go 工具命令外，还有 go run、go test 等命令。本章后续内容会对 go test 进行介绍，而 go run 和 go build 就很像是编译完后加上了执行这一步。

6.2　代码优化

在介绍了 Go 语言中包的使用和 Go 工具后，再来看如何优化代码。代码优化的目的是找出让程序的部分代码更快运行或使用更少资源的方式，从而不断消除程序的瓶颈。

6.2.1　Go 代码的优化

Go 代码的优化是建立在程序没有 bug 的基础之上的，先把程序调试成功，然后不停地根据不同的想法去尝试，找到最优的方案。代码的优化要基于 Go 语言的语法和编译器的原理进行。

如果读者对于代码优化感兴趣，建议参考其他资料进一步学习编译原理和垃圾回收机制。此外，也要对 Go 语言提供的标准包有一定的了解，最好能够读一下源码。

代码的优化要找重点，不要将时间不分主次地花费在所有的代码上，这样无疑是在浪费时间。最好能够找出那些常用的函数或方法，结合测试和调试的数据尝试不同的方案进行优化。

另外，建议读者不要去优化程序的第一个版本，因为第一个版本往往有很多 bug，这种代码优化太浪费时间。代码优化是基于程序经过充分测试而没有 bug 的情况下进行的。

还有，代码优化的要求非常高，有些优化需要程序员对底层技术非常理解而解决方法往往极具艺术性。所以，大家在优化代码的时候要不断调整思路，区分不同的重要代码块并尝试多种方式。

说到底，代码优化的关键是性能分析，即找出需要优化的关键代码。

6.2.2　性能分析

工程师在进行代码优化前，首先要做的就是对代码充分分析。代码分析是一个动态的过程，需要结合各种数值来了解程序运行的细节。为了更方便地分析代码，Go 语言提供了 runtime/pprof 标准库。

prof 是 profile 的缩写，其含义就是性能分析报告，所以该标准包的主要作用就是生成性能分析报告。

工程师可以通过命令 go tool pprof --help 来了解相关用法。代码分析都是直接或间接地使用 runtime/pprof 包。

 注意　runtime/pprof 是比较底层的包，常用于代码分析。不过在后面要讲的 Web 编程中，一般使用 net/http/pprof 标准包，其底层也是 runtime/pprof，第 9 章会进行介绍。

要使用 pprof 包分析性能，首先要对产生性能问题的原因有一定的认识，这样在采集数据的时候也可以有的放矢，一般有以下几个常见原因：

❑ CPU 占有率高，高负荷运转，要找到是执行哪个函数时出现这种情况的。

❑ goroutine 在死锁状态，没有运行，但是占用了资源。

❑ 垃圾回收占用时间。

针对这些情况，可以收集 CPU 的执行数据，pprof 会不停采样，然后找出高度占用 CPU 的函数。在生成 .prof 文件后，可以通过 go tool pprof 文件进行分析。

在 runtime/pprof 包内提供了如下主要的接口：

```
// 堆栈分析，可以分析内存的使用情况
func WriteHeapProfile(w io.Writer) error
//CPU 分析
func StartCPUProfile(w io.Writer) error
func StopCPUProfile()
```

在使用的时候将文件指针传入，然后数据会写入文件中，运行结束后再使用上面提到的 go tool pprof 命令进行分析即可。

下面来看一个示例，这样可以比较直观地感受 pprof 的使用方法：

```
book/ch06/6.2/profile.go
1.  package main
2.
3.  import (
4.      "log"
5.      "os"
6.      "runtime"
7.      "runtime/pprof"
8.      "time"
9.  )
10.
11. var ch4cpu chan uint64
12. var chTimer chan struct{}
13. var memMap map[int]interface{}
14.
15. func init(){
```

```
16.        ch4cpu = make(chan uint64, 10000)
17.        chTimer = make(chan struct{}, 20)
18.        memMap = make (map[int]interface{})
19. }
20. func main() {
21.        c, err := os.Create("/Users/liujinliang/projects/go/src/ljl/book/
               ch06/6.2/cpu_profile.prof")
22.        if err != nil {
23.            log.Fatal(err)
24.        }
25.
26.        defer c.Close()
27.
28.        m1, err := os.Create("/Users/liujinliang/projects/go/src/ljl/book/
               ch06/6.2/mem_profile1.prof")
29.        if err != nil {
30.            log.Fatal(err)
31.        }
32.
33.        m2, err := os.Create("/Users/liujinliang/projects/go/src/ljl/book/
               ch06/6.2/mem_profile2.prof")
34.        if err != nil {
35.            log.Fatal(err)
36.        }
37.
38.        m3, err := os.Create("/Users/liujinliang/projects/go/src/ljl/book/
               ch06/6.2/mem_profile3.prof")
39.        if err != nil {
40.            log.Fatal(err)
41.        }
42.
43.        m4, err := os.Create("/Users/liujinliang/projects/go/src/ljl/book/
               ch06/6.2/mem_profile4.prof")
44.        if err != nil {
45.            log.Fatal(err)
46.        }
47.
48.        defer m1.Close()
49.        defer m2.Close()
50.        defer m3.Close()
51.        defer m4.Close()
52.
53.        pprof.StartCPUProfile(c)
54.        defer pprof.StopCPUProfile()
55.
56.        memMap[1]= runMEMTest()
57.
58.        runtime.GC()
59.        pprof.Lookup("heap").WriteTo(m1, 0)
60.        // 从此处开始 ch4cpu 通道被不断地写入数据
61.        go runcputest()
62.        //goroutine 运行 15 秒后 chTimer 写入值
63.        go func(){
64.            time.Sleep(15 * time.Second)
65.            log.Println("write timer")
```

```
66.          chTimer <- struct{}{}
67.
68.      }()
69.      memMap[2]= runMEMTest()
70.      runtime.GC()
71.      pprof.Lookup("heap").WriteTo(m2, 0)
72.
73.      memMap[2] = nil
74.      runtime.GC()
75.      pprof.Lookup("heap").WriteTo(m3, 0)
76.
77.      memMap[1] = nil
78.      runtime.GC()
79.      pprof.Lookup("heap").WriteTo(m4, 0)
80.
81.      procmsg()
82. }
83.
84. func runMEMTest()([]int) {
85.      mem :=  make([]int, 100000, 120000)
86.      return mem
87. }
88.
89. func runcputest(){
90.      var i uint64
91.      for {
92.          ch4cpu <- i
93.          i++
94.      }
95. }
96.
97. func procmsg(){
98.      for {
99.          select {
100.             case _ = <-ch4cpu:
101.             case _ = <-chTimer://直到满足此条件for循环才结束
102.                 log.Println("timeout")
103.                 return
104.          }
105.      }
106. }
```

下面先讲解相应的代码。

第 11 行至第 19 行，定义了两个 channel，分别是 ch4cpu 和 chTimer。这两个通道，一个是在测试 CPU 性能的时候读写数据，一个是用作定时器。chTimer 是无缓存通道，此处的用法就是将这个通道作为信号。在第 63 行至第 68 行的 goroutine 内，先休眠 15 秒，再往 chTimer 写入数据。而在主 goroutine 的第 81 行运行 procmsg 函数，该函数会不停地循环，直到第 101 行条件满足的时候，在一定概率下才会执行第二个 case 结束程序。一定要注意，两个 case 都满足条件时尽可能随机选择一个 case 执行，也就是在 chTimer 满足条件以后会再执行一定次数才结束程序。另外，此处还定义了一个 map，用来记录内存分配。

第 21 行至第 51 行生成了几个文件，这些文件用来存放分析记录的数据，可通过 defer

关键字来关闭这些文件，也就是在 main 函数结束时关闭文件。

第 53 行和第 54 行是调用 runtime/pprof 包的 CPU 性能测试的两个函数，把结果写入 c 文件。

第 56 行至第 59 行，调用 runMEMTest 函数分配一个 len 为 100000、cap 为 120000 的 int 型切片，并且把这个切片返回给 memMap[1]。每执行一次，mem 这个变量就会通过垃圾回收机制回收一次，然后把堆的分配情况写入文件 m1。

第 61 行，开始运行 runcputest 函数，不停地往 ch4cpu 通道写入数据。

第 63 行至第 68 行，goroutine 运行一个匿名函数，作用是 15 秒后往 chTimer 通道写入数据。

第 69 行至第 71 行，类似第 56 行至第 59 行，这次会进一步增大内存压力，再分配一块内存，再次以值传递的方式传递给 memMap[2]，然后把数据写入 m2 文件。

第 73 行至第 79 行是把分配的内存释放，并且分别记录数据到 m3 和 m4 文件。

第 81 行是 main 函数的最后一个函数调用，对应的 procmsg 函数的具体代码在第 97 行至第 106 行。函数的主体是一个 for 循环，不停地执行 select，可以看到第一个 case 是一直满足的，而第二个 case 要等待 chTimer 可读，一旦执行到第二个 case，则整个程序结束。

梳理一下，整段代码其实就是为了分析 CPU 和内存的运行状况而设计的，对 CPU 的测试主要是用 runcputest 函数不停地向通道 ch4cpu 写入 uint64 类型的数据，并由 procmsg() 函数不停地读数据，而 procmsg 函数结束的条件是等到 chTimer 可读，chTimer 是启动了一个 goroutine 并在开始运行 15 秒后往 chTimer 写入数据的过程，也就是说，大概在 chTimer 执行以后，procmsg 函数就有机会结束了。因为有大量的通道读写，所以这是测试 CPU 的主要代码。

对于内存的测试，则是通过大量分配内存堆实现的，并且每次都有一个变量是可回收的，如此反复，每次都执行垃圾回收，并记录堆的信息，这是在模拟一种内存使用情况，可以通过分析记录查看内存泄露等情况。

在执行了上述代码以后，应该已经生成了五个文件：cpu_profile.prof、mem_profile1.prof、mem_profile2.prof、mem_profile3.prof、mem_profile4.prof。这些文件都是二进制的，不能直接打开阅读。要使用这些文件就需要借助 Go 工具。示例如下：

```
1. $ go tool pprof  /Users/liujinliang/projects/go/src/ljl/book/ch06/6.2/cpu_
   profile.prof
2. Type: cpu
3. Time: Aug 27, 2019 at 9:01am (CST)
4. Duration: 15.12s, Total samples = 25.55s (169.03%)
5. Entering interactive mode (type "help" for commands, "o" for options)
```

执行该命令后可以看到一些概要信息，注意第 4 行，这里因为是多线程并行，所以把每个线程执行时间加起来的和是超过整个程序运行时间的。

我们还可以进一步查看更详细的信息，比如查看占用 CPU 最高的十个函数：

```
1.   (pprof) top
2.   Showing nodes accounting for 25.26s, 98.86% of 25.55s total
3.   Dropped 10 nodes (cum <= 0.13s)
4.   Showing top 10 nodes out of 34
5.        flat  flat%   sum%        cum   cum%
6.       12.19s 47.71% 47.71%    12.19s 47.71%  runtime.pthread_cond_signal
7.        7.41s 29.00% 76.71%     7.41s 29.00%  runtime.pthread_cond_wait
8.        4.72s 18.47% 95.19%     4.73s 18.51%  runtime.usleep
9.        0.34s  1.33% 96.52%     0.34s  1.33%  runtime.pthread_mutex_lock
10.       0.22s  0.86% 97.38%     0.22s  0.86%  runtime.(*waitq).dequeue
11.       0.13s  0.51% 97.89%     2.76s 10.80%  runtime.lock
12.       0.09s  0.35% 98.24%     3.09s 12.09%  runtime.selectgo
13.       0.09s  0.35% 98.59%     0.35s  1.37%  runtime.unlock
14.       0.05s   0.2% 98.79%     3.14s 12.29%  main.procmsg
15.       0.02s 0.078% 98.86%     0.44s  1.72%  runtime.chansend
```

执行 top 命令需要在 pprof 命令包内进行，可以看第一行 top 命令前括号内的信息。

可以看到，第 6 行和第 7 行是 CPU 使用率最高的方法，而且这两个方法是标准函数。
pthread_cond_signal 用于唤醒线程，pthread_cond_wait 用于使线程进入阻塞状态。CPU 使
用率高的原因可能是程序中几次主动调用垃圾回收，而在运行的时候会让线程阻塞和唤醒。
另外就是不停地向通道 ch4cpu 写入数据，写数据是通过 goroutine 实现的，而读数据是在
主 goroutine 中，也会造成缓存区域满的情况。

本节就不再继续优化代码了，仅仅找出可能原因即可，读者可以自行优化测试。如果
对于某个具体的函数有疑问，想获取更为详细的信息，可以使用 list 方法，比如可以看一下
自己写的 main.procmsg 函数：

```
(pprof) list main.procmsg
```

对内存使用的分析与 CPU 类似，即先使用 quit 命令离开当前的 pprof，然后再进入。
内存使用分析也是通过 list 看具体函数执行时的内存使用情况的。

```
1.   $ go tool pprof  /Users/liujinliang/projects/go/src/ljl/book/ch06/6.2/
     mem_profile2.prof
2.   Type: inuse_space
3.   Time: Aug 27, 2019 at 9:01am (CST)
4.   Entering interactive mode (type "help" for commands, "o" for options)
5.   (pprof) list main.main
6.   Total: 1.10MB
7.   ROUTINE ======================== main.main in /Users/liujinliang/projects/
     go/src/ljl/book/ch06/6.2/profile.go
8.          0     1.10MB (flat, cum)   100% of Total
9.          .          .      67:
10.         .          .      68:    }()
11.         .          .      69:    memMap[2]= runMEMTest()
12.         .          .      70:    runtime.GC()
13.         .          .      71:    pprof.Lookup("heap").WriteTo(m2, 0)
14.         .     1.10MB      72:
15.         .          .      73:    memMap[2] = nil
16.         .          .      74:    runtime.GC()
17.         .          .      75:    pprof.Lookup("heap").WriteTo(m3, 0)
18.         .          .      76:
```

如果要更加直观地查看内存使用情况，可以生成图片，命令如下：

```
$ go tool pprof -svg ./mem_profile2.prof > mem.svg
```

生成的图如图 6-1 所示。

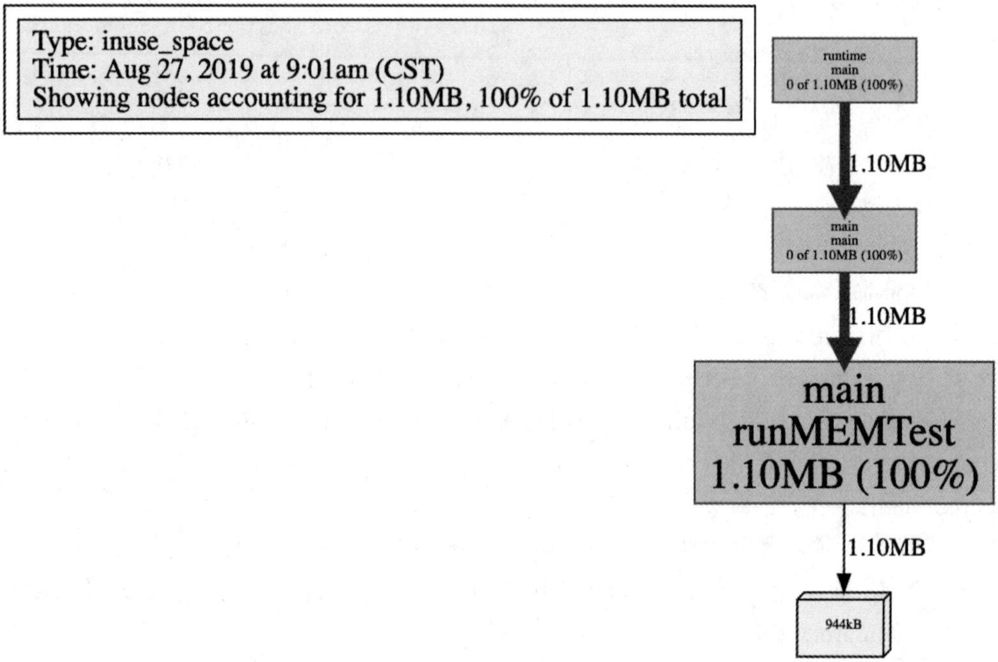

图 6-1　性能分析结果图

注意　上面生成图片的方式依赖 graphviz，使用该方式前请先安装该工具。

前面已经介绍了代码优化，而且解释了代码优化的关键是性能分析。除了使用 runtime/pprof 进行性能分析以外，其实在 GitHub 上可以找到更好用的第三方工具，不过都是基于该包的封装，希望读者能够掌握该包的使用，在实际项目中不断总结，改进方式。

注意　Donald E.Knuth 说过一句非常著名的话"过早地优化是万恶之源"，所以一定要在项目稳定运行没有明显 bug 后再优化。

6.3　测试

本节所介绍的测试是自动化测试的简称，Go 语言的测试是通过 go test 工具来完成的。通常是在完成正常的函数开发以后再编写测试代码。测试代码的编写和普通功能代码的编写相同，通过执行这些测试代码可完成功能代码的测试。

go test 命令也属于 Go 工具，是测试的驱动程序，在运行的时候它会给测试代码生成一个临时的 main 包，执行完成并打印结果后再清空这些临时包。

为防止混淆，Go 语言要求以 *_test.go 的形式为测试代码文件命名。这样做主要是为了让 go build 容易识别，不编译以 _test.go 结尾的文件，而且做测试更方便，完成一个包的开发就可以马上测试。测试代码和正常代码可以放在一起。

知道了测试文件的命名规范后，还需要了解测试文件内测试函数的写法，根据测试的目的可以编写不同的测试函数。Go 语言提供了三种测试函数：功能测试函数、基准测试函数和示例函数，下面将分别对这三种函数进行介绍。

6.3.1　功能测试函数

功能测试函数是以 Test 为前缀命名的函数，其主要作用是检测程序逻辑正确性，运行 go test 后，结果会以 PASS（通过）或 FAIL（不通过）进行报告。下面来看一下具体的示例：

book/ch06/6.3/test/testTest.go
```
1.  package testTest
2.
3.  func fb1(n int) int {
4.      if n == 0 {
5.          return 0
6.      }
7.      if n == 1 {
8.          return 1
9.      }
10.     return fb1(n-1) + fb1(n-2)
11. }
12.
13. func fb2(n int) int {
14.     if n == 0 {
15.         return 0
16.     }
17.     if n == 1 {
18.         return 2
19.     }
20.     return fb2(n-1) + fb2(n-2)
21. }
```

这个文件的代码很简单，在 testTest 包内写了两个方法：一个是 fb1，一个是 fb2，两个函数都是要实现斐波那契数列，下面首先对斐波那契数列进行介绍：

f(0)=0
f(1)=1
　　f(n)=f(n-1)+f(n-2)（n ≧ 2）

以上是斐波那契数列的定义，这里故意把 fb2 函数写错了，当 n=1 的时候返回 2，但若不把 fb2 函数写错，应该返回 1。接着来写测试代码，测试文件是以 _test.go 结尾的，下面来完成 testTest_test.go 文件：

```
book/ch06/6.3/test/testTest_test.go
1.   package testTest
2.
3.   import "testing"
4.
5.   func TestFb1(t *testing.T)  {
6.       if fb1(0) != 0 {
7.           t.Error(`fb1(0)!=0`)
8.       }
9.       if fb1(1) != 1 {
10.          t.Error(`fb1(1)!=1`)
11.      }
12.      if fb1(2) != 1 {
13.          t.Error(`fb1(2)!=1`)
14.      }
15.      if fb1(10) != 55 {
16.          t.Error(`fb1(10)!=55`)
17.      }
18. }
19.
20. func TestFb2(t *testing.T)  {
21.      if fb2(0) != 0 {
22.          t.Error(`fb2(0)!=0`)
23.      }
24.      if fb2(1) != 1 {
25.          t.Error(`fb2(1)!=1`)
26.      }
27.      if fb2(2) != 1 {
28.          t.Error(`fb2(2)!=1`)
29.      }
30.      if fb2(10) != 55 {
31.          t.Error(`fb2(10)!=55`)
32.      }
33. }
```

功能测试主要测试结果是否符合预期，所以分别对 fb1 和 fb2 进行测试，测试函数名以 Test 开始，而且 Test 后面必须跟大写字母或数字。测试函数内部也非常简单，就是判断函数的执行结果与预期的是否一致，如果与预期结果不一致则调用 t.Error 函数发出错误信号。

> **注意**　所有的测试文件都要引入 testing 包。

测试函数写好了，接着就可以执行 go test 命令查看测试结果了。

```
$ go test
--- FAIL: TestFb2 (0.00s)
    testTest_test.go:25: fb2(1)!=1
    testTest_test.go:28: fb2(2)!=1
    testTest_test.go:31: fb2(10)!=55
FAIL
FAIL    command-line-arguments  0.009s
```

显然，本例代码有错误，具体的 bug 需要开发人员自己去跟踪，在真正的开发中可以结合 IDE 采用跟踪的方式查找。

6.3.2　基准测试函数

基准测试就是性能测试，上一节介绍过，runtime/pprof 包可以进行性能分析，此外 Go 语言还提供了基准测试功能。虽然两者都可以进行性能分析，但是 Go 官方提供的基准测试性能更优，而且使用 go test 也可以生成数据文档。

在使用 runtime/pprof 包的时候，需要在代码中先引入这个包，如果使用 Benchmark 函数则可以单独写测试函数，保证代码的整洁性。基准测试函数是以 Benchmark 开头的函数，也是放在以 _test.go 结尾的文件内的。

仍以斐波那契数列为例，因为斐波那契数列的计算会使用函数的递归调用功能，系统有较大的系统开销。本节将会通过几种不同的方式来完成斐波那契数列的计算，然后分析各种方式的性能差异。

现在来看一下具体示例代码：

book/ch06/6.3/bhmark/testBenchmark.go
```
1.  package main
2.
3.  import "fmt"
4.
5.  func fb1(n int) int {
6.      if n == 0 {
7.          return 0
8.      }else if n == 1 {
9.          return 1
10.     }else {
11.         return fb1(n-1) + fb1(n-2)
12.     }
13.
14. }
15.
16. func fb2(n int) int {
17.     if n == 0 || n == 1 {
18.         return n
19.     }
20.     return fb2(n-1) + fb2(n-2)
21. }
22.
23. func fb3(n int) int {
24.     fbMap := make(map[int]int)
25.     for i := 0;i <= n;i++ {
26.         var t int
27.         if i <= 1 {
28.             t = i
29.         }else {
30.             t = fbMap[i-1] + fbMap[i-2]
31.         }
32.         fbMap[i] = t
33.     }
34.     return fbMap[n]
35. }
36.
```

```
37. func main() {
38.     fmt.Println(fb1(50))
39.     fmt.Println(fb2(50))
40.     fmt.Println(fb3(50))
41. }
42. // 以下是执行结果
43. 12586269025
44. 12586269025
45. 12586269025
```

这里写了三个函数，都是用于计算斐波那契数列的。

fb1 函数是较为一般的实现，与 6.3.1 节写的斐波那契函数基本一致。fb2 函数是对 fb1 函数进行微小优化后得到的，即把原来的 if else 语句改为了 if 的逻辑或判断，后续可以在基准测试部分查看这两个函数是否在性能上有明显差异。fb3 函数的改变最大，没有再使用函数的递归调用功能，而是通过 map 来存储整个数列，最后返回第 n 个对应的值，这是典型的以空间换时间的方法。不过 fb3 的效率是不是最高，还要通过 Benchmark 函数来测试。在 main 函数中分别传入用三个函数计算 n=50 的返回值，从最后的打印结果来看，三个函数得到的结果是一样的。可以说，在功能测试方面，还没有找到明显 bug。下面直接进行 Benchmark 函数的测试。

下面来完成测试代码，在同一个路径下创建 testBeanchmark_test.go 文件，内容如下：

book/ch06/6.3/bhmark/testBenchmark_test.go

```
1.  package main
2.
3.  import "testing"
4.
5.  var final int
6.  func benchmarkfb1(b *testing.B,n int)  {
7.      var end int
8.      for i := 0; i < b.N; i++ {
9.          end = fb1(n)
10.     }
11.     final = end
12. }
13.
14. func Benchmarkfb2(b *testing.B,n int)  {
15.     var end int
16.     for i := 0; i < b.N; i++ {
17.         end = fb2(n)
18.     }
19.     final = end
20. }
21.
22. func Benchmarkfb3(b *testing.B,n int)  {
23.     var end int
24.     for i := 0; i < b.N; i++ {
25.         end = fb3(n)
26.     }
27.     final = end
28. }
```

```
29.
30. func Benchmark50fb1(b *testing.B) {
31.     benchmarkfb1(b,50)
32. }
33.
34. func Benchmark50fb2(b *testing.B) {
35.     Benchmarkfb2(b,50)
36. }
37.
38. func Benchmark50fb3(b *testing.B) {
39.     Benchmarkfb3(b,50)
40. }
```

第 6 行至第 28 行分别为前面的 fb1、fb2 和 fb3 这三个函数写了三个基准测试函数。注意每个函数都有参数 testing.B。testing.B 拥有 testing.T 的全部接口，也可以判定测试是成功还是失败，并给出 PASS 或 FAIL 的报告信息，同时可以记录日志信息。testing.B 与 testing.T 最显著的特征是新增了整型成员 N，用来指定被测试函数的执行次数，这主要是为了找出稳定状态下被测函数的性能。所以，在调用被测函数的时候，三个函数都执行了 0 到 N 次的循环，最终统计结果会打印执行测试及平均每次循环消耗的时间。

同时，要注意第 6 行的函数名称，b 是小写的。这种写法是让包外不可见，也就是在执行 go test 的时候不会自动执行这个函数。而其实即便是函数名称大写，如第 14 行和第 22 行那样，也是在包外不可见的，因为虽然是以 Benchmark 开头的，但是其参数却不仅是 testing.B，还多了一个 int 类型，所以 go test 不会把该函数认定为基准测试函数。真正的基准测试函数是像第 30 行至第 40 行的三个函数，它们不仅以 Benchmark 开头，参数也只有 testing.B。

Benchmark 函数与 Test 函数一样，在 Benchmark 后面必须跟大写字母或数字，本例当中是跟数字，用来说明要测试的是求第几个斐波那契数。

接下来，还要使用 go test 来执行基准测试：

```
$ go test -bench=.
goos: darwin
goarch: amd64
Benchmark50fb1-4                1          74412117830 ns/op
Benchmark50fb2-4                1          81948932462 ns/op
Benchmark50fb3-4           300000                 5026 ns/op
PASS
ok      command-line-arguments  157.930s
```

最终可以看到，fb1 和 fb2 的基准测试都只被执行了一次，且耗时都很长。也正是因为耗时太长，所以程序的执行次数设置的是 1，这时可以调整参数 50 为 30，再次执行，结果如下：

```
goos: darwin
goarch: amd64
Benchmark50fb1-4              300              4828324 ns/op
Benchmark50fb2-4              300              5046923 ns/op
```

```
Benchmark50fb3-4              500000                3172 ns/op
PASS
ok      command-line-arguments  5.598s
```

注意，这里直接修改了代码，没有重新写 Benchmark 代码。这时 fb1 和 fb2 各执行了 300 次，但 fb2 还是比 fb1 的平均耗时高，而 fb3 的效率最高。显然，执行次数多的情况下得出的平均耗时更有说服力。

输出信息前两行是操作系统和处理器架构，也就是环境变量 GOOS 和 GOARCH 的值。输出信息最后一行是总的执行时间。

基准测试函数在程序进入稳态后返回数据，如果程序每次执行的时间一直不停地变化，就无法进入稳态，基准测试函数就不会有任何返回数据，比如：

```
func BenchmarkFb1(b *testing.B) {
    for i:=0;i<b.N;i++{
        _ = fb1(i)
    }
}
```

对于上面的使用方式，虽然在函数的命名规则和参数的使用上都符合基准测试的要求，但是却不会有任何返回，因为每次调用 fb1 函数时参数一直在变化，执行所需的时间变化幅度比较大，无法进入稳态，这种情况下基准测试函数不会给出测试结果。因此必须保证基准测试函数的执行结果收敛于一个数值，这样才可以得到测试结果。

6.3.3 示例函数

在 godoc 生成的文档中有一些示例对函数的描述非常形象，这些示例以使用方法以及输出描述为主，比如 Copy 函数会以如图 6-2 所示的方式描述。

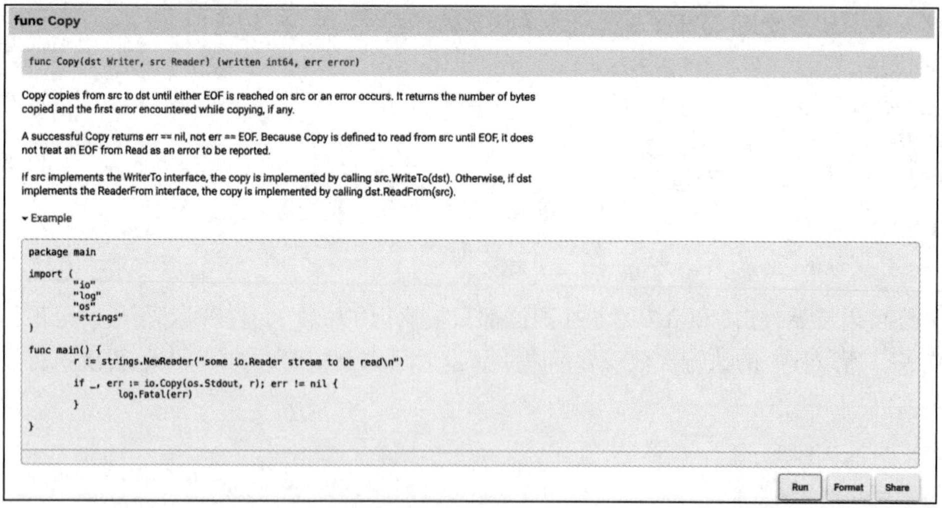

图 6-2 godoc 生成的文档

这是一种交互式的说明文档，其使用更为形象直观。其实这种文档的底层实现就是本节要介绍的示例函数 Example。

Example 函数也是通过 go test 工具来运行的，它的使用一般有三个目的：

- ❏ 第一个目的就是文档的作用，相当于在说明函数的时候举了一个形象的例子。与文档不同，Example 是需要编译的，所以保证了与代码的同步性和可用性。
- ❏ 第二个目的就是在执行 go test 命令时，进行可运行测试。Example 函数中如果有 // output: 注释，那么 go test 执行时就会把输出的结果与注释处的结果进行匹配。
- ❏ 第三个目的是交互性测试代码，比如图 6-2 结合了 Go Playground，让用户可在浏览器中编辑和运行示例函数。图 6-2 中的内容，可以访问以下网址来查看：https://golang.org/pkg/io/#example_Copy。

在使用 Example 函数时，也要求示例函数写在以 _test.go 结尾的文件中。Example 函数的命名规则要求必须以 Example 开始，并且函数没有任何参数。

来看一个简单的示例，先写一个求和的函数：

```
book/ch06/6.3/example/testExam.go
1.  package exam
2.
3.  func Sum(a,b int) int {
4.      return a+b
5.  }
```

接下来写一个示例函数：

```
1.  package exam
2.
3.  import (
4.      "fmt"
5.      _ "testing"
6.  )
7.
8.  func ExampleSum() {
9.      fmt.Println(Sum(1,2))
10.     // Output:
11.     // 3
12. }
```

可以使用 go test 命令来检查函数的执行结果是否符合预期：

```
$ go test testExam.go exam_test.go -v
=== RUN    ExampleSum
--- PASS: ExampleSum (0.00s)
PASS
ok      command-line-arguments  0.005s
```

可以看到，结果是 PASS。这就是示例函数的写法，此处仅仅是一个简单的例子。在一些大型项目上，往往还需要通过第三方工具来生成方便的 API 文档，这种情况下 Example 函数的用法会更多。

6.4 小结

本章首先介绍了包的相关知识，包括包的命名、导入和主要 Go 工具的使用、包的代码复用的基本模块等，在项目中会经常用到这些知识，需要深入理解。

然后介绍了 Go 语言的性能测试和代码优化。性能测试的知识很多，本章内容仅介绍了 Go 语言标准包 runtime/pprof 的使用。其实 Benchmark 函数也是可以进行性能分析的，但与 runtime/pprof 并不相同，对于 CPU 和内存及溢出等相关测试分析还是 pprof 包更为全面。

本章的最后一部分内容介绍了 Go 语言的测试，与其他语言中复杂的测试工具相比，Go 语言的测试非常简洁，是通过标准工具和函数来完成的。这里详细介绍了 Test、Benchmark 和 Example 这三个函数的使用方法。

相信经过本章的学习，读者对包已经有了充分的理解，并且掌握了测试的方法。

第 7 章 Chapter 7

综合实战案例

学完前面的内容，读者应该已经了解了 Go 语言的基本类型和复合类型的使用方法，并且掌握了函数、方法和接口的使用。通过第 5 章，读者也应该已掌握并发编程的方法与技巧。学习编程的关键在于应用，本书特意在第 7 章安排了综合实战案例，是为了帮助读者巩固已经学过的知识。

本章的源码可以到 GitHub 下载：https://github.com/ScottAI/chatserver。

欢迎大家提供更好的实现方式和更多的功能，这不仅能提升自己的 Go 语言编程水平，也可以帮助更多的 Go 语言学习者。

7.1 案例需求

在学习 Go 语言时，最有效的学习方式是完成一个实用的项目。本章实战案例选定聊天服务器项目，是因为这个项目简单、全面，能够快速实现，同时也可以让读者快速、全面地了解 Go 语言技术。

为了便于理解，先完成一个单聊天服务功能。首先来了解一下案例需求。

❏ 用户可以连接到服务器。

❏ 用户可以设定自己的用户名。

❏ 用户可以向服务器发送消息，同时服务器也会向其他用户广播该消息。

当然，只有用户连接到服务器的时候，才可以收到消息。

简单分析需求之后，我们可以将该项目分为三个模块：一个是通信协议，用来描述客户端和服务器端的通信编码方式；一个是服务器端，用来接收客户的信息并且向其他客户端广播这些信息；还有一个是客户端，是用户连接服务器、发送消息的端口，并且要为用户提供一个图形化界面。

下面就以通信协议、服务器端、客户端三个模块来分别描述其实现方法。

7.2　通信协议

本例[⊖]选择使用 TCP 方式进行连接，在传输的时候直接通过字符串类型进行传递。本书后面还会介绍 http 和 rpc 的使用，不过本例需求较为简单，也希望处理通信时更为灵活，所以选择 TCP 通信方式。

由前面的需求分析来看，可以把客户端与服务器的交互分为以下三种类型的命令。

❏ 发送命令（SEND）：客户端发送一个聊天信息。

❏ 名字命令（NAME）：客户端发送自己的名字。

❏ 信息命令（MESS）：服务器向客户端发送广播信息。

所有命令在信息传递时都以不同的命令区分符（上文括号中的英文编码）开始，并且以 \n 结束。

比如，发送一个 Hello 给服务器，那么 TCP 连接传递的具体字符串就是 "SEND Hello/n"。服务器接收到字符串以后，再以 "MESS Hello/n" 广播给其他客户端。

在具体实现上，三种消息类型分别使用结构体进行定义。下面来看一下代码：

chatserver/protocol/command.go
```
1.  package protocol
2.
3.  import "errors"
4.
5.  var (
6.      UnknownCommand = errors.New("Unknow command")
7.  )
8.
9.  type SendCmd struct{
10.     Message string
11. }
12.
13. type NameCmd struct{
14.     Name string
15. }
16.
17. type MessCmd struct{
18.     Name string
19.     Message string
20. }
```

有了这三个命令对应的 struct，还需要实现一个 reader，用来从 tcp socket 中读取字符串；再实现一个 writer，用于通过 tcp socket 写字符串。Go 语言提供了接口 io.Reader 和 io.Writer 用于数据流的读写，我们可以在程序当中实现这两个接口，让程序可以通过这两

⊖　此案例放在 chatserver 项目下，所有源码都放在项目的 protocol 包下。

个接口读写 TCP。

io.Reader 和 io.Writer 是两个高度抽象的接口，可以根据这两个接口对具体的业务进行封装。io.Reader 只有一个 Read 方法，io.Writer 则只有一个 Write 方法。

下面先来实现 io.Writer 接口：

chatserver/protocol/writer.go

```
1.  package protocol
2.
3.  import (
4.      "fmt"
5.      "io"
6.  )
7.
8.  type Writer struct {
9.      writer io.Writer
10. }
11.
12. func NewWriter(writer io.Writer) *Writer  {
13.     return &Writer{
14.         writer:writer,
15.     }
16. }
17.
18. func (w *Writer) writeString(msg string) error {
19.     _,err := w.writer.Write([]byte(msg))
20.
21.     return err
22. }
23.
24. func (w *Writer) Write(command interface{}) error{
25.     var err error
26.
27.     switch v := command.(type) {
28.     case SendCmd:
29.         err = w.writeString(fmt.Sprintf("SEND %v\n",v.Message))
30.     case MessCmd:
31.         err = w.writeString(fmt.Sprintf("MESSAGE %V %v\n",v.Name, v.Message))
32.     case NameCmd:
33.         err = w.writeString(fmt.Sprintf("NAME %v\n",v.Name))
34.     default:
35.         err = UnknownCommand
36.     }
37.     return err
38. }
```

第 8 行至第 10 行，定义了 Writer 结构体，里面只有一个 io.Writer 接口类型的变量 writer，主要是为了实现 io.Writer 接口。

第 12 行至第 16 行，根据传入的 io.Writer 类型的变量返回一个 Writer 地址。注意，此处返回的是地址。

第 18 行至第 22 行，可以在 writeString 方法内看到调用 I/O 包的标准 Write 方法，然后

Write 方法又重新做了符合业务需求的实现。标准的 Write 方法的参数是一个 byte 的切片，返回的是写入的字节数和错误，此处不需要写入字节数，仅取返回的错误即可。

第 24 行至第 38 行，是我们自己实现的 Write 方法，方法内使用 switch case 方法，实现根据不同的命令区分符调用 writeString 方法传入不同的信息字符串。

接着来看一下 Reader 的实现，代码如下：

```
chatserver/protocol/reader.go
1.  package protocol
2.
3.  import (
4.      "bufio"
5.      "io"
6.      "log"
7.  )
8.
9.  type Reader struct {
10.     reader *bufio.Reader
11. }
12.
13. func NewReader(reader io.Reader) *Reader  {
14.     return &Reader{
15.         reader: bufio.NewReader(reader),
16.     }
17. }
18.
19. func (r *Reader) Read() (interface{},error){
20.     cmd,err := r.reader.ReadString(' ')
21.
22.     if err != nil {
23.         return nil,err
24.     }
25.
26.     switch cmd {
27.     case "MESS":
28.         user,err := r.reader.ReadString(' ')
29.         if err != nil {
30.             return nil,err
31.         }
32.         message,err := r.reader.ReadString('\n')
33.         return MessCmd{
34.             user[:len(user)-1],
35.             message[:len(message)-1],
36.         },nil
37.     case "SEND":
38.         message,err := r.reader.ReadString('\n')
39.         if err != nil{
40.             return nil,err
41.         }
42.
43.         return SendCmd{message[:len(message)-1]},nil
44.     case "NAME":
45.         name,err := r.reader.ReadString('\n')
46.
```

```
47.        if err != nil{
48.            return nil,err
49.        }
50.        return NameCmd{name[:len(name)-1]},nil
51.    default:
52.        log.Printf("Unknow command:%v",cmd)
53.    }
54.    return nil,UnknownCommand
55. }
56. func (r *Reader) ReadAll() ([]interface{},error){
57.    commands := []interface{}{}
58.    for{
59.        command,err := r.Read()
60.
61.        if command != nil{
62.            commands = append(commands,command)
63.        }
64.
65.        if err == io.EOF{
66.            break
67.        }else if err != nil{
68.            return commands,err
69.        }
70.    }
71.    return commands,nil
72. }
```

第 9 行至第 11 行，定义 Reader 的结构体，不过内部变量 reader 不再是 io.Reader 类型的而是 bufio.Reader 类型的指针。bufio.Reader 是带缓存的读取，其实底层也是 io.Reader 接口的实现，只是在外部又加了一层封装。

第 13 行至第 17 行，NewReader 函数用于返回刚定义的 Reader 结构体实体的地址。注意，bufio.NewReader 方法返回的也是一个地址，跟前面定义的 Reader 结构体内的 reader 变量是统一的。

第 19 行至第 55 行，实现的是 Read 方法，先在第 20 行使用 bufio.Reader.ReadString(' ')方法从网络中读取字符串，注意本处是读取到第一个空格处，如果要一行一行地读取，则使用 ReadString('\n')。第一个空格前的字符就是命令区分符，也就是 MESS、SEND或 NAME。第 27 行至第 53 行，根据不同的命令区分符返回不同的结构体，也就是在protocol/command.go 文件内定义的三个结构体。注意，在读取信息的时候读取到换行符'\n'，而在封装结构体的时候要对字符串进行处理，把最后一个字节 ('\n') 去掉。

第 56 行至第 72 行，ReadAll 方法是基于前面的 Read 方法一次性把信息都读出来，不管是什么类型的信息都一次性读出来。

protocol 包的内容就介绍完了。截至目前，项目结构如下：

```
--chatserver
----protocol
------command.go
------reader.go
```

------writer.go

对于后续信息传递时，具体的信息格式我们也再次梳理一下。

客户端向服务器发一个消息"Hello"，这时具体的传输字符串是这样的：

SEND Hello\n

一定要注意 SEND 字母都是大写，而且后面带有一个空格。同样，如果客户端要给自己设定名字为"Scott"，则信息传输时的格式为：

NAME Scott\n

对通信协议的介绍到这里就结束了，这是为服务器端和客户端的通信准备的，接下来将基于通信协议完成服务器端和客户端的相关介绍。

7.3 服务器端

本节将实现聊天服务器的服务器端，相关代码都在 chatserver/server 包内。

实现这个包的代码开发时，还是先从定义接口开始。将服务器端（server）该有的方法都进行定义，这样有利于后面代码逻辑的具体实现和思路梳理，代码如下：

```
chatserver/server/server.go
1.  package server
2.
3.  type Server interface {
4.      Listen(address string) error
5.      Broadcast(command interface{}) error
6.      Start()
7.      Close()
8.  }
```

这里定义了四个方法：Listen 方法用于监听信息的写入；Broadcast 方法用于将收到的信息发送给其他用户；Start 和 Close 方法则分别用于启动和关闭服务器。

接下来完成服务器端这四个方法的具体实现。同时还要注意，因为 Broadcast 需要向连接在服务器上的所有客户端广播收到的某客户端信息，所以应该有个 struct 来保存所有的客户端。同样地，也需要对服务器端的信息定义 struct。具体的实现如下：

```
chatserver/server/tcp_server.go
1.  package server
2.
3.  import (
4.      "errors"
5.      "io"
6.      "log"
7.      "net"
8.      "sync"
9.      "github.com/ScottAI/chatserver/protocol"
10. )
11.
```

```
12. type client struct {
13.     conn net.Conn
14.     name string
15.     writer *protocol.Writer
16. }
17.
18. type TcpServer struct {
19.     listener net.Listener
20.     clients []*client
21.     mutex *sync.Mutex
22. }
23.
24. var (
25.     UnknownClient = errors.New("Unknown client")
26. )
27.
28. func NewServer() *TcpServer  {
29.     return &TcpServer{
30.         mutex:&sync.Mutex{},
31.     }
32. }
33.
34. func (s *TcpServer) Listen(address string) error{
35.     l,err := net.Listen("tcp",address)
36.
37.     if err == nil{
38.         s.listener = l
39.     }
40.
41.     log.Printf("Listening on %v",address)
42.
43.     return err
44. }
45.
46. func (s *TcpServer) Close(){
47.     s.listener.Close()
48. }
49.
50. func (s *TcpServer) Start(){
51.     for{
52.         conn,err := s.listener.Accept()
53.
54.         if err != nil{
55.             log.Print(err)
56.         }else{
57.             client := s.accept(conn)
58.             go s.serve(client)
59.         }
60.     }
61. }
62.
63. func (s *TcpServer) Broadcast(command interface{}) error {
64.     for _,client := range s.clients {
65.         client.writer.Write(command)
66.     }
```

```
67.      return nil
68.  }
69.
70.  func (s *TcpServer) Send(name string,command interface{}) error {
71.      for _,client := range s.clients{
72.          if client.name == name{
73.              return client.writer.Write(command)
74.          }
75.      }
76.      return UnknownClient
77.  }
78.
79.  func (s *TcpServer) accept(conn net.Conn) *client  {
80.      log.Printf("Accepting connection from %v,total clients:%v",conn.
             RemoteAddr().String(),len(s.clients)+1)
81.
82.      s.mutex.Lock()
83.      defer s.mutex.Unlock()
84.
85.      client := &client{
86.          conn:conn,
87.          writer:protocol.NewWriter(conn),
88.      }
89.
90.      s.clients = append(s.clients,client)
91.      return client
92.  }
93.
94.  func (s *TcpServer) remove(client *client)  {
95.      s.mutex.Lock()
96.      defer s.mutex.Unlock()
97.
98.      for i,check := range s.clients{
99.          if check == client {
100.             s.clients = append(s.clients[:i],s.clients[i+1:]...)
101.         }
102.     }
103.     log.Printf("Closing connection from %v",client.conn.RemoteAddr().String())
104.     client.conn.Close()
105. }
106.
107. func (s *TcpServer) serve(client *client)  {
108.     cmdReader := protocol.NewReader(client.conn)
109.
110.     defer s.remove(client)
111.
112.     for {
113.         cmd,err := cmdReader.Read()
114.         if err != nil && err != io.EOF {
115.             log.Printf("Read error: %v",err)
116.         }
117.
118.         if cmd != nil {
119.             switch v := cmd.(type) {
120.             case protocol.SendCmd:
```

```
121.                    go s.Broadcast(protocol.MessCmd{
122.                        Message: v.Message,
123.                        Name : client.name,
124.                    })
125.                case protocol.NameCmd:
126.                    client.name = v.Name
127.                }
128.        }
129.
130.        if err == io.EOF {
131.            break
132.        }
133.    }
134. }
```

第 12 行至第 16 行，定义 client 结构体，因为当有客户端连接服务器的时候，需要记录客户端的信息，便于保存客户端的名字信息以及向客户端进行信息广播。

第 18 行至第 22 行，TcpServer 结构体用于描述服务器，其中定义了 net.Listener 类型的变量 listener，这是一个监听器。关于 net 包会在本书第二部分进行详细介绍。clients 变量是 client 结构体的切片，用于保存所有连接到服务器的客户端。因为客户端连接服务器端是并发的，所以要为服务器端加上互斥锁，避免竞态。关于竞态也会在本书第二部分进行介绍，读者现在先了解 sync.Mutex 可以定义互斥锁即可。

第 24 行至第 26 行，定义一个错误，当不能识别客户端时抛出此错误。

第 28 行至第 32 行，NewServer 函数用于返回一个 TcpServer 类型的实体地址。

第 34 行至第 39 行，Listen 方法内通过 net.Listener.Listen 方法启动对特定端口的监听。

第 46 行至第 48 行，Close 方法用于关闭端口监听。

第 50 行至第 61 行，Start 方法用于启动服务器端，方法内通过 net.Listener.Accept 方法接收到新的连接，然后通过自己定义的 accept 方法处理连接，再在第 58 行启动一个 goroutine 来运行 serve 方法。

第 63 行至第 68 行，Broadcast 方法用于向所有的客户端广播服务器收到的信息。

第 70 行至第 77 行，Send 方法用于向特定的用户发送信息。因为是通过 slice 来存储所有的 client 的，所以需要循环遍历所有的 client，然后逐个判断。如果要求用户名不重复，可以改为通过 map 来存储所有的 client，读者可以在书中源码的基础上自己动手改造一下。

第 79 行至第 92 行，accept 方法用于接收一个请求，并且创建一个 client 结构体，然后保存到 client 切片中。注意该方法是互斥的，因为涉及对 client 切片的操作。

第 94 行至第 105 行，remove 方法在 tcp 连接结束时断开并且从 client 切片删除对应的 client 结构体。本方法也是互斥的，同样是因为对 client 切片的操作。请读者注意第 98 行至第 102 行的切片删除方法的使用，这些内容在 3.2 节做过介绍。

第 107 行至第 137 行，在服务器端和客户端创建连接以后，会为每一个连接启动一个 goroutine，在第 58 行（Start 方法内）启动 serve 方法。serve 方法不停地从 tcp 连接中读取字符串，并且判断是名字还是信息，如果是信息就进行广播，如果是名字就保存。这里通过 defer 关键字调用 remove 方法，同时也意味着 goroutine 结束的时候会从切片删除本 client。

 注意 defer 关键字在实战中非常实用，如果有在程序遇到 panic 崩溃后仍然需要处理的动作则会使用 defer 处理。虽然 defer 有些许的性能问题，但是这是官方提供的标准的且遇到 panic 也会执行的方式。当然，能少用还是少用。

整个 tcp_server.go 完全实现了 server.go 定义的接口，下面只需给 server 包一个启动入口就可以了。程序的启动都是从 main 包的 main 方法开始的，所以要在 server 包内创建启动用的 main 包 main 函数。因为其作用仅仅是启动程序，所以为了方便区分，专门在 server 包下面再建了一个 cmd 包，用来放启动代码，如下：

```
chatserver/server/cmd/main.go
1.  package main
2.
3.  import (
4.      "github.com/ScottAI/chatserver/server"
5.  )
6.
7.  func main()  {
8.      var s server.Server
9.      s = server.NewServer()
10.     s.Listen(":3333")
11.     s.Start()
12. }
```

main 函数很简单，用于启动服务端并监听 3333 端口。

到这里，整个服务器端也完成了。因为服务器端是单独的，在部署的时候是可以不管客户端而只把服务端单独部署到服务器的，所以可以直接运行测试效果。这里就不再赘述，读者可以自行尝试。

现在来看一下 server 包文件的结构：

```
--chatserver
----server
------server.go
------tcp_server.go
------cmd
--------main.go
```

服务器端的实现并不复杂，因为很多通信相关的功能在 protocol 包已经实现了，可以看出包的功能划分在项目中非常重要，包功能划分清晰便于厘清思路，也便于代码实现。

7.4 客户端

客户端的主要功能如下：

❏ 连接服务器。

❏ 使用用户名登录。

❏ 发送消息。

❏ 接收其他人发送的消息。

所有客户端的服务都放到 client 包里了。注意此处提到的客户端服务指的是偏底层的代码实现，不包括界面部分。客户端其实还包括一个 GUI（图形化用户界面），不过我们并未将这部分放到 client 包里，而是放到专门的 gui 包中，后面再详细介绍。此处我们重点关注client 包的实现。

按照惯例，还是先定义接口，再实现接口。下面先来看一下接口代码：

```
chatserver/client/client.go
1.  package client
2.
3.  import (
4.      "github.com/ScottAI/chatserver/protocol"
5.  )
6.
7.
8.  type Client interface {
9.      Dial(address string) error
10.     Start()
11.     Close()
12.     Send(command interface{}) error
13.     SetName(name string) error
14.     SendMess(message string) error
15.     InComing() chan protocol.MessCmd
16. }
```

在接口内定义了 6 个方法，这 6 个方法如下。

❏ Dial：用于客户端向服务器端发起连接请求，参数是服务器端的地址。

❏ Start：客户端启动，启动后所有客户端的服务都可以使用。

❏ Close：关闭客户端。

❏ Send：发送信息，注意参数是任意内容。

❏ SetName：设置用户名。

❏ SendMess：发送信息，这时候参数是字符串。

接下来在另一个文件内实现这些方法，并且完成所有客户端需要的服务功能：

```
chatserver/client/tcp_client.go
1. package client
2.
3. import (
4.     "io"
```

```
5.      "log"
6.      "net"
7.      "time"
8.
9.      "github.com/ScottAI/chatserver/protocol"
10.)
11.
12.type TcpClient struct {
13.     conn net.Conn
14.     cmdReader *protocol.Reader
15.     cmdWriter *protocol.Writer
16.     name string
17.     incoming chan protocol.MessCmd
18.}
19.
20.func NewClient() *TcpClient  {
21.     return &TcpClient{
22.         incoming:make(chan protocol.MessCmd),
23.     }
24.}
25.
26.func (c *TcpClient) Dial(address string) error {
27.     log.Println(address)
28.     conn,err := net.Dial("tcp",address)
29.
30.     if err == nil {
31.         c.conn = conn
32.     }else {
33.         log.Println("dial error!")
34.         return err
35.     }
36.
37.     c.cmdReader = protocol.NewReader(conn)
38.     c.cmdWriter = protocol.NewWriter(conn)
39.     return err
40.}
41.
42.func (c *TcpClient) Start()  {
43.     log.Println("starting client")
44.     time.Sleep(4*time.Second)
45.     for {
46.         cmd,err := c.cmdReader.Read()
47.
48.         if err == io.EOF{
49.             break
50.         }else if err != nil{
51.             log.Printf("Read error %v",err)
52.         }
53.
54.         if cmd != nil {
55.             switch v := cmd.(type) {
56.             case protocol.MessCmd:
57.                 c.incoming <- v
58.             default:
59.                 log.Printf("Unknown command:%v",v)
```

```
60.                }
61.            }
62.        }
63. }
64.
65. func (c *TcpClient) Close()  {
66.     c.conn.Close()
67. }
68.
69. func (c *TcpClient) InComing() chan protocol.MessCmd  {
70.     return c.incoming
71. }
72.
73. func (c *TcpClient) Send(command interface{}) error  {
74.     return c.cmdWriter.Write(command)
75. }
76.
77. func (c *TcpClient) SetName(name string) error  {
78.     return c.Send(protocol.NameCmd{name})
79. }
80.
81. func (c *TcpClient) SendMess(message string) error  {
82.     return c.Send(protocol.SendCmd{
83.         Message:message,
84.     })
85. }
```

在分析代码以前，先说一个编码习惯。在做包导入的时候，一般是按照包名称的字母排序的，如第 4 行至第 7 行。而对于标准包和来自互联网的唯一包资源，比如 GitHub 的包，是使用一个空行分开的，代码中第 8 行就是一个空行。

第 12 行至第 18 行，定义 TcpClient 结构体，用于存储客户端服务用到的数据信息。其中 conn 存放一个网络连接，这是必不可少的。客户端启动后首先就是要创建这个连接，并且保存到 conn 变量内，后续所有的操作都是基于这个连接的。cmdReader 和 cmdWriter 则用于存放 protocol 包的 Reader 和 Writer 的指针，因为信息的读取和发送都是基于 protocol 的这两个对象实现的。name 用于存放客户端用户自己输入的用户名。incoming 则是 protocol.MessCmd 类型的通道，命令信息都是通过该通道来处理的。

第 20 行至第 24 行，创建一个 TcpClient 的对象实例，并返回引用。在本方法执行后其内部只有 incoming 变量已经创建，其他变量还需要通过其他方法进行赋值。

第 26 行至第 40 行，Dial 方法是客户端在启动的时候先要执行的方法，其主要是创建一个 tcp 连接，并且赋值给 conn 变量。然后基于 tcp 连接创建 protocol 的 Reader 和 Writer，并分别赋值给 cmdReader 和 cmdWriter。

第 42 行至第 63 行，用 Start 方法启动客户端服务。首先要注意第 44 行，在执行 Start 方法的时候先休眠了 4 秒，这是因为在启动 client 的时候是使用 goroutine 运行该 Start 方法的。主 goroutine 用于启动 UI，而 UI 启动是比较慢的，所以这里要休眠一定时间。具体可以在客户端启动的代码（chatserver/gui/cmd/main.go）中查看。Start 内的 for 循环是一个死循环，要结束该循环只能使内部代码满足条件后执行 break 命令。第 48 行不停地判断 EOF 状态，如果满足条件则结束循环，客户端停止。如果读取没有错误也不是 EOF，则对读取的内容进行类型判断。注意第 55 行的用法，这是取对象的类型的方法，如果读取的对象是 protocol.MessCmd 类型，则写入通道，否则报错。如果信息写入了通道，UI 部分会启动 goroutine，从 incoming 通道内不停地读取信息，这样就完成了从服务器读取信息的功能。

本代码段的其他几个方法比较简单，此处不再一一介绍。

在客户端的服务写好以后，还是要介绍一些 GUI 的实现。虽然 Go 语言最擅长的领域是服务端编程，但其在桌面端编程方面也在高速发展。要完成桌面编程，需要借助一些第三方包，如跨平台使用效果比较好的 fyne 包。开源包 fyne 的 GitHub 地址为 https://github.com/fyne-io/fyne。fyne 包的具体使用方法请读者自己结合其官方提供的文档进行学习。考虑到篇幅问题，本书不对 fyne 做过多介绍。

读者在开发本部分代码的时候，需要先用 go get 获取 fyne：

```
$ go get fyne.io/fyne
```

GUI 的功能不再放到 client 包内，而是单独新建了一个 gui 包专门存放相关代码。图形化功能基本放在一个文件（gui）内，源码如下：

chatserver/gui/gui.go
```
1.  package gui
2.
3.  import (
4.      "fmt"
5.      "fyne.io/fyne"
6.      "fyne.io/fyne/app"
7.      "fyne.io/fyne/layout"
8.      "fyne.io/fyne/widget"
9.
10.     "github.com/ScottAI/chatserver/client"
11. )
12.
13. func StartUi(c client.Client) {
14.     app := app.New()
15.
16.     loginWindow := app.NewWindow("登录")
17.     input := widget.NewEntry()
18.     input.ReadOnly = false
19.     input.Resize(fyne.NewSize(24,5))
20.     label := widget.NewLabel("Please input your name: ")
21.     button := widget.NewButton("login", func() {
22.         if len(input.Text) >0 {
23.             c.SetName(input.Text)
24.             label.Hidden=true
25.
26.             input.SetText("")
27.             input.Hidden=true
28.             changeWindow(loginWindow,c)
29.         }
30.     })
```

```
31.       loginWindow.SetContent(widget.NewVBox(
32.           label,
33.           input,
34.           button,
35.       ))
36.       loginWindow.Resize(fyne.NewSize(24,24))
37.       loginWindow.ShowAndRun()
38.
39. }
40.
41. func changeWindow(window fyne.Window,c client.Client)  {
42.
43.       history := widget.NewMultiLineEntry()
44.       history.ReadOnly=true
45.       history.Resize(fyne.NewSize(480,300))
46.       input := widget.NewEntry()
47.       input.ReadOnly=false
48.       input.Resize(fyne.NewSize(460,20))
49.       send := widget.NewButton("send", func() {
50.           if len(input.Text)>0 {
51.               fmt.Println("Send start")
52.               c.SendMess(input.Text)
53.               input.SetText("")
54.           }
55.       })
56.       send.Resize(fyne.NewSize(20,20))
57.       group := widget.NewHBox(input,send)
58.       group.Resize(fyne.NewSize(480,20))
59.       content := fyne.NewContainerWithLayout(layout.NewVBoxLayout(),history,group)
60.       content.Resize(fyne.NewSize(480,320))
61.       window.SetContent(content)
62.       window.Resize(fyne.NewSize(480,320))
63.
64.       go func() {
65.           for msg := range c.InComing(){
66.               AddMessage(history,msg.Name,msg.Message)
67.           }
68.       }()
69. }
70. func  AddMessage(history *widget.Entry,user string,msg string)  {
71.       history.SetText(history.Text+"\n"+user+":"+msg)
72.
73. }
```

　　第 13 行至第 39 行，StartUI 方法用于启动桌面的界面，注意，参数是 client.Client，这是前面定义的接口，因为界面上的一些操作需要通过这个参数调用相关的方法进行处理，比如第 23 行，当 button 事件触发时，会通过 client.Client 的 SetName 方法设定用户名。第 28 行的 chaneWindow 方法也是在 button 的事件内触发的，该方法的作用是改变界面，由原来的登录界面改为聊天界面。

　　第 41 行至第 69 行，实现的是改变桌面界面。在此过程中，要特别注意的是第 64 行至第 68 行，这几行会运行 goroutine，用于不停地刷新聊天界面的信息。也就是说每当服务器广播信息时，都会刷新到聊天界面。

因为案例比较简单，而且偏重服务端的开发，所以这里的 GUI 做得比较简单，通过这一个源码文件就完成了界面功能。

开发到这里，是不是迫不及待地想看一下运行效果呢？

此时，客户端开发还并不完善，还差一个客户端的启动程序，可通过一个 main 包和一个 main 方法实现。在 gui 文件内新建 cmd 路径，然后创建 main 包和 main 方法：

```
chatserver/gui/cmd/main.go
1.   package main
2.
3.   import (
4.       "flag"
5.
6.       "github.com/ScottAI/chatserver/client"
7.       "github.com/ScottAI/chatserver/gui"
8.       "github.com/gpmgo/gopm/modules/log"
9.   )
10.
11.  func main() {
12.      address := flag.String("server","127.0.0.1:3333","address of server")
13.      flag.Parse()
14.      client := client.NewClient()
15.      err := client.Dial(*address)
16.
17.      if err != nil {
18.          log.Fatal("Error when connect to server",err)
19.      }
20.
21.      defer client.Close()
22.
23.      go client.Start()
24.      gui.StartUi(client)
25.  }
```

客户端的启动方法非常简单，首先通过 flag 包配置参数。因为是在同一台机器上测试服务器端和客户端，所以配置的地址是 127.0.0.1:3333。连接服务器后，第 23 行启动了客户端服务，第 24 行启动了桌面的界面。

现在来看一下客户端完成的代码结构：

```
--chatserver
----client
------client.go
------tcp_client.go
----gui
------gui.go
------cmd
--------main.go
```

现在我们来看一下运行效果。服务器端运行没有界面，但是客户端运行后首先是登录界面，如图 7-1 所示。

图 7-1　客户端登录界面

　　输入自己的用户名，比如 Scott，然后点击 login 就可以登录了。注意，因为 fyne 包的问题，标签的文字如果使用汉字就会出现乱码。因为 fyne 不是本书的重点，所以并未对此进行深入分析，有兴趣的读者可以参考阅读其他相关资料。

　　在点击 login 后，聊天界面发生了变化，如图 7-2 所示。

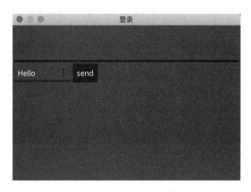

图 7-2　点击 login 后的聊天界面

　　聊天窗口黑线的上方是聊天历史记录，send 按钮的左侧是文字输入框，输入框会随着输入内容的增多而自动变长。输入完成后点击 send 按钮，可以看到如图 7-3 所示的结果。

图 7-3　聊天界面示意图

　　可以看到，服务器又把发送的信息广播回来了，而且在信息的前面加上了用户名。

　　到此，客户端的开发也介绍完了，如果读者有更多的想法，想实现更多的功能，欢迎在 GitHub 上 fork 代码，提交自己的尝试。

7.5　小结

通过本章的学习，我们了解了一个 Go 项目的构建思路和过程、包的划分、接口的使用、结构体的使用、goroutine 和并发的使用。应该说，通过这个案例，我们复习了第一部分介绍的基础知识。

不过，第 6 章的测试部分在本章案例中并没有提到，并非测试不重要，而是因为篇幅问题。读者可以结合第 6 章的案例，自行为本章案例添加测试用例进行练习。

需要说明的是，在本案例中有一个问题并没有解释透彻，那就是 7.3 节服务器编程的 tcp_server.go 文件内第 79 行的 accept 方法和第 94 行的 remove 方法，为什么要在接收到新发起的连接时用锁的机制呢？请读者带着这个问题开始第二部分的学习，第 8 章会对此进行深入探讨。

Go 语言进阶

在介绍了 Go 语言的基础以后，本部分将介绍 Go 语言的进阶内容，包括并发编程、Web 编程和一个综合案例。

虽然本书是介绍微服务的，但还是用足够的篇幅介绍了 Go 语言。因为 Go 语言本身的特性为微服务的具体实施带来了很多便利性，换言之，Go 语言的微服务开发是建立在对 Go 语言有足够了解的基础上的。

所以，本部分会更为综合和深入地介绍 Go 语言。

并发编程进阶

Go 语言在并发编程方面有着天然的优势，这应该是 Go 语言作为一门较新的语言能够在编程语言的世界占有一席之地的原因。本章会对 Go 语言的并发进行详细的介绍。

8.1 竞态与并发模式

8.1.1 数据竞态

第 5 章介绍了并发编程的 goroutine 和 channel，通过这两者，读者可以进行并发编程。本节要介绍的则是并发中另一个非常重要的知识点——竞态。什么是竞态呢？第 7 章的综合案例当中其实已经使用过，就是在 tcp_server.go 的 accept 和 remove 方法中使用的 sync.mutex 锁，这里再把 accept 和 remove 方法的代码列出来，仔细分析一下：

```
type TcpServer struct {
    listener net.Listener
    clients []*client
    mutex *sync.Mutex
}

func (s *TcpServer) accept(conn net.Conn) *client  {
    log.Printf("Accepting connection from %v,total clients:%v",conn.
        RemoteAddr().String(),len(s.clients)+1)

    s.mutex.Lock()
    defer s.mutex.Unlock()

    client := &client{
        conn:conn,
```

```
        writer:protocol.NewWriter(conn),
    }

    s.clients = append(s.clients,client)
    return client
}

func (s *TcpServer) remove(client *client)  {
    s.mutex.Lock()
    defer s.mutex.Unlock()

    for i,check := range s.clients{
        if check == client {
            s.clients = append(s.clients[:i],s.clients[i+1:]...)
        }
    }
    log.Printf("Closing connection from %v",client.conn.RemoteAddr().String())
    client.conn.Close()
}
```

在分析这个问题前，可以先做一个假设，如果不使用锁，代码会是如下形式：

```
func (s *TcpServer) accept(conn net.Conn) *client  {
    log.Printf("Accepting connection from %v,total clients:%v",conn.
        RemoteAddr().String(),len(s.clients)+1)

    client := &client{
        conn:conn,
        writer:protocol.NewWriter(conn),
    }

    s.clients = append(s.clients,client)
    return client
}

func (s *TcpServer) remove(client *client)  {

    for i,check := range s.clients{
        if check == client {
            s.clients = append(s.clients[:i],s.clients[i+1:]...)
        }
    }
    log.Printf("Closing connection from %v",client.conn.RemoteAddr().String())
    client.conn.Close()
}
```

上述代码如果仅有一个 client 发起请求肯定是没有问题的，可是如果同时有多个 client 发起请求，也就是 accept 并发执行，就有可能出现问题了。

假设有 A 和 B 发起请求，A 执行到 accept 方法的倒数第二行的 append 语句之前，正好 B 的整个 accept 方法执行完成，而且 B 马上开始执行 remove 方法，在 B 的 remove 方法内，其 append 语句和 A 的 accept 方法的 append 语句就很可能产生冲突，因为同时有两个 goroutine 对同一个变量进行操作，比如 remove 内的 for 循环在执行时，通过 accept 方法使

clients 切片内的元素增多，可能会导致删除语句删掉不该删除的元素。

试想以下情景：

1）clients:A，A accept 阻塞在 append。

2）clients:B，B accept 执行成功。

3）clients:B，A 的 accept 和 B 的 remove 并发执行。

执行第三步的时候，有可能被删掉的是 A，甚至 A 和 B 都会在 clients 内被清空。不过这都是猜测，此处笔者要提醒读者，不可靠感觉推测并发的结果，考虑到编译器和机器的原因，并发极有可能出现不可预料的结果。

上述情况就是竞态的一种，这属于数据竞态（data race），这种情况发生在多个 goroutine 并发读写同一个变量，并且至少有一个 goroutine 写入时。

这个概念有些抽象，读起来可能有些困难，此处准备了一个简单的例子来帮助大家更直观地理解这个问题，示例代码如下：

```
func main() {
    fmt.Println(getNumber())
}

func getNumber() int {
    var i int
    go func() {
        i = 5
    }()

    return i
}
```

代码非常简单，这里在 getNumber 方法内声明了一个 int 型变量 i，并且给 i 赋值 5，然后返回这个变量 i。可是，如果执行上面的代码，打印出来的结果很可能不是 5，而是 0。到底结果是 0 还是 5，取决于执行 return 语句的时候 goroutine 有没有执行完成。

当程序执行是图 8-1 所示的情形时，结果是 0。

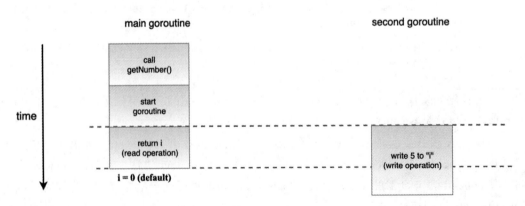

图 8-1　goroutine 执行示意图 1

可以看到，出现这种情况是因为执行 return 的时候，goroutine 对于 i 变量的赋值还没有执行完，所以返回了 0。

如果执行 return 的时候 goroutine 已经执行完成，那么返回的值就是 5，如图 8-2 所示。

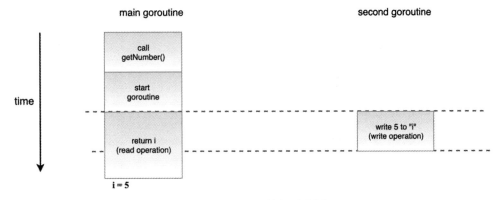

图 8-2 goroutine 执行示意图 2

这个例子可以很好地帮助我们理解数据竞态。

> **注意** 在写代码时千万别认为由数据竞态引起的错误是小概率事件，并且错误地认为这种问题可以接受。我们要避免所有的数据竞态。

那么，我们在写代码时如何避免发生数据竞态问题呢？

数据竞态的产生是因为多个 goroutine 同时访问同一个变量，而且至少有一个 goroutine 会修改变量。所以可以根据数据竞态发生的条件来寻找解决竞态问题的方法。

第一种方案是不修改变量。这种不修改并非是只有一次赋值，因为即便是仅有一次赋值也可能出现竞态，就像上面的例子所示。所以，如果仅仅是给变量一次初始化就需要放到 init 函数内，甚至只使用常量，这在实际项目中是不可能的，程序中肯定要用到变量，而且要修改变量的值。所以，想通过不修改变量的方式来达到避免竞态的效果是不可行的，或者说这种解决方案可能只有极少数场景可行，比如数据库连接。

第二种避免数据竞态的方式是避免让多个 goroutine 读取一个变量。这种方法的思路是只让一个 goroutine 访问需要的变量，比如上面 getNumber 例子中的变量 i，只让一个 goroutine 访问 i，完成对 i 值的修改。那么，其他 goroutine 如何访问 i 呢？通过通道。可以通过对通道的读取或写入来完成对 i 的更新，请看下面的例子：

```
book/ch08/race/datarace.go
1.  package singlegoroutine
2.
3.  var realNum = make(chan int)// 设置数字值
4.  var delta = make(chan int)// 设置的增减额
5.
6.  func SetNumber(n int)  {
```

```
7.      realNum <- n
8.   }
9. func ChangeByDelta(d int)  {
10.     delta <- d
11. }
12. func GetNumber() int{
13.     return <- realNum
14. }
15. func moitor()  {
16.     var i int // 把数值限定在方法内, goroutine 运行后仅在 goroutine 内可见
17.     for {
18.         select{
19.         case i = <- realNum:
20.         case d := <- delta:
21.             i += d
22.         case realNum <- i:
23.         }
24.     }
25. }
26. func init()  {
27.     go monitor()
28. }
```

第 3 行和第 4 行，定义两个 int 型通道，realNum 通道用于读写 i 当前的值，要么是把 i 的值读入 realNum，要么是把 realNum 的值写入 i。

第 6 行至第 8 行，用 SetNumber 方法将参数 n 写入通道 realNum。

第 9 行至第 11 行的 ChangeByDelta 方法是向 delta 通道写入参数 d 的值。

第 12 行至第 14 行的 GetNumber 方法是读取现在的 i 值，可以看到是从 realNum 通道读取的。

第 15 行至第 25 行是重点，该方法是通过 select 对 realNum 和 delta 两个通道的状态进行判断，进而完成对 i 的操作。第 19 行是 realNum 可读时则把 realNum 的值写入 i，而 realNum 可读是在 SetNumber 方法执行完成之后，通过通道完成了对 i 的操作。同理，delta 通道也是如此。

第 26 行至第 28 行是在 init 方法内运行一个 goroutine 来执行 monitor 方法，也就是在初始化的时候 goroutine 就开始执行。

这里开启一个 goroutine 专门负责通道与变量之间的映射操作，而对外提供的方法都是对通道的操作，这样可以避免多个 goroutine 同时操作一个变量的情况出现。

> **注意** Go 语言的多线程模式所提倡的就是：不要通过共享内存进行通信，而是要通过通信来共享内存。通过上面的例子，读者应该能理解这句话的深刻含义。

前面第二种方法有着较为广泛的应用场景，虽然看上去每个变量都只有一个 goroutine 访问，但这个 goroutine 要存在于整个项目的生命周期，这是非常麻烦的。对此，我们可以进行方法的变通，即让变量在一个 goroutine 中只使用方法，这样就可以达到类似的效果。

具体做法是借助通道把共享变量的地址从一个方法传递到下一步的方法上，从而让整个变量变成串行使用。即便是多个 goroutine 之间，共享变量也可以通过共享变量地址这种方式来实现。当然，要求在每一步操作完成以后就不再操作了。

来看一个简单的示例，如下：

```
type Meat struct{
    status string
}
func cook(Ball chan<- *Meat){
    for{
        ball := new(Meat)
        ball.status = "meat ball"
        Ball <- ball // 后续不再访问ball变量
    }
}

func serve(service chan<- *Meat,balls <- chan *Meat){
    for ball := range balls{
        ball.status = "serve ball"
        service <- ball // 后续不再访问ball
    }
}
```

这是一个肉丸子（balls）的例子，先定义肉（Meat），在 cook 方法内一块肉只用一次，做成丸子后，丸子内所使用的肉 cook 方法就不会继续使用了，因为直接使用丸子（ball）就可以，这就相当于有一次传递。接下来，通过 serve 方法上菜，对于已经成为丸子的肉也只访问一次。这样对于同一个 Meat 来说，每次只有一个方法在访问它，或者说 Meat 每一个时刻只受限于一个方法，可以以此类推，使用多个方法串行访问一个变量。

> **注意** 对于上例这种受限方式，有个专有名词：串行受限。

第三种避免数据竞态的方法是传统的互斥访问方式，也属于共享内存式并发编程。这种互斥方式就是在第 7 章案例中所使用的方式。将互斥的方式细分，可以划分为多种，这部分内容放到 8.2 节进行详细介绍。

8.1.2 并发原理

经过前面两节的介绍，读者应该已经知道了 Go 语言对数据竞态的解决方法，也了解了 Go 语言的并发理念：不要以共享内存的方式来实现通信，而应该以通信的方式来实现内存共享。

本节将继续深入探讨 Go 语言并发模式的设计以及大致的实现方式。

除 Go 语言以外，大多数其他的主流语言使用的都是内存共享式的并发模式。什么是内存共享式的并发模式呢？就是通过并发的方式使用相同的内存区域，比如多个线程并发使用同一个变量。内存共享式对于计算机科班出身的读者来说一定不陌生，在"操作系统"

课程中有详细介绍。非科班出身的读者也不用担心，本书 8.2 节会详细介绍内存共享式并发的实现方式。

Go 语言也支持内存共享的并发方式，但这不是 Go 语言所倡导的，在并发编程中应该优先使用通信顺序进程方式，也叫 CSP（Communicating Sequential Process）方式。CSP 既是一个技术名词，也是介绍该技术的论文的名字。该技术由 Charles Antony Richard Hoare 于 1978 年在 ACM 发表的同名论文中首次提出。

CSP 的理念也是 Go 语言的座右铭："不要以共享内存的方式实现通信，而应该以通信的方式实现共享内存"。8.1.1 节解决数据竞态问题时用到的第二种方式就是 CSP 的并发方式。

这里不会对 CSP 做过多的理论介绍，主要是结合 Go 语言把 CSP 在使用层面的知识进行说明。读者可以结合 8.4 节工作池的示例进行阅读，后面会有越来越多的例子用到 CSP 并发模式。

Go 语言中的 CSP 是通过 goroutine 和 channel 实现的。goroutine 可以理解为协程，是 Go 语言中并发编程必须使用的基本单位。goroutine 彼此之间可以通过 channel 进行数据传递，如图 8-3 所示。

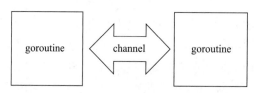

图 8-3　goroutine 与 channel

图 8-3 是 CSP 实现并发的基本模式，channel 可以是双向的也可以是单向的。当通道为空时，读取的 goroutine 会阻塞；而当 channel 容量变满时，写入的 goroutine 也会阻塞。当然，channel 可以在两个以上的 goroutine 之间进行数据的传递，这种方式不用考虑互斥的问题，也不需要加锁，在进行数据传递的过程中就完成了内存的共享。

其实，仅有 goroutine 和 channel 还是不够灵活。当逻辑比较复杂，根据不同的需求执行不同的代码时，如果仅有 goroutine 和 channel 就会让代码非常啰嗦。鉴于此，Go 语言提供了 select 关键字。

select 语句是绑定 channel 的黏合剂，工程师往往使用 select 在程序中对 channel 进行组合，以实现多个代码块的拼装。select 语句可以高效地等待事件，从几个满足条件的 case 中均匀、随机地选择一个，并在没有满足条件的情况下继续等待。

> 注意　从本质上来讲，channel 比内存共享同步访问方式更具有可组合性。

Go 语言的 goroutine 不是系统线程，也不是语言运行时管理的绿色线程，而是一种抽象层次更高的线程，一般称为协程。goroutine 是一种非抢占式的简单并发运行的函数、闭包或方法，也就是说 goroutine 是不可以被中断的，但是可以暂停或重新进入。goroutine 与 Go 语言的运行时包高度集成，goroutine 没有对外暴露暂停或再运行点。

goroutine 的运行机制是基于 M:N 的调度方式实现的，即有 M 个 Go 语言运行时绿色线程映射到 N 个操作系统线程，而 goroutine 运行在绿色线程之上。若 goroutine 数量超过绿色线程数，调度程序会行使调度作用，确保部分 goroutine 阻塞且让之前处于等待状态的程序运行，如此往复，充分利用。接下来会继续此话题，深入讨论 MPG 模型。

系统线程、运行时绿色线程、goroutine，这是前面提到的几个名词，也许前文的介绍不够形象，所以此处再通过 M、P、G 这几个对象进行深入的介绍。那么，M、P、G 分别代表什么呢？

❑ M：Machine，一个 M 关联一个内核线程。

❑ P：Processor，用户代码的逻辑上的处理器，是 M 和 G 调度所需要的上下文，P 的数量由 GOMAXPROCS 决定，通常来说是 CPU 的核芯数。

❑ G：goroutine，是运行在运行时绿色线程之上的轻量级线程。

M、P、G 三者的关系如图 8-4 所示。

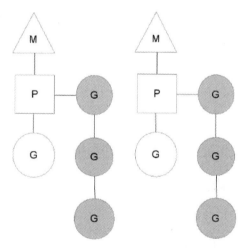

图 8-4　M、P、G 关系示意图

图 8-4 展示的是两个系统线程，也就是两个 M。每个 M 对应一个内核线程，同时每个 M 还会连接一个 P 作为上下文，这个 P 是逻辑上的处理器，P 上面可以运行一个或多个 goroutine。P 就是前面说的运行时绿色线程，作为内核线程的 M 是不能直接运行 goroutine 的，要先有上下文。

P 的数量由启动时环境变量 GOMAXPROCS 的值确定，通常情况下，此数量在程序运行期间不会改变。既然 P 的数量在运行时基本不变，那么也就意味着用来运行 goroutine 的运行时绿色线程是不变的，或者说运行 Go 代码的上下文是不变的，比如四核的处理器上就有四个运行时绿色线程运行 Go 代码。

在图 8-4 中，运行的 goroutine 是左侧的 M、P、G，而右侧带底纹的 G 代表在等待状态的 goroutine，可以看到，处于等待状态的 goroutine 排成了一个队列。

为什么一定需要 P 呢，让 goroutine 直接运行在 M 上不可以吗？当然不可以，因为如果 goroutine 直接挂载在 M 上，就会严重依赖于 M，一旦某个 M 阻塞，很可能会导致很多 goroutine 阻塞。而当中有了 P 这一层，即便有某个 M 阻塞，只要还有 M 可以运行，那么 P 就可以带着上下文信息便利地在 M 上开始运行。

P 在运行的过程中还起着负载均衡的作用，一旦自己的 goroutine 队列运行完毕，还会去找其他的 P 的队列，会从其他队列分一部分过来。

8.2　sync 包

本书在 5.1 节已经使用过 sync 包，当时是使用 sync.WaitGroup 来统计多个 goroutine 执行结束的问题。

8.1 节介绍了 Go 语言的并发模式，本节将要介绍的 sync 包则主要是为了满足内存共享式的并发模式。sync 包提供了很多锁，这些锁主要用于解决各种并发所产生的问题。sync 整个包都是以 Locker 接口为核心的，示例代码如下：

```
type Locker interface{
    Lock()
    Unlock()
}
```

该接口有两个方法：Lock 和 Unlock。并发中不同的场景所使用的方法会有所不同，sync 包提供的锁也不一样。比如 8.1 节中的问题可以用 sync.Mutex 互斥锁来解决。

8.2.1　sync.Mutex 互斥锁

本书在第 7 章的案例中已经使用过互斥锁，那么，什么是互斥锁呢？互斥锁是 Locker 接口的一种具体实现，它定义了两个方法：

```
func (m *Mutex) Lock()
func (m *Mutex) Unlock()
```

一个互斥锁只能被一个 goroutine 锁定，锁定的是这个锁本身，而不是某段代码。如果给某段代码加上锁，相当于执行这段代码的时候就加了锁，别的程序执行这段代码只能等待前面的程序结束并把锁打开，如此往复，以此来实现对变量的共享使用，下面来看一个简单的例子：

```
book/ch08/8.2/mutex/mutex.go
1.  package main
2.
3.  import (
```

```
4.        "fmt"
5.        "sync"
6.        "time"
7.    )
8.
9.    var (
10.       m sync.Mutex
11.       v1 int
12.   )
13.
14. func Set(i int) {
15.       m.Lock()
16.       time.Sleep(time.Second)
17.       v1 = i
18.       m.Unlock()
19. }
20. func Read() int {
21.       m.Lock()
22.       a := v1
23.       m.Unlock()
24.       return a
25.
26. }
27. func main() {
28.
29.       numGR := 5
30.
31.       var wg sync.WaitGroup
32.       fmt.Printf("%d ", Read())
33.       for i := 1; i <= numGR; i++ {
34.           wg.Add(1)
35.           go func(i int) {
36.               defer wg.Done()
37.               Set(i)
38.               fmt.Printf("-> %d", Read())
39.           }(i)
40.       }
41.
42.       wg.Wait()
43. }
```

第 9 行至第 12 行声明了两个变量，int 型的 v1 和 sync.Mutex 型的 m。要指出的是，在代码中一般把锁和变量放在一起定义，比如此处的 m 就是为了共享 v1 而使用的。如果在写代码的时候没有将锁和变量放到一起声明就一定要加注释，这是为了便于阅读代码。

第 14 行至第 26 行定义了两个方法：即 Set 和 Read。可以看到，这两个方法里面都用了 m.Lock 和 Unlock，可以自由操作加锁和开锁之间的代码，这时程序只有一个 goroutine 在运行此部分代码。也就是说，某一时刻最多只能有一个 goroutine 在执行 Set 和 Read 方法，此处的 Set 和 Read 用的是同一个 m，如果有 goroutine 在执行 Set，那么执行 Read 就会阻塞。

另外，请读者注意第 22 行和第 23 行，这里仅仅是读取一个 v1 的值，之所以不直接写作 return v1，是因为要写 m.Unlock 方法。虽然在代码里看着是一行语句，但是在编译之后对应多行机器指令，这个 return 语句不是原子性的，这样写仍然可能出现在返回期间被修改的情况。现在的写法是先把值赋给 a，然后解锁，再返回，而 a 仅在当前方法中使用。其实，更多时候应该使用 defer。defer 能保证程序报错也能正常解锁，而且代码更为清晰可读。上述代码可以改为如下形式：

```
m.Lock()
defer m.Unlock()
return v1
```

虽然代码中使用了 defer 后系统开销会变大，执行效率会降低，但是首先还是要保证程序的正确性，一定不要过早优化代码。上述示例中的代码非常简单，因此没有使用 defer，实战当中还是要尽可能使用。

 注意 sync.Mutex 的加锁和开锁必须是成对的，如果加锁后忘记开锁，那么程序会崩溃。

sync.Mutex 锁只能加锁一次，要想再次加锁则要等待开锁以后，不可理解为在几个地方使用就是可以并行的。互斥锁和要处理的变量是一对，凡是在操作变量的地方都应该加上互斥锁，就如本例中 Set 和 Read 方法，用的是同一个变量锁加锁。

这样做效率显然不高，因为读取变量也是串行的，那么有没有优化的方案呢？有，那就是使用多读写锁 sync.RWMutex。

8.2.2 sync.RWMutex 多读写锁

sync.RWMutex 允许读操作并行执行，而写操作仍然是互斥的，通过这种方式可以提高效率。

sync.RWMutex 锁是基于 sync.Mutex 的增强，下面来看一下其结构体：

```
type RWMutex struct{
    w           Mutex
    writerSem   uint32
    readerSem   uint32
    readerCount int32
    readerWait  int32
}
```

因为 sync.RWMutex 是对 sync.Mutex 的增强，而且在其结构体中也确实包含 sync.Mutex，所以 Mutex 的锁还是可以用的，只是 RWMutex 又多了对读操作的锁定和解锁的操作。

sync.RWMutex 除了实现 Locker 接口以外，还实现了 Unlock、RLock 和 RUnlock 接口，下面来看一下 RWMutex 的四个方法：

```
func (rw *RWMutex) Lock()
func (rw *RWMutex) Unlock()
```

```
func (rw *RWMutex) RLock()
func (rw *RWMutex) RUnlock()
```

前面两个分别是对写操作的锁定和解锁；后面两个是对读操作的锁定和解锁。RWMutex 锁在使用的时候有如下要求：

❑ 一次只能有一个 goroutine 获取写锁。

❑ 可以有多个 goroutine 同时获取读锁。

❑ 只能同时获取读锁或者写锁，读和写是互斥的。

在 8.2.1 节详细介绍了 sync.Mutex，所以此处介绍 RWMutex 就比较简单了，只需看下面的示例：

book/ch08/8.2/RWMutex/rwmutex.go
```
1.  package rwmutex
2.
3.  import (
4.      "fmt"
5.      "sync"
6.      "time"
7.  )
8.
9.  type pass struct {
10.     RWM sync.RWMutex
11.     pwd string
12. }
13. var RoomPass = pass{pwd:"initPass"}
14.
15. func Change(p *pass,pwd string)  {
16.     p.RWM.Lock()
17.     fmt.Println()
18.     time.Sleep(5*time.Second)
19.     p.pwd = pwd
20.     p.RWM.Unlock()
21. }
22.
23. func getPWD(p *pass) string {
24.     p.RWM.RLock()
25.     fmt.Println("read pwd")
26.     time.Sleep(time.Second)
27.     defer p.RWM.RUnlock()
28.     return p.pwd
29. }
```

这里定义一个密码的结构体，里面包含 RWMutex 锁和一个字符串类型的 pwd 变量，它们用来记录密码。一般情况下，房间的密码是可以多人读取的，毕竟这个房间可能住了多个人，所以这里使用 RWMutex 锁。

这时使用了第 23 行至第 29 行的 getPWD 方法。该方法内使用了 RWMutex 锁，是允许多个 goroutine 并行读取的。而在第 15 行至第 21 行的 Change 方法用于修改房间密码。注意，只要有人在读，Change 方法就会阻塞；同样地，若有人在写，getPWD 方法也会阻塞。

这个简单的例子就是对 RWMutex 的使用，接下来看一下 sync.Once 锁。

8.2.3 sync.Once

编程时可以使用包的 init 方法初始化一些变量，但是有些变量可能是程序运行很久以后才会用到，甚至有时候自始至终也不会用到某些变量。那么有什么方法可以在第一次用到某变量时再进行初始化呢？

sync.Once 就提供了延迟初始化的功能。其结构和方法如下：

```
type Once struct {// 结构体内的变量都是包外不可见的
    m Mutex
    done uint32
}

func (o *Once) Do(f func())
```

结构体内的 done 用来记录执行次数，用 m 来保证同一时刻只有一个 goroutine 在执行 Do 方法。在使用该结构体的时候先定义 Once 型变量：

```
var once  Once
```

然后通过定义的变量向 Do 方法传入函数，以此作为参数：

```
once.Do(func() {f()})
```

即便是多次调用 once.Do(f)，f 也仅仅执行一次。

Once 可以解决 Mutex 和 RWMutex 不方便解决的问题。如果每次都用 Mutex 去判断变量是否已经初始化，那么会让所有的 goroutine 在这一步都是互斥的，而且永远要进行这个操作。RWMutex 虽然略好一些，但是会增加系统消耗。Once 则可以非常好地解决这个问题，下面来看一个示例：

```
book/ch08/8.2/once/once.go
1.   package main
2.
3.   import (
4.       "fmt"
5.       "sync"
6.   )
7.
8.   func main() {
9.       var wg sync.WaitGroup
10.      var once sync.Once
11.      for i:=0;i<10;i++{
12.          wg.Add(1)
13.          go func() {
14.              defer wg.Done()
15.              once.Do(onlyOnce)
16.          }()
17.      }
18.      wg.Wait()
19.  }
```

```
20.
21. func onlyOnce()  {
22.     fmt.Println("only once")
23. }
```

这是一个简单的示例，本例希望让第一个用到 onlyOnce 函数的 goroutine 来调用该函数，而后面的 goroutine 就不需要再调用了。所以，本例使用了 sync.Once 的 Do 方法调用 onlyOnce 方法。示例代码中虽然启动了 10 个 goroutine，但是执行完成会发现 onlyOnce 函数仅打印一次。

sync.Once 是非常好的延迟初始化的方式，延迟初始化可以提高系统启动的速度，也可以保证只初始化一次。

8.2.4　sync.Cond

Cond 是条件变量，其作用是通过某个条件控制多个 goroutine。如果满足条件，goroutine 可以继续向下执行；如果不满足条件，goroutine 则会进入等待状态。

Cond 内部维护了一个 notifyList，一旦 goroutine 不满足条件，就会进入 notifyList 并进入等待状态。即使后续条件满足，也需要其他的程序通过 Broadcast() 或者 Signal() 来唤醒 notifyList 内的 goroutine。

下面来看一下 Cond 的结构体和方法：

```
type Cond struct{
    noCopy noCopy
    //L 用来在读写 Cond 时加锁
    L Locker
    // 以下是包外不可见变量
    notify notifyList // 通知列表
    checker copyChecker
}

func NewCond(l Locker) *Cond
func (c *Cond) Broadcast()
func (c *Cond) Signal()
func (c *Cond) Wait()
```

Broadcast 方法用于向所有等待的 goroutine 发送通知——通知条件已经满足；Signal 方法用于向特定的单个 goroutine 发送条件已满足的通知；如果条件不满足，Wait 方法用于发送等待通知。

注意　在进行条件判断时，必须使用互斥锁保证条件判断的安全，也就是说判断的时候不会被其他 goroutine 修改条件。这也是 Cond 结构体中有一个 Locker 类型的 L 变量的原因。

一般情况下，sync.Cond 的使用方式如下：

```
c.L.Lock()
for !condition(){
    c.Wait()
}
…对于 condition 的操作…
c.L.Unlock()
```

注意这里使用的是 for 循环,而不是 if,但不会导致 Cond 一直处于加锁状态,这与 Wait 方法的实现方式有关:

```
func (c *Cond) Wait() {
    c.checker.check()
    t := runtime_notifyListAdd(&c.notify)// 获取 notifyList
    c.L.Unlock()
    runtime_notifyListWait(&c.notify,t)// 进入等待模式
    c.L.Lock()
}
```

可以看到,Wait 方法内会自动解锁,并且进入等待模式,这时其他 goroutine 可以加锁,然后进行条件判断,如果不满足条件则也会进入等待模式。在进入等待模式以后,Wait 方法不会执行最后一行的 c.L.Lock(),除非方法外部使用 Broadcast 或 Signal 方法唤醒所有等待的 goroutine,这时所有的 goroutine 会被唤醒,开始去执行最后一行的加锁动作,加锁以后要重新回到 for 循环去执行条件判断,如果满足条件就跳过循环继续往下执行,不满足条件又会进入等待状态。所以此处必须用 for 循环。

下面来看一个示例:

book/ch08/8.2/cond/cond.go
```
1.  package main
2.
3.  import (
4.      "fmt"
5.      "sync"
6.      "time"
7.  )
8.
9.  var (
10.     ready = false
11.     singerNum = 3
12. )
13.
14. func Sing(singerId int,c *sync.Cond)  {
15.     fmt.Printf("Singer (%d) is ready\n",singerId)
16.     c.L.Lock()
17.     for !ready {
18.         fmt.Printf("Singer (%d) is waiting\n",singerId)
19.         c.Wait()
20.     }
21.     fmt.Printf("Singer (%d) sing a song\n",singerId)
22.     ready = false
23.     c.L.Unlock()
24. }
```

```
25.
26. func main() {
27.     cond := sync.NewCond(&sync.Mutex{})
28.     for i:=0;i<singerNum;i++{
29.         go Sing(i,cond)
30.     }
31.     time.Sleep(3*time.Second)
32.
33.     for i:=0;i<singerNum;i++{
34.         ready = true
35.         //cond.Broadcast() // 自行试验用 Broadcast 替换 Signal 方法的效果
36.         cond.Signal()
37.         time.Sleep(3*time.Second)
38.     }
39. }
```

这个示例模拟的是一个演唱会，歌手做好准备以后通过 sync.Cond 控制通知歌手开始唱歌，直到所有的歌手都唱完以后程序结束。显然，这里模拟的是每个歌手唱一首歌，且不存在合唱的情形。

第 9 行至第 12 行定义了两个变量：ready 代表歌手准备好了，也就是 goroutine 准备好了；singerNum 代表歌手的数量。

第 14 行至第 24 行的 Sing 方法中，singerId 是歌手编号，c 变量是 sync.Cond 条件变量。第 16 行开始加锁，然后判断是否满足条件，如果 ready 变量是 false，则当前 goroutine 进入等待状态。如果当前 goroutine 被唤醒且 ready 变量变为 true，则执行第 21 行和第 22 行。注意，在执行第 21 行和第 22 行的代码期间还是加锁的，所以第 22 行改变 ready 变量为 false 可以保证其他 goroutine 无法继续唱歌，需要等待 Signal 或 Broadcast 方法。

第 27 行定义条件变量，此处要注意新建条件变量的方式。

第 28 行至第 30 行，启动 3 个 goroutine 运行 Sing 方法，此时的 ready 变量是 false，所以所有的歌手都是等待状态。

第 31 行的休眠是为了保证 goroutine 都启动了。

第 33 行至第 38 行，执行循环，每次都把 ready 变为 true，然后调用 Signal，每次休眠都是为了让 Sing 方法有足够的时间执行完。此处请读者思考，既然 Signal 方法是每次通知一个 goroutine，那么第 22 行的 ready=false 代码有什么用呢？代码在第 31 行以前就把所有的 goroutine 放入等待状态了，而 Signal 每次只唤醒一个 goroutine，那么设置为 false 又有什么意义呢？答案是没有意义，之所以加上第 22 行代码，是为了让读者测试第 35 行的 Broadcast 方法，只有加上了第 22 行代码，才需要执行 Broadcast 方法 3 次。

下面来看看使用 Signal 方法执行的结果：

```
Singer (2) is ready
Singer (2) is waiting
Singer (1) is ready
Singer (1) is waiting
Singer (0) is ready
```

```
Singer (0) is waiting
Singer (2) sing a song
Singer (1) sing a song
Singer (0) sing a song
```

改为 Broadcast 方法后程序执行的打印结果如下：

```
Singer (1) is ready
Singer (1) is waiting
Singer (0) is ready
Singer (0) is waiting
Singer (2) is ready
Singer (2) is waiting
Singer (0) sing a song
Singer (1) is waiting
Singer (2) is waiting
Singer (1) sing a song
Singer (2) is waiting
Singer (2) sing a song
```

通过这个示例，读者可以比较全面地了解 sync.Cond 的用法。

8.2.5　sync.Pool

Go 语言是支持垃圾自动回收的。对于一些暂时用不到但是后续会用到的对象，为了提升性能，可以先暂存起来，这虽然会占用一些内存，但是比起销毁了再新建，要节省运行时间，这是典型的以空间换时间的思想。Go 语言专门提供了暂存对象的工具，就是本节要介绍的 sync.Pool。

sync.Pool 是一个对象池，它是并发安全的，而且大小是可伸缩的，仅受限于内存。当需要使用对象的时候可以从对象池中直接取出使用。

注意　存入 sync.Pool 的对象可能会在不通知的情况下被释放，这一点一定要注意。比如一些 socket 长连接就不适合存入 sync.Pool 内。

下面看一下 sync.Pool 的结构体和方法：

```
type Pool struct {
    noCopy noCopy
    local unsafe.Pointer// 本地缓冲池指针，每个处理器分配一个，
    // 其类型是一个 [P]poolLocal 的数组
    localSize uintptr    // 数组大小

    New func() interface{}// 缓冲池中没有对象时，调用此方法构造一个
}

func (p *Pool) Get() interface{}
func (p *Pool) Put(interface{})
```

Get 和 Put 是 Pool 的两个公共方法。Put 方法是向池中添加对象，Get 方法是从池中获取对象，如果没有对象则调用 New 方法创建生成，如果未设置 New 则返回 nil。

在前面的 "MPG" 模型部分已经介绍过 Go 语言的重要组成结构 M、P、G。Pool 在运行时会为每个操作 Pool 的 goroutine 所关联的 P 都创建一个本地池。在执行 Get 方法的时候，会先从本地池获取，如果本地池没有则从其他 P 的本地池获取。这种特性让 Pool 的存储压力基于 P 进行了分摊。

接下来看一个 sync.Pool 的示例代码：

```
book/ch08/8.2/pool/pool.go
1.  package main
2.
3.  import (
4.      "fmt"
5.      "sync"
6.      "time"
7.  )
8.
9.  var byteSlicePool = sync.Pool{
10.     New: func() interface{} {
11.         b := make([]byte,1024)
12.         return &b
13.     },
14. }
15.
16. func main() {
17.     t1 := time.Now().Unix()
18.     // 不使用 Pool
19.     for i:=0;i<10000000000;i++{
20.         bytes := make([]byte,1024)
21.         _ = bytes
22.     }
23.     t2 := time.Now().Unix()
24.     // 使用 Pool
25.     for i:=0;i<10000000000;i++{
26.         bytes := byteSlicePool.Get().(*[]byte)
27.         _ = bytes
28.         byteSlicePool.Put(bytes)
29.     }
30.     t3 := time.Now().Unix()
31.     fmt.Printf(" 不使用 Pool:%d s\n",t2-t1)
32.     fmt.Printf(" 使用 Pool:%d s\n",t3-t2)
33. }
```

基于 sync.Pool 的上述特性，Pool 的使用场景最多的是缓存，上面的示例简单测试了使用缓存和不使用缓存在执行时间上的差别。

第 9 行至第 14 行，定义了一个 Pool 里面存储的对象是 byte 切片，而且长度是 1024，这一长度的选取主要是为了更为方便地测试效率。

第 19 行至第 22 行不使用缓存反复分配空间。

第 25 行至第 29 行使用前面定义的 byteSlicePool 作为缓存。

最后打印一下程序执行后的信息：

```
不使用 Pool:3 s
使用 Pool:149 s
```

可见 Pool 确实可以很好地提升程序执行效率。

8.2.6　sync.Map

如果要缓存一部分体量不大的数据，完全可以考虑使用 sync.Map。Go 语言在 1.9 以上的版本的标准包就提供了该功能。

在 1.6 版本以前，Go 语言自带的标准的 map 类型是并发读安全的，但是并发写不安全。所以 1.6 版本以前需要自己写一个并发读写安全的 map，不过，实现这个 map 也非常简单，只需要定义一个带有 RWMutex 锁和 map 类型的结构体即可，示例如下：

```
var safeMap = struct{
    sync.RWMutex
    m map[string]int
}{m:make(map[string]int)}
```

上面的代码非常简便地定义了变量 safeMap，使用的时候也非常简单，如下所示：

```
safeMap.RLock()
n := safeMap.m["key"]
safeMap.RUnlock()
```

上面的代码实现了 map 的读安全，而下面的代码实现了写安全：

```
safeMap.Lock()
safeMap.m["key"]=1
safeMap.Unlock()
```

可见之前的用法也不算复杂，但是这种实现方式在大并发写的情况下会有性能问题。也就是说在写操作时，上述实现方式相当于串行写，非常容易发生性能问题。所以，Go 语言提供了标准的 sync.Map。

sync.Map 在并发安全性上的实现是典型的空间换时间的思想，其提供了 read 和 dirty 这两个数据结构，用来降低加锁对性能的负面影响。sync.Map 的结构体定义如下：

```
type Map struct{
    mu Mutex //dirty 操作使用该锁
    read atomic.Value // 只读数据结构
    dirty map[interface{}]*entry // 包含当前 Map 的 entry
    misses int //read 内没有而 dirty 内有的 entry 数
}
```

read 变量是只读的，因此不存在并发安全的问题。实际上，read 的结构体内是包含 entry 的，且 entry 是会更新的。如果 entry 在 Map 内没有被删除则不需要加锁，反之则需要加锁，以便更新 dirty 的数据。

dirty 含有最新的写入数据，并且在写操作执行时会把 read 中未删除的数据复制到 dirty 中，dirty 的操作需要 mu 锁。

从 read 内读数据的时候，如果 read 内没有数据，会到 dirty 内读取，然后 misses 会加
1。待 misses 的数值等于 dirty 的长度时，会把 dirty 数据提升到 read 内。

上面对于原理的介绍可能还是有读者不能透彻理解，因为篇幅原因本书中不做详细的
源码分析，请有兴趣的读者分析 sync.Map 的源码，结合上述介绍，就可以理解其实现。

sync.Map 提供的常用方法有如下五个。

❑ Load(key interface{}) (value interface{},ok bool)：通过参数 key 查询对应的 value，
   如果不存在则返回 nil；ok 表示是否找到对应的值。

❑ Store(key,value interface{})：该方法相当于对 sync.Map 的更新或新增，参数是键
   值对。

❑ LoadOrStore(key,value interface{}) (actual interface{},loaded bool)：该方法的参数
   为 key 和 value。该方法会先根据参数 key 查找对应的 value，如果找到则不修改原
   来的值并通过 actual 返回，并且 loaded 为 true；如果通过 key 无法查找到对应的
   value，则存储 key-value 并且将存储的 value 通过 actual 返回，loaded 为 false。

❑ Delete(key interface{})：通过 key 删除键值对。

❑ Range(f func(key,value interface{}) bool)：遍历 sync.Map 的元素，注意 for...range
   map 是对内置 map 类型的用法，sync.Map 需要使用单独的 Range 方法。

下面写一段简单的示例代码，介绍 sync.Map 的使用方法：

book/ch08/8.2/map/map.go

```
1.   package main
2.
3.   import (
4.       "fmt"
5.       "sync"
6.   )
7.
8.   var m sync.Map
9.
10.  func main() {
11.      // 新增
12.      m.Store(1,"one")
13.      m.Store(2,"two")
14.      //LoadOrStore key 不存在
15.      v,ok := m.LoadOrStore(3,"three")
16.      fmt.Println(v,ok)//three false
17.      //LoadOrStore key 存在
18.      v,ok = m.LoadOrStore(1,"thisOne")
19.      fmt.Println(v,ok)//one true
20.      //Load
21.      v,ok = m.Load(1)
22.      if ok{
23.          fmt.Println("key is existed,and value is:",v)
24.      }else{
25.          fmt.Println("key is not existed")
26.      }
27.      //Range
```

```
28.        // 先为 Range 准备一个传入的函数，该函数的声明格式是固定的，只有内部代码
29.        // 可以自定义
30.        f := func(k,v interface{}) bool{
31.            fmt.Println(k,v)
32.            return true
33.        }
34.        // 执行 Range
35.        m.Range(f)
36.
37.        //Delete
38.        m.Delete(2)
39.        fmt.Println(m.Load(2)) //nil false
40. }
```

示例代码非常简单，而且也加了注释，此处就不再做详细介绍了。

sync.Map 在实战中经常用到。在存储的内存不是很多的情况下，完全可以使用 sync.Map，性能非常优异，而且并非所有的场景都优先考虑 redis（一款常用的 key-value 远程存储服务）。

8.3 context 包

context 包是 Go 语言并发中经常用到的包，用于设置截止日期、同步"信号"、传递请求相关的值。

context 是在 Go 语言 1.7 版本才加入官方库中的，官方常用于处理单个请求的多个 goroutine 与请求域的数据、截止时间和信号取消等相关的操作，这种操作往往涉及多个 API 的调用。

虽然后面会专门介绍 net 包，但是 net/context 子包会放在并发部分单独介绍。

学习了 context，读者可以加深对 Go 语言并发编程理念的理解。

8.3.1 应用场景

下面先来介绍在 http 请求中 context 的作用。每一个 http 请求的 request 都会启动一个 goroutine 处理这个请求，后续跟进这个请求可能还需要访问数据库、做安全验证、访问控制、日志记录等，这时候会由最早的那个 goroutine 启动后续的多个 goroutine，这样就会有多个 goroutine 处理一个 request。而 context 的作用就是在这几个不同的 goroutine 之间同步特定数据、取消信号以及处理请求的截止日期，如图 8-5 所示。

context 最常规的做法就是从 goroutine 开始，一层层地把信息传递到最下层。如果没有 context，就可能发生如图 8-6 所示的情况。在图 8-6 中，最上层的已经因为报错而结束，但是下层的 goroutine 却还在继续。

如果有了 context，当上层 goroutine 发生错误而结束时，可以很快地同步信息到其下层的 goroutine，这样可以及时停止下层 goroutine，避免无谓的系统消耗，如图 8-7 所示。

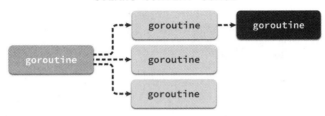

图 8-5　go context

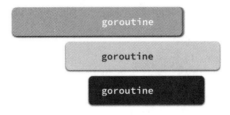

图 8-6　不使用 context 的情景

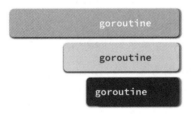

图 8-7　使用 context 的情景

上面介绍的就是 context 的最大作用，理解了它，接下来就更容易理解 context 的设计了。

8.3.2　定义

context 包的核心是 Context 接口，其定义如下：

```
type Context interface{
    Deadline() (deadline time.Time,ok bool)
    Done() <- chan struct{}
    Err() error
    Value(key interface{}) interface{}
}
```

Context 接口内定义了四个方法，分别如下。

❑ Deadline 方法：需要返回当前 Context 被取消的时间，也就是截止时间。

❑ Done 方法：需要返回一个 channel，该 channel 会在工作完成或者 Context 被取消时关闭，多次调用 Done 方法返回的是同一个 channel。

❑ Err 方法：用于返回当前 Context 结束的原因，仅在 Done 方法返回的 channel 被关闭时才返回非空值，这里包含两种错误，如果当前 Context 被取消，则返回 Canceled 错误；如果当前 Context 超时，则返回 DeadlineExceeded 错误。

❑ Value 方法：用来取得当前 Context 上绑定的值，是一个键值对，所以参数是一个 key 值，多次调用该方法而参数相同的话，返回的结果也相同。

虽然 Context 是一个接口，但是标准包里面实现了其他的两个方法：Background 方法和 TODO 方法，可通过这两个方法来使用 Context。在介绍这两个方法之前，需要先介绍一下 Context 的实现。

Context 在数据结构上是一种单向继承关系，最开始的 Context 起到类似于初始化的作用，里面有一些数据，下一层的 Context 会继承上一层的 Context，新的 Context 可以有 children，children 就是在上一层的 Context 外面再套一层，新扩的一层可以存储与自己相关的数据。这种多层结构可以像启动 goroutine 一样扩展很多层。

理解了 Context 的分层模式，就可以方便地理解 Background 和 TODO 方法了，这两个方法用于返回私有化的变量 background 和 todo，这两个变量就存储于最顶层的 parent Context 中，后续的 Context 都是衍生自这个 parent，形成树状层次。当一个 parent Context 被取消时，继承自它的所有 Context 都会被取消。

下面来看一下这两个方法在源码中的实现：

```
func Background() Context {
    return background
}

func TODO() Context {
    return todo
}
```

background 和 todo 两个私有变量是在 context 包初始化的时候就定义好的，Background 和 TODO 这两个方法也没有什么差别，可以理解为二者互为别名，只是 Background 方法是每个 Context 的顶层默认值，用于 main 函数，以及初始化、测试等代码中，它作为根 Context 是不可以被取消的。而 TODO 方法则是在不确定的时候使用的，但现实中很少使用。

background 和 todo 这两个私有变量其实是两个指针，指向 emptyCtx 结构体实例。emptyCtx 的定义如下：

```
type emptyCtx int

func (*emptyCtx) Deadline() (deadline time.Time,ok bool){
```

```
    return
}

func (*emptyCtx) Done() <- chan struct{} {
    return nil
}

func (*emptyCtx) Err() error {
    return nil
}

func (*emptyCtx) Value(key interface{}) interface{} {
    return nil
}
```

可以看到，本质上 background 和 todo 是不携带任何信息的 Context，不可取消，没有截止时间；而衍生出来的 Context 都继承自这个根 Context。

8.3.3　继承

前面介绍了 Context 的分层模式，以及继承在 Context 中应用的广泛性，那么 Context 是如何实现继承的呢？继承是靠 context 包提供的 With 系列函数实现的。

下面来看一下 With 系列函数，一共有四个：

```
func WithCancel(parent Context) (ctx Context,cancel CancelFunc)

func WithDeadline(parent Context,deadline time.Time) (Context,CancelFunc)

func WithTimeout(parent Context,timeout time.Duration) (Context,CancelFunc)

func WithValue(parent Context,key,val interface{}) Context
```

通过这些函数可以创建一个树状的 Context 结构，而其每个节点都可以有多个层级。下面来对每个函数的作用进行说明。

- ❑ WithCancel：parent Context 根据参数创建一个新的 children Context，同时还返回一个取消该 children Context 的函数 CancelFunc。
- ❑ WithDeadline：与 WithCancel 类似，但是会多传递一个截止时间参数，到了截止时间会自动取消该 Context。
- ❑ WithTimeout：与 WithDeadline 类似，超过参数的计数时间后会自动取消该 Context。
- ❑ WithValue：该函数的作用是生成一个绑定了一个键值对数据的 Context，这个绑定的数据可以通过该 Context 的 Value 方法访问。该方法可以完成追踪功能，需要通过 Context 传递数据时可以使用该方法。

WithCancel 函数的主要作用是在 parent 和 children 之间同步取消或结束信号，确定 parent 被取消时，其 children 也会收到信号而被取消。其实现的原理是所有的 children 都被保存在一个 map 中，如果是 Context 执行了 Done 方法会返回 done channel，此时是正常结束所以返回以后就完结了；而如果是通过 Err 方法结束，则会遍历 Context 的所有 children 并关闭其 channel。

WithDeadline 是在 WithCancel 方法之上的扩展，如果截止时间到了以后开始 cancel，其 cancel 的方法与 WithCancel 的方法一致，只是多了截止时间的设置。

8.3.4　示例

接下来对 With 系列的几个方法做一个简单的演示：

book/ch08/8.3/context.go

```
1.  package main
2.
3.  import (
4.      "context"
5.      "fmt"
6.      "time"
7.  )
8.
9.  func testWCancel(t int)  {
10.     ctx := context.Background()
11.     ctx,cancel := context.WithCancel(ctx)
12.     defer cancel()
13.     go func() {
14.         time.Sleep(3*time.Second)
15.         cancel()
16.     }()
17.     select {
18.         case <- ctx.Done():
19.             fmt.Println("testWCancel.Done:",ctx.Err())
20.         case e := <- time.After(time.Duration(t)*time.Second):
21.             fmt.Println("testWCancel:",e)
22.     }
23.     return
24. }
25.
26. func testWDeadline(t int)   {
27.     ctx := context.Background()
28.     dl := time.Now().Add(time.Duration(1*t)*time.Second)
29.     ctx,cancel := context.WithDeadline(ctx,dl)
30.     defer cancel()
31.     go func() {
32.         time.Sleep(3*time.Second)
33.         cancel()
34.     }()
35.     select {
36.         case <- ctx.Done():
37.             fmt.Println("testWDeadline.Done:",ctx.Err())
38.         case e := <-time.After(time.Duration(t)*time.Second):
39.             fmt.Println("testWDeadline:",e)
40.     }
41.     return
42. }
43.
```

```
44. func testWTimeout(t int)  {
45.     ctx := context.Background()
46.     ctx,cancel := context.WithTimeout(ctx,time.Duration(t)*time.Second)
47.     defer cancel()
48.
49.     go func() {
50.         time.Sleep(3*time.Second)
51.         cancel()
52.     }()
53.     select {
54.         case <- ctx.Done():
55.             fmt.Println("testWTimeout.Done:",ctx.Err())
56.         case e := <-time.After(time.Duration(t)*time.Second):
57.             fmt.Println("testWTimeout:",e)
58.     }
59.     return
60. }
61.
62. func main() {
63.     var t = 4
64.     testWCancel(t)
65.     testWDeadline(t)
66.     testWTimeout(t)
67. }
```

这是一个非常简单的示例，该示例可以帮助读者了解 With 系列函数的用法，但在实际项目中不会这么使用。大家在自行阅读和实验时，可以通过调整第 63 行 t 的值来看不同的结果。

接下来看一个真实项目场景中会用到的方法，通常，在 http 请求中会有超时处理，Go 语言中在 net/http 包中也有类似的处理（可以查看标准包 net/http/client.go 的代码）。接下来模仿标准功能给出一个示例。

```
book/ch08/8.3/advanced/context.go
1.  package main
2.
3.  import (
4.      "context"
5.      "fmt"
6.      "io/ioutil"
7.      "net/http"
8.      "sync"
9.      "time"
10. )
11.
12. var (
13.     url string
14.     t = 5
15.     wg sync.WaitGroup
16. )
17.
18. type information struct {
19.     r *http.Response
```

```
20.        err error
21. }
22.
23. func connect(c context.Context) error  {
24.        defer wg.Done()
25.        info := make(chan information,1)
26.        tr := &http.Transport{}
27.        httpClient := &http.Client{Transport:tr}
28.        req,_ := http.NewRequest("GET",url,nil)
29.        req = req.WithContext(c)
30.
31.        go func() {
32.            res,err := httpClient.Do(req)
33.            if err != nil {
34.                fmt.Println(err)
35.                info <- information{nil,err}
36.                return
37.            }else{
38.                info <- information{res,err}
39.            }
40.        }()
41.
42.        select {
43.        case <- c.Done():
44.            fmt.Println("request is cancelled!!")
45.        case ok := <-info:
46.            err := ok.err
47.            r := ok.r
48.            if err != nil {
49.                fmt.Println("ERROR:",err)
50.                return err
51.            }
52.            defer r.Body.Close()
53.            realInfo,err := ioutil.ReadAll(r.Body)
54.            if err != nil {
55.                fmt.Println("ERROR:",err)
56.                return err
57.            }
58.            fmt.Printf("Response:%s\n",realInfo)
59.        }
60.        return nil
61. }
62.
63. func main() {
64.        url = "http://google.com" // 试着换成 baidu
65.        ctx := context.Background()
66.        ctx,cancel := context.WithTimeout(ctx,time.Duration(t)*time.Second)
67.        defer cancel()
68.        fmt.Printf("connecting to %s \n",url)
69.        wg.Add(1)
70.        go connect(ctx)
71.        wg.Wait()
72.        fmt.Println("END...")
73. }
```

第 12 行至第 16 行，定义了三个变量，url 是我们要访问的网址；t 是超时时长，默认是 5 秒；wg 用于等待 goroutine 执行完再结束主 goroutine。三个变量都是为了方便测试 main 函数而设立的，因为在 connect 方法会用到 wg，所以这里把它们直接设为全局变量。

第 18 行至第 21 行，定义 information 结构体，用于接收服务器返回的信息。

第 23 行至第 61 行是 connect 方法，它也是示例的核心方法。第 24 行使用 defer 关键字执行 wg.Done 方法。第 25 行定义 info，用于接收服务器返回的错误和信息。第 26 行至第 29 行定义请求 req。注意，第 29 行把上下文 c 传到了 req，现在不再使用 Transport.CancelRequest 方法，也不再使用 Request.Cancel，而是用这种方法把 Context 传给 Request，当 Context 取消的时候 Request 也会取消。第 31 行至第 40 行，通过 goroutine 运行一个匿名函数来访问 url，并将返回信息写入 info。第 42 行至第 57 行，如果没有数据写入 info，5 秒时间（根据 t 变量的设定）之后就开始执行第一个 case，打印信息；如果有数据写入 info，则执行第二个 info，打印相关信息。

从第 63 行开始的 main 函数主要起测试作用，可以先试一下访问不到会造成超时的网址，本例选用 google 的网址，读者也可以设置为其他网址，执行以上代码，会打印如下信息：

```
connecting to http://google.com
request is cancelled!!
END...
Get http://google.com: context deadline exceeded

Process finished with exit code 0
```

我们可以在以上打印信息中看到相关的超时信息。如果把 url 的网址改为 baidu 的地址，则会打印如下信息：

```
connecting to http://baidu.com
Response:<html>
<meta http-equiv="refresh" content="0;url=http://www.baidu.com/">
</html>

END...
```

若访问百度则会相应地打印百度的页面。

至此，对 context 包的介绍就结束了。context 是多 goroutine 并发情况下非常重要的标准工具，阅读 net/http 包的源码，会发现经常用到 context，所以理解其原理对于开发人员至关重要。

8.4　工作池

我们可以将工作池理解为线程池。线程池是其他编程语言常用的工具，因为线程的创建和销毁非常消耗系统，所以会专门编写一个 pool，每次用过的线程会再放回 pool 中而不是销毁。不过 Go 语言并不会使用系统的线程，而是使用 goroutine。goroutine 的创建和销毁比起系统线程的消耗要小得多，而且 goroutine 没有标号。所以 goroutine 的 pool 就不再是线程池，而是 work pool（工作池）。

虽然 goroutine 的系统消耗较小，但是也不能随意在编码时使用 go func()，如果程序频繁地启动 goroutine，会造成极不可控的性能问题。对于可以提前预知的需要大量异步处理的任务就要考虑使用工作池。

工作池的作用是控制 goroutine 的规模，或者说是 goroutine 的数量。在 Go 语言中，控制 goroutine 的数量最好的方式就是使用缓存通道。

> 注意　使用工作池是开发高负载服务端的常用方式，通过工作池可以使用 goroutine 接收更多的客户端请求，并提供服务。

首先来看一个简单的工作池示例：

book/ch08/8.4/simple/workpool.go

```
1.   package main
2.
3.   import (
4.       "fmt"
5.       "time"
6.   )
7.
8.   func worcker(id int,jobs <- chan int,results chan <- int)  {
9.       for job := range jobs {
10.          fmt.Printf("worker(%d) start to do job(%d)\n",id,job)
11.          time.Sleep(time.Second)
12.          fmt.Printf("worker(%d) finished job(%d)\n",id,job)
13.          results <- job*job
14.      }
15.  }
16.
17.  func main() {
18.      jobs := make(chan int,100)
19.      resultes := make(chan int,100)
20.
21.      for id := 0;id<3;id++{
22.          go worcker(id,jobs,resultes)
23.      }
24.      for job:=1;job<=5;job++{
25.          jobs <- job
26.      }
27.      close(jobs)
28.
29.      for i:=1;i<=5;i++{
30.          <-resultes
31.      }
32.  }
```

上述代码非常简单，就是模拟一个给整数求平方的计算，而且每次调用都采用异步的方式来完成。这段代码中，工作池的思想主要体现在 jobs 的通道上，因为定义了一个缓存长度为 100 的通道，所以在工作达到 100 以后，新任务就会阻塞，只有等 worker 从缓存通道取走一项工作后才能再继续分配新工作。

这段代码展示的是 Go 语言通道解决工作池的经典用法，本书后续的经典案例也是基于本例完善的。这个简单的示例也有其缺点，本例中 goroutine 的数量仍然不可控，示例的任务虽仅是简单求平方，可如果任务更为复杂，处理需要消耗的时间比较长的话，worker 的数量极有可能大于 100，甚至可能更大。

所以，在设计程序时应该将 job/worker 的模式进行优化，每个 worker 处理一项工作，工作池可以定义最大数量的 worker，这样可以保证 goroutine 的最大数量，让程序更可控，避免代码消耗压垮系统。

下面是一个更完善的工作池示例。这个示例的模式完全可以在实战中使用，或者说 Go 语言中工作池的最佳方案只有这一个，实战中只需要进行灵活改变，使其贴近业务需求即可。

示例代码如下：

book/ch08/8.4/workpool.go
```
1.  package main
2.
3.  import (
4.      "fmt"
5.      "reflect"
6.      "time"
7.  )
8.
9.  type Task struct {
10.     Num int
11. }
12.
13. type Job struct {
14.     Task Task
15. }
16. var (
17.     MaxWorker = 5
18.     JobQueue chan Job // 工作通道，模拟需要处理的所有工作
19. )
20.
21. type Worker struct {
22.     id int                      //id
23.     WorkerPool chan chan Job // 工作者池（通道的通道），每个元素都是一个 job 通道，
                公共的 job
24.     JobChannel chan Job      // 工作通道，每个元素是一个 job，worker 私有的 job
25.     exit chan bool           // 结束信号
26. }
27.
28. func NewWorker(workerPool chan chan Job, id int) Worker {
29.     fmt.Printf("new a worker(%d)\n",id)
```

```
30.        return Worker{
31.            id: id,
32.            WorkerPool: workerPool, //workerPool 和 scheduler 的是同一个
33.            JobChannel: make(chan Job),
34.            exit: make(chan bool),
35.        }
36.   }
37.
38.   // 监听任务和结束信号
39.   func (w Worker) Start() {
40.       go func() {
41.           for {
42.               // 将当前的任务队列注册到工作池
43.               w.WorkerPool <- w.JobChannel
44.               fmt.Println("register private JobChannel to public WorkerPool", w)
45.               select {
46.               case job := <-w.JobChannel:// 收到任务
47.                   fmt.Println("get a job from private w.JobChannel")
48.                   fmt.Println(job)
49.                   time.Sleep(5* time.Second)
50.               case <-w.exit:// 收到结束信号
51.                   fmt.Println("worker exit",w)
52.                   return
53.               }
54.           }
55.       }()
56.   }
57.
58.   func (w Worker) Stop() {
59.       go func() {
60.           w.exit <- true
61.       }()
62.   }
63.
64.   // 排程中心
65.   type Scheduler struct {
66.       WorkerPool chan chan Job // 工作池
67.       MaxWorkers int // 最大工作者数
68.       Workers []*Worker //worker 队列
69.   }
70.
71.   // 创建排程中心
72.   func NewScheduler(maxWorkers int) *Scheduler {
73.       pool := make(chan chan Job, maxWorkers) // 工作池
74.       return &Scheduler{WorkerPool: pool, MaxWorkers: maxWorkers}
75.   }
76.
77.   // 工作池的初始化
78.   func (s *Scheduler) Create() {
79.       workers := make([]*Worker,s.MaxWorkers)
80.       for i := 0; i < s.MaxWorkers; i++ {
81.           worker := NewWorker(s.WorkerPool, i)
82.           worker.Start()
83.           workers[i] = &worker
84.       }
```

```
85.     s.Workers = workers
86.     go s.schedule()
87. }
88.
89. // 工作池的关闭
90. func (s *Scheduler) Shutdown()  {
91.     workers := s.Workers
92.     for _,w := range workers{
93.         w.Stop()
94.     }
95.     time.Sleep(time.Second)
96.     close(s.WorkerPool)
97. }
98.
99. // 排程
100.func (s *Scheduler) schedule() {
101.    for {
102.        select {
103.        case job := <-JobQueue:
104.            fmt.Println("get a job from JobQueue")
105.            go func(job Job) {
106.                // 从 WorkerPool 获取 jobChannel, 忙时阻塞
107.                jobChannel := <-s.WorkerPool
108.                fmt.Println("get a private jobChannel from public
                        s.WorkerPool", reflect.TypeOf(jobChannel))
109.                jobChannel <- job
110.                fmt.Println("worker's private jobChannel add one job")
111.            }(job)
112.        }
113.    }
114.}
115.
116.func main() {
117.    JobQueue = make(chan Job, 5)
118.    scheduler := NewScheduler(MaxWorker)
119.    scheduler.Create()
120.    time.Sleep(1 * time.Second)
121.    go createJobQueue()
122.    time.Sleep(100 * time.Second)
123.    scheduler.Shutdown()
124.    time.Sleep(10*time.Second)
125.}
126.// 创建模拟任务
127.func createJobQueue() {
128.    for i := 0; i < 30; i++ {
129.        task := Task{Num: 1}
130.        job := Job{Task: task}
131.        JobQueue <- job
132.        fmt.Println("JobQueue add one job")
133.        time.Sleep(1 * time.Second)
134.    }
135.
136.}
```

第 9 行至第 15 行，定义了两个结构体：Task 任务和 Job 工作，Task 并没有实质性的内

容，这里仅仅定义了一个整型变量。

第 16 行至第 19 行，定义两个全局变量：MaxWorker 是最大的 worker 数量；JobQueue 是 Job 的通道。这两个变量都用于后面的模拟，在真实场景中可以不设置这两个变量。

第 21 行至第 26 行，定义了一个 Worker 结构体，与上一个简单工作池的示例不同，本例的 Worker 不再是简单的一个 goroutine，而是一个结构体。结构体内定义了如下四个变量。

- [ ] id：worker 编号。
- [ ] exit：这是一个 bool 类型的通道，当有数据写入时 worker 结束运行。
- [ ] JobChannel：Job 类型的通道，该通道是专属于当前 worker 的私有工作队列。
- [ ] WorkerPool：注意看，定义的时候使用了两个 Channel，每一个元素是一个 Job 通道，其实每一个元素是一个 JobChannel。

第 28 行至第 36 行，NewWorker 方法用于创建一个新的 worker，要注意该方法的参数 workerPool 用于创建 worker 时传入，这就说明每个 worker 与其他 worker 的 WorkerPool 是共享的，或者说多个 worker 使用一个 WorkerPool。这一点很重要，这是本示例代码在上一个简单示例代码基础上的优化。而 JobChannel 和 exit 变量则是随着 Worker 的新建而新建的。

第 39 行至第 56 行，是 Worker 的 Start 方法，该方法用于监听任务或者结束信号。Start 方法一开始就用 goroutine 运行一个匿名函数，而函数内部是一个无限循环。在循环内部，首先是把当前的 JobChannel 注册到 WorkerPool 里，一旦注册进去也就说明该 worker 可以接收任务了。然后通过 select 判断 JobChannel 是否可以读取，也就是其中是否有 Job，或者 exit 通道是否可以读取。如果 JobChannel 可读取，证明有 Job，后续开始处理 Job；而如果 exit 可读，则结束当前的无限循环。所以，后面的代码中要特别注意对 WorkerPool 的操作，Worker 是从 WorkerPool 领取工作的。

第 58 行至第 62 行是 Worker 的 Stop 方法，用于为 exit 通道写入数据，在 Start 方法内 Worker 会读取到写入的数据，进而结束无限循环。

到这里，与 Job 和 Worker 相关的代码就介绍完了。了解了 Worker 的结构体和所有方法后，我们来看看排程中心的代码。排程中心接收到 Job 后，会处理任务的分发和 Worker 的排程。

第 65 行至第 69 行，是排程中心 Scheduler 的结构体，里面定义了三个变量：WorkerPool、MaxWorkers 和 Workers。它们的含义如下。

- [ ] WorkerPool：与 Worker 里面的 WorkerPool 类型相同，但是整个程序只有一个 WorkerPool 通道。
- [ ] MaxWorkers：最大 worker 数。
- [ ] Workers：是 worker 的引用切片，存储所有的 worker 实体引用。

第 72 行至第 75 行，NewScheduler 函数用于创建一个 Scheduler，可以看到函数内部的 WorkerPool 是通过 make 函数新建的，而不是像第 28 行的 NewWorker 函数一样靠参数传入。注意 WorkerPool 是有缓存通道的，缓存长度是 MaxWorkers。

第 78 行至第 87 行是 Scheduler 的 Create 方法，该方法根据 MaxWorkers 最大数创建 Worker，并且把引用存入 Workers 切片。创建好 Worker 后，马上调用 Worker 的 Start 方法，最后通过 goroutine 运行第 100 行的 Schedule 方法。

第 90 行至第 97 行是 Scheduler 的 Shutdown 方法，用于关闭工作池，调用所有 worker 的 Stop 方法并且关闭 WorkerPool 工作池。

第 100 行至第 114 行是 Scheduler 的 Schedule 方法，该方法内也是一个无限循环，循环内部就是不停地读取 JobQueue，然后运行一个 goroutine。在新运行的 goroutine 内从 s.WorkerPool 读取一个 JobChannel，注意，Worker 注册到 WorkerPool 以后此处才可以读取到，如果 WorkerPool 的缓存通道内没有 JobChannel，则会阻塞，直到读取到 JobChannel，才把 Job 写入。

示例代码的讲解到此就结束了，后面的 main 函数和 createJobQueue 函数都是通过模拟数据来使用工作池的。对于剩下的两个函数，本书不再做详细讲解，请读者自行阅读和实验。

8.5　小结

并发是 Go 语言编程的重要概念，本书对于并发的介绍并不算特别深入，但是对于在构建微服务应用时需要用到的知识，本书都进行了讲解。或者说，这些并发编程足以处理一般的需求了。读者应该熟练掌握本章的知识。

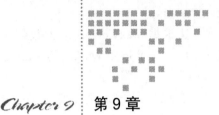

Go Web 编程

本章介绍 Go 语言的 Web 编程知识，包括 net/http 包、Web 编程模式、数据访问、gin 框架等内容。

9.1 net/http 包

Go 语言的标准包里面提供了非常全面的 Web 开发包，其中 net/http 包包含了 Web 开发所需要的基本功能。我们只需要使用 http.ListenAndServe 函数就可以便捷地创建 Web 服务器，而 http.Get 和 https.Get 这两个方法可以分别发送 http 和 https 请求。

除了 net/http 包以外，还有 net 包，第 7 章综合案例使用的 TCP/IP 协议是基于 net 包实现的，net 包可以支持 TCP/IP 和 UDP 等协议。

最后，本节还会介绍 http.RoundTripper 接口，通过该接口可以方便地执行 http 事务的功能。

9.1.1 Go Web 工作的基本原理

Go 语言是如何支持 Web 编程的呢？我们先来学习 Web 工作中的以下概念。

1. Request

Request 是 http 请求，里面包含了浏览器端的有关信息，可以通过访问地址 https://golang.org/src/net/http/request.go 来查看其源码，如下结构体详细定义了 Request：

```
type Request struct {
    Method string
    URL *url.URL
```

```
    Proto string // "HTTP/1.0"
    ProtoMajor int // 1
    ProtoMinor int // 0
    Header Header
    Body io.ReadCloser
    GetBody func() (io.ReadCloser, error)
    ContentLength int64
    TransferEncoding []string
    Close bool
    Host string
    Form url.Values
    PostForm url.Values
    MultipartForm *multipart.Form
    Trailer Header
    RemoteAddr string
    RequestURI string
    TLS *tls.ConnectionState
    Cancel <-chan struct{}
    Response *Response
    ctx context.Context
}
```

2. Response

Response 是 http 请求的响应，这些数据都是需要返回给浏览器端的数据，可以通过访问链接 https://golang.org/src/net/http/response.go 查看其结构体定义：

```
type Response struct {
    Status string // e.g. "200 OK"
    StatusCode int // e.g. 200
    Proto string // e.g. "HTTP/1.0"
    ProtoMajor int // e.g. 1
    ProtoMinor int // e.g. 0
    Header Header
    Body io.ReadCloser
    ContentLength int64
    TransferEncoding []string
    Close bool
    Uncompressed bool
    Trailer Header
    Request *Request
    TLS *tls.ConnectionState
}
```

3. Conn

Conn 是 http 的请求连接。

4. Handler

Handler 是接收请求后逻辑处理和生成返回信息的逻辑。

Go 语言中 http 包的运行示意图如图 9-1 所示。

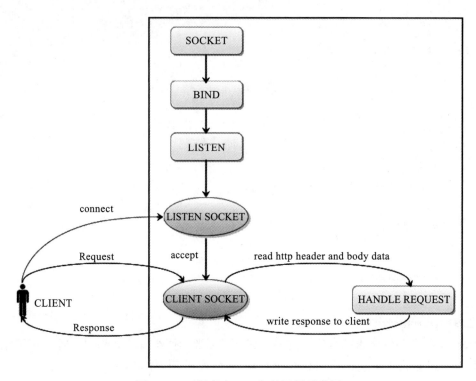

图 9-1 Go 语言中 http 包的运行示意图

站在工程师的角度，使用 Go 语言进行 Web 开发的主要步骤如下。

第一步：创建实例监听端口的请求，等待请求的到来。

第二步：接收客户端请求，得以连接 Conn，接下来使用这个 Conn 与浏览器通信。

第三步：处理请求，从请求中读取 http 的协议头数据，如果是 POST 方法，可能还需要读取客户端提交的数据，接下来交给 handler 处理，待 handler 处理完毕后，将结果通过 Conn 返回给客户端。

我们可以通过 Go 语言提供的功能方便地实现一个 Web 服务器。那么，Go 底层到底是如何实现对于 Web 服务的支持的呢？其实也是通过上面的三个步骤实现的。不同的是，http 是基于 TCP/IP 的进一步封装，所以 Go 底层的实现是对 Socket 的监听和处理。也就是说，在上面的示例代码中调用的 ListenAndServe 方法，在 Go 底层是对 Socket 的监听和处理。下面来看一下 Go 语言中 http 包的源码：

```
1.  func (srv *Server) Serve(l net.Listener) error {
2.      defer l.Close()
3.      var tempDelay time.Duration // how long to sleep on accept failure
4.      for {
5.          rw, e := l.Accept()
6.          if e != nil {
7.              if ne, ok := e.(net.Error); ok && ne.Temporary() {
```

```
8.                    if tempDelay == 0 {
9.                        tempDelay = 5 * time.Millisecond
10.                   } else {
11.                       tempDelay *= 2
12.                   }
13.                   if max := 1 * time.Second; tempDelay > max {
14.                       tempDelay = max
15.                   }
16.                   log.Printf("http: Accept error: %v; retrying in %v", e, tempDelay)
17.                   time.Sleep(tempDelay)
18.                   continue
19.               }
20.               return e
21.           }
22.           tempDelay = 0
23.           c, err := srv.newConn(rw)
24.           if err != nil {
25.               continue
26.           }
27.           go c.serve()
28.       }
29. }
```

通过这段源码可以看到 Go 语言对于整个 http 请求的处理过程。

Server 的 Serve(l net.Listener) 方法就是用于监听和处理 http 请求的。从第 4 行开始，函数中就开始了一个 for 循环，第 5 行通过参数 Listener 的 Accept 接收请求，然后在第 23 行基于接收的信息新建一个 Conn，最后第 27 行启动一个 goroutine 来单独为一个 Conn 服务，不影响其他的 Conn 是并发的体现。

> 注意　一个 Conn 就是一个 goroutine，http 包对并发处理直接使用了 Go 语言原生的并发方式。其实还有一个第三方 fasthttp Web 框架，它使用的是自己的 workpool，其性能更优。

Conn 创建以后，通过 Conn 的 readRequest 方法获取相应的 handler，以实现 Conn 与具体的 Handler 的绑定。Conn 的 Serve 方法的代码示例如下：

```
1.  func (c *conn) serve(ctx context.Context) {
2.      for{
3.          ...
4.          w, err := c.readRequest(ctx)
5.          ...
6.          req := w.req
7.          ...
8.          // HTTP cannot have multiple simultaneous active requests.[*]
9.      // Until the server replies to this request, it can't read another,
10.     // so we might as well run the handler in this goroutine.
11.     // [*] Not strictly true: HTTP pipelining. We could let them all process
12.     // in parallel even if their responses need to be serialized.
13.     // But we're not going to implement HTTP pipelining because it
14.     // was never deployed in the wild and the answer is HTTP/2.
15.         serverHandler{c.server}.ServeHTTP(w, w.req)
16.         w.cancelCtx()
```

```
17.     }
18.
19. }
```

这里没有把完整的代码贴过来，读者可以通过链接 https://golang.org/src/net/http/server.go 找到源码。要重点说明的是，该方法会先构造一个 response 对象，然后通过 serverHandler 获取 handler，最后调用 ServeHttp 方法进行请求的处理。

虽然本节通过源码解释了对 Socket 的监听、接收和处理以及与 handler 的绑定，但是这仅仅能够让读者知道个大概。http 包的功能对于 Web 编程的重要性会在下一节进行更加完整的介绍，以帮助读者全面了解 http 包对 Web 编程的支持。

9.1.2　http 详解

虽然在 9.1.1 节写了一个 Web 功能的示例代码，不过过于简单，不足以展现 Go 语言 net/http 包提供的核心功能，所以本节先给出一个示例，然后结合此例介绍标准功能的实现。示例代码如下：

```
book/ch09/9.1/httpDemo.go
1.  package main
2.
3.  import "net/http"
4.
5.  func main() {
6.      http.Handle("/", &ThisHandler{})
7.      http.Handle("/hello", http.HandlerFunc(func(w http.ResponseWriter, r *http.Request) {
8.          w.Write([]byte("Hello！！ "))
9.      }))
10.     http.HandleFunc("/hi", sayHi)
11.
12.     http.ListenAndServe(":8080", nil)
13. }
14.
15. func sayHi(w http.ResponseWriter, r *http.Request) {
16.     w.Write([]byte("Hi！！ "))
17. }
18.
19. type ThisHandler struct{}
20.
21. func (m *ThisHandler) ServeHTTP(w http.ResponseWriter, r *http.Request) {
22.     w.Write([]byte("ThisHandler's ServeHTTP"))
23. }
```

这段代码注册了以下三个路由：

```
"/" 根目录
"/hello"
"/hi"
```

这三个路由的注册方式是不一样的，不过使用的方法却体现了共性，即都使用了 net/http 包的如下两个函数：

```
func Handle(pattern string,handler Handler)
func HandleFunc(pattern string,handler
func(ResponseWriter,*Request))
```

接下来会详细介绍 Handler、ServerMux、Server、response、ServeHttp 的有关知识。

1. Handler

对 net/http 包的介绍就从此处开始，先来看 Handle 和 HandleFunc 这两个函数的作用。这两个函数都是接收两个参数：第一个参数都是 pattern（请求路径），因为其效果都是给路径绑定处理函数，所以两个函数的作用是一样的；对于第二个参数，一个是 Handler 接口类型，也就是说只要实现了该接口的函数都可以作为第二个参数传入；另一个则是以函数类型作为参数，只要传入的函数以 func(http.ResponseWriter,*http.Request) 形式声明就可以。因为 ServeHttp 的声明满足 HandleFunc 第二个参数的要求，所以上面代码中第 6 行可以改为：

```
th := ThisHandler{}
http.HandleFunc("/",th.ServeHttp)
```

虽然上面的两个函数在使用的时候有些区别，但是对于 Go 语言的底层实现来说并无二致，都是交给 DefaultServeMux 来完成处理函数和路由的绑定。

2. ServerMux

DefaultServeMux 也提供了 DefaultServeMux.handle 和 DefaultServeMux.handleFunc 这两个函数，可用它们把 http.Handle 和 http.HandleFunc 的 pattern 和 Handler 函数绑定到 ServerMux 上。DefaultServeMux 是 ServerMux 的实例对象，下面来看一下 ServerMux 的结构体定义：

```
type ServeMux struct{
    mu      sync.RWMutex// 读写锁
    m       map[string]muxEntry// 路由 map, pattern->HandleFunc
    hosts bool// 是否包含 hosts
}

type muxEntry struct{
    explicit bool// 是否精确匹配,http 包内都使用 ture
    h        Handler // 路由对应的 Handler
    pattern  string// 路由
}
```

所有的路由和 handler 的绑定最终都存储到这里。

> 🛈 **注意** 因为 http 包内仅支持精确匹配，所以使用标准的 net/http 包不能直接配置带参数的路由，只能配置参数前面的路径，然后在 handler 内部再处理。也可以借助第三方包，比如 httprouter。

3. Server

在配置好路由、处理函数以后，接下来就要启动服务，可使用如下代码：

```
http.ListenAndServe(":8080", nil)
```

第一个参数是监听的端口，以字符串的形式传递；第二个参数是 handler，传入的是 nil。该语句执行完毕后就开始监听 8080 端口，来看一下该函数的源码：

```
func ListenAndServe(addr string, handler Handler) error {
    server := &Server{Addr: addr, Handler: handler}
    return server.ListenAndServe()
}
```

可以看出，该方法首先要做的就是创建 Server 的实例，并且调用其 ListenAndServe 方法。可见 Server 非常重要，下面来看一下 Server 的结构体：

```
1.  type Server struct {
2.      Addr string // 监听的地址和端口
3.      Handler Handler // handler to invoke, http.DefaultServeMux if nil
4.      TLSConfig *tls.Config
5.      ReadTimeout time.Duration // 读超时时间
6.      ReadHeaderTimeout time.Duration // 读头文件超时时间
7.      WriteTimeout time.Duration // 写超时时间
8.      IdleTimeout time.Duration
9.      MaxHeaderBytes int
10.     TLSNextProto map[string]func(*Server, *tls.Conn, Handler)
11.     ConnState func(net.Conn, ConnState)
12.     ErrorLog *log.Logger
13.     BaseContext func(net.Listener) context.Context
14.     ConnContext func(ctx context.Context, c net.Conn) context.Context
15.
16.     disableKeepAlives int32   // accessed atomically.
17.     inShutdown        int32   // accessed atomically (non-zero means we're in Shutdown)
18.     nextProtoOnce     sync.Once // guards setupHTTP2_* init
19.     nextProtoErr      error     // result of http2.ConfigureServer if used
20.
21.     mu           sync.Mutex
22.     listeners    map[*net.Listener]struct{}
23.     activeConn   map[*conn]struct{}
24.     doneChan     chan struct{}
25.     onShutdown   []func()
26. }
```

可以看到，Server 结构体内定义的变量非常多，其中比较重要的部分已经加了注释，此处就不再一一介绍。

再来看一下 Server 的三个方法：

```
func(srv *Server) Serve(l net.Listener) error
func(srv *Server) ListenAndServe() error
func(srv *Server) ListenAndServeTLS(certFile, keyFile string) error
```

其中 Serve 方法在 9.1.1 节已经详细介绍过，此处不再赘述。

ListenAndServe 方法的作用是开启 http Server 服务。ListenAndServeTLS 方法的作用是开启 https Server 服务。

本书在 9.1.1 节已经介绍了 Conn、Handler 等概念，本节再介绍几个重要的概念。

❏ ResponseWriter：生成 Response 的接口。

❏ ServerMux：路由处理函数，这个刚刚介绍过。

在 Serve 方法执行完成后，就执行 Conn（连接）的 Serve 方法，然后再通过 Conn 的 readRequest 方法获取 Response。从逻辑上来说，c.serve 方法就是完成这个功能的，此处我们需关注以下三个接口。

（1）ResponseWriter 接口

```
type ResponseWriter interface {
    // Header 方法返回 Response 返回的 Header 供读写
    Header() Header
    // Write 方法写 Response 的 Body
    Write([]byte) (int, error)
    // WriteHeader 方法根据 HTTP 状态码来写 Response 的 Header
    WriteHeader(int)
}
```

该接口的主要作用是供 Handler 函数调用，用来生成要返回的 Response。

（2）Flusher 接口

```
type Flusher interface {
    // 刷新缓存区
    Flush()
}
```

该接口的主要作用是供 Handler 调用，将写缓存中的数据刷新到客户端。

（3）Hijacker 接口

```
type Hijacker interface {
    Hijacker() (net.Conn, *bufio.ReadWriter, error)
}
```

该接口的主要作用是供 Handler 调用，用以关闭连接。

以上是 Handler 在执行过程中最常用、最重要的三个接口，正是这三个接口使 Handler 可以在处理完逻辑后把结果写回客户端，稍后会介绍实现这三个接口的对象。

通过对 Server 的介绍，读者可以知道如何在接受请求后调用 Handler 并且生成 response。response 生成以后数据是如何写到客户端的呢？接下来我们开始了解 response。

4. response

下面的方法用于把数据写给客户端：

```
serverHandler{c.Server}.ServeHTTP(w,w.req)
```

该语句最终触发了路由绑定，w 是 response 的实例对象（此处的 w 是 ResponseWriter 接口），response 实现了 ResponseWriter、Flusher、Hijacker 接口。

来看一下 response 结构体的定义：

```
1.  type response struct {
2.          conn             *conn      // 保存此次 HTTP 连接的信息
3.          req              *Request   // 对应请求信息
4.          chunking         bool       // 是否使用 chunk
5.          wroteHeaderbool             // header 是否已经执行过写操作
6.          wroteContinuebool           // 100 Continue response was written
7.          header           Header     // 返回的 HTTP 的 Header
8.          written          int64      // Body 的字节数
9.          contentLength    int64      // Content 长度
10.         status           int        // HTTP 状态
11.         needSniffbool    // 是否开启 sniff。若不设置 Content-Type, 开启 sniff 能自动
                             确定 Content-Type
12.         closeAfterReplybool         // 是否保持长链接。若 request 有 keep-alive, 该字
                             段就设置为 false。
13.         requestBodyLimitHitbool // 是否 requestBody 太大。当 requestBody 太大时,
                             response 返回 411
14. }
```

服务器端需要返回给客户端的所有信息都包含在 response 中。

再来看一下 response 的主要方法:

```
func(w *response) Header() Header
func(w *response) WriteHeader(code int)
func(w *response) Write(data []byte) (n int, err error)
func(w *response) WriteString(data string) (n int, err error)
// either dataB or dataS is non-zero.
func(w *response) write(lenDataint, dataB []byte, dataS string) (n int, err error)
func(w *response) finishRequest()
func(w *response) Flush()
func(w *response) Hijack() (rwcnet.Conn, buf *bufio.ReadWriter, err error)
```

可以看到, response 确实实现了 ResponseWriter、Flusher、Hijacker 三个接口, 有了这三个接口, response 就可以把处理结果写回客户端。

5. ServeHTTP(w,w.req)

前面介绍了如何通过 response 把数据写回客户端, 不过 Handler 如何生成 response 目前还没有介绍, 其实非常简单, 来看 Handler 接口:

```
type Handler interface {
    ServeHTTP(ResponseWriter, *Request)  // 具体的逻辑函数
}
```

在实现 Handler 接口的时候, 就意味着已经有处理请求逻辑的函数了。serverHandle 通过 ServeHTTP 来选择触发 HandleFunc, 此处有一个判断, 如果有自定义的 Handler 函数就调用自己的, 如果是 nil 则使用默认的 DefaultServeMux。下面来梳理这个流程。

DefaultServeMux.ServeHttp 的执行流程如下:

```
i.  h,_ := mux.Handler(r)
ii. h.ServeHTTP(w,r)
```

上面已经对 http 包的 Web 开发相关的主要对象、接口和方法进行了介绍, 为了加强读

者对这些内容的理解，此处再从执行流程上梳理一下，整体流程如下。

第一步：调用 http.HandleFunc 注册路由和对应处理函数。

第二步：先后调用 DefaultServeMux 的 HandleFunc 和 Handle，并且向 handler（也就是 map[string]muxEntry）中注册路由和对象的函数。

第三步：实例化 Server，并调用 ListenAndServe。

第四步：调用 net.Listen("tcp"，addr)，等待请求，每一个请求创建一个 Conn，并且启动一个 goroutine 处理请求。

第五步：通过 readRequest 方法读取请求内容，或者说 response 的取值过程。

第六步：进入 serveHandler.ServeHTTP，ServeHTTP 方法内会判断有没有自定义的 handler，如果没有则使用默认的 DefaultServeMux。

第七步：调用 handler（或 DefaultServeMux）的 ServeHTTP 方法。

第八步：通过 request 选择匹配的 handler，遍历 muxEntry，寻找满足这个 Request 的路由。如果找到满足条件的路由，调用对象 handler 的 ServeHTTP；如果没有找到满足条件的路由，调用 NotFoundHandler 的 ServeHTTP。

以上就是 http 包的大致工作流程。为便于读者清晰理解，这里把核心源码按照功能整理如下。

（1）路由注册对应的源码

http.HandlerFunc：
```
type HandlerFunc func(ResponseWriter, *Request)
func (f HandlerFunc) ServeHTTP(w ResponseWriter, r *Request)
func HandleFunc(pattern string, handler func(ResponseWriter, *Request))
func (mux *ServeMux) HandleFunc(pattern string, handler func(ResponseWriter,
*Request))
```
http.Handle：
```
func (mux *ServeMux) Handle(pattern string, handler Handler)
```

（2）接口监听相关源码

源文件：src/net/http/server.go

```
func ListenAndServe(addr string, handler Handler) error
func (srv *Server) ListenAndServe() error
```

（3）接收客户端请求

Server 的 Serve 方法：
```
func (srv *Server) Serve(l net.Listener) error
```

Server 的 newConn 方法：
```
func (srv *Server) newConn(rwc net.Conn) *conn
```

（4）分配 Handler

```
c.serve()
func (c *conn) serve()
```

```
c.readRequest()
func (c *conn) readRequest() (w *response, err error)
ServeHTTP(w, w.req)
func (sh serverHandler) ServeHTTP(rw ResponseWriter, req *Request)
DefaultServeMux
type ServeMux struct
type muxEntry struct
```

Handler 接口的定义：

```
type Handler interface
ServeMux.ServeHTTP
func (mux *ServeMux) ServeHTTP(w ResponseWriter, r *Request)
mux.Handler(r)
func (mux *ServeMux) Handler(r *Request) (h Handler, pattern string)
func (mux *ServeMux) handler(host, path string) (h Handler, pattern string)
```

读者可以结合上面对源码的分类和标注来阅读源码，清楚 http 包的工作原理对于 Web 开发人员的重要意义，不仅可以更好地使用标准功能，也有利于开发自己的 Web 框架。

9.2 Web 框架

在 9.1 节介绍了 net/http 的功能，从中可以看出 Go 语言提供的标准功能是比较全面的，仅使用标准功能就可以开发 Web 应用。而且在 Go 语言社区内有相当多的人提倡纯标准功能开发 Web 而不使用任何框架。不过真的可以只使用 Go 语言标准功能开发 Web 应用或者 API 吗？

9.2.1 选择框架

net/http 只提供路由的精确匹配，这是 net/http 提供功能的缺点之一。net/http 提供功能的缺陷导致很多参数的处理需要在 handler 处理函数中进行，最终会使程序难以维护。net/http 包比较适合开发小型的 API 接口，而大型接口的开发最好使用第三方包或框架。

那么，第三方的 Go Web 框架都有哪些呢？又该如何选择呢？

一般来说，框架可以分为轻量级框架和 MVC 框架。轻量级框架的主要作用就是处理路由。我们可以依据个人习惯来选择框架。如果希望操作简单，可以选择轻量级框架。比如 httprouter，功能比 net/http 更全面，而在使用上基本和原生的使用方法一致。如果读者习惯了其他语言的 MVC 框架，也可以选择 Beego 等框架。

不管是轻量级框架还是 MVC 框架，都需要对 router 进行处理，本节就会重点介绍路由的处理。而因为篇幅所限，本节不会专门介绍 MVC 框架，不过后文会介绍数据访问、中间件等知识，这些也是 MVC 框架会用到的知识。

9.2.2　httprouter 框架

很多流行的 Web 框架都是基于 httprouter 的，比如 gin 框架。httprouter 框架的 GitHub 地址为 https://github.com/julienschmidt/httprouter。

前文已经详细介绍过 net/http 包，本节将会介绍 httprouter。在此之前先来熟悉一下 RESTful。REST 是指无状态、可缓存分层系统，通过 URL 定位资源并且使用不同的 HTTP 方式（POST、DELETE、GET、PUT）对应增、删、查、改的一种设计原则。满足这种原则的设计称为 RESTful 风格。

http 支持的方式和对应的请求操作方式见表 9-1。

表 9-1　http 支持的方式和对应的请求操作方式

VERB	描述
HEAD	只获取某个资源的头部信息。比如只想了解某个文件的大小、某资源的修改日期等
GET	获取资源
POST	创建资源
PATCH	更新资源的部分属性。因为 PATCH 比较新，而且规范比较复杂，所以真正实现的比较少，一般都是用 POST 替代
PUT	替换资源，客户端需要提供新建资源的所有属性。如果新内容为空，要设置 Content-Length 为 0，以区别错误信息
DELETE	删除资源

再来看几个常见的请求路径：

```
GET /repos/:owner/:repo/issues
GET /repos/:owner/:repo/issues/:number
POST /repos/:owner/:repo/issues
PATCH /repos/:owner/:repo/issues/:number
DELETE /repos/:owner/:repo
```

使用 http 包标准功能设计上面的任务会非常麻烦，因为 net/http 存在一定的缺点，这里把 net/http 的缺点整理如下：

❑ 不能按照请求的方法（POST、GET 等）注册对应的 Handler 函数。

❑ 注册路由时，不能直接支持路径中的变量参数。

❑ 不能自动对路径进行校准。

❑ 扩展性一般。

因为 net/http 具有这些不足，同时也由于 RESTful 风格 API 的流行，因此直接使用 net/http 无法满足 API 开发的需求。基于此，我们需要一个弥补这些不足的框架，于是 httprouter 应运而生。

httprouter 可以很好地支持 RESTful 风格的 API 开发，来看一个示例：

```
book/ch09/9.2/httprouter.go
1.  package main
```

```
2.
3.  import (
4.      "fmt"
5.      "github.com/julienschmidt/httprouter"
6.      "log"
7.      "net/http"
8.  )
9.
10. func Home(w http.ResponseWriter, r *http.Request, _ httprouter.Params) {
11.     fmt.Fprint(w, "Welcome back to home!\n")
12. }
13.
14. func Hello(w http.ResponseWriter, r *http.Request, ps httprouter.Params) {
15.     fmt.Fprintf(w, "Hello, %s!\n", ps.ByName("name"))
16. }
17.
18. func main() {
19.     router := httprouter.New()
20.     router.GET("/", Home)
21.     router.GET("/hello/:name", Hello)
22.
23.     log.Fatal(http.ListenAndServe(":8081", router))
24. }
```

上述代码注册了两个路由，本地运行后可以通过如下路径访问：

```
http://127.0.0.1:8081/
http://127.0.0.1:8081/hello/Scott
```

第一个路径页面显示：Welcome back to home！

第二个路径页面显示：Hello,Scott！

可以看到，httprouter 不仅支持按照不同的请求方式绑定函数，还可以非常方便地配置参数。

这种路径设置也称为多路路由复用（multiplexer 或 MUX），原生功能里面的 ServerMux 也起到多路路由的作用。不过在使用 httprouter 时还要注意以下要点。

❏ :name 的匹配方式是 "/" 后的精确匹配。比如有如下几种路径，可以看到具体的匹配情况：

/hello/Scott 匹配

/hello/Billy 匹配

/hello/Beijing/Scott 不匹配

/hello/ 不匹配

❏ :name 是单一匹配，/hello/who 和 /hello/:name 会冲突。

❏ 可以在路径中使用 "*" 作为通配符，不管多长、多少层次都可匹配，假如配置路径改为 /hello/*name，那么针对下面的几种路径进行访问时，其匹配情况如下：

/hello/Scott 匹配

/hello/Beijing/Scott 匹配

/hello/ 匹配

注
意　通配符一般在项目中使用不多，在使用 httprouter 开发静态文件服务器时会用到。

再看上面示例代码中第 10 行至第 16 行定义的两个 handler 函数 Home 和 Hello，定义的形式和 http.Handler 不一样，多了一个参数 httprouter.Params。这是 httprouter 自定义的 handler 函数，只适用于通配符参数的支持。如果没有配置参数，调用的是标准的 http.Handler 和 http.HandlerFunc。也就是说，httprouter 是兼容 http.Handler 的。

对于 httprouter 的源码，此处就不再介绍了，有了 9.1 节的介绍，读者可以自行了解该源码。

9.3　Web 底层服务

前面介绍了 http 协议和具体的实现，包括 net/http 和 httprouter。不过在很多底层开发者眼里却只有 Scoket，且 http 也是基于 Socket 的。本节将介绍 Socket 编程。

9.3.1　Scoket 简介

Socket 也被称为"套接字"，是计算机之间通信的一种约定。通过 Socket 这种约定可以接收其他计算机的数据，也可以向其他计算机发送数据。Socket 原意是"插座"，设计的本意为"像通电一样在计算机之间通信"。

Socket 最典型的应用就是刚刚介绍的 Web 服务的通信，浏览器会根据 URL 向服务器发起 http 请求；服务器分析接收到的 URL，然后将对应的资源以 response 方式返回，最后浏览器经过解析和渲染，将文字、图片、视频等元素呈现给用户。

Socket 开始主要是在 Unix 或 Linux 之间工作，所以借鉴了 Unix"一切皆文件"的理念。即把网络连接也看作一个文件，进行 read、write 和 close 操作。

Socket 可以分为两种类型：

❑ 面向连接的流式 Scoket，如 TCP Socket。

❑ 面向数据包的无连接 Socket，如 UDP Socket。

每个连接的发起都需要 IP 地址和端口，支持 IPv4 和 IPv6。IP 协议的第一个版本称为 IPv4，现在最新的协议称为 IPv6。因为原来 IPv4 的地址即将耗尽，所以推出了 IPv6，原来 IPv4 使用 32 位表示一个地址，而 IPv6 使用 128 位定义一个地址，两种类型的 IP 地址示例如下。

❑ IPv4：127.0.0.1

❑ IPv6：3fce:1706:4523:3:150:f8ff:fe21:56cf（冒号隔开的八段）

接下来介绍 TCP Socket 和 UDP Socket。

9.3.2 TCP Socket

在第 7 章的综合案例中已经使用过 TCP Socket。TCP Socket 的连接在 Go 语言的 net 包中被定义为 TCPConn 类型，该类型就是客户端和服务器端通信的连接。TCPConn 有如下两个主要的方法：

```
func (c *TCPConn) Write(b []byte) (int, error)
func (c *TCPConn) Read(b []byte) (int, error)
```

要建立一个连接，还需要地址、端口等信息。在 Go 语言的 net 包中使用 TCPAddr 来保存相关信息，其结构体定义如下：

```
type TCPAddr struct {
    IP IP
    Port int
    Zone string // IPv6 scoped addressing zone
}
```

而要获取一个 TCPAddr 方法，在 net 包内可使用 ResolveTCPAddr 方法：

```
func ResolveTCPAddr(net, addr string) (*TCPAddr, os.Error)
```

其中的 net 参数要从以下三个当中选一个：

❑ "tcp4"，代表后面的地址是 IPv4。

❑ "tcp6"，代表后面的地址是 IPv6。

❑ "tcp"，代表后面的地址可以是 IPv4 或者是 IPv6。

addr 参数是地址或域名，带有参数。

在 TCP Socket 的客户端，使用 net.DialTCP 函数来创建连接：

```
func DialTCP(net string, laddr, raddr *TCPAddr) (*TCPConn, error)
```

net 参数的用法和 ResolveTCPAddr 方法的 net 参数一样。laddr 为客户端本地地址，通常为 nil。raddr 为目的地址，是 TCPAddr 类型的指针。返回的是 TCPConn 的指针，后续就可以使用其 Read 和 Write 方法传递数据了。

在了解了 TCP Socket 编程客户端的一些方法后，来看一个示例：

book\ch09\9.3\tcpClient\tcpClient.go
```
1.   package main
2.
3.   import (
4.       "fmt"
5.       "io/ioutil"
6.       "net"
7.       "os"
8.   )
9.
10.  func main() {
11.      addr := "www.baidu.com:80"
12.      tcpAddr,err := net.ResolveTCPAddr("tcp",addr)
13.      if err != nil {
```

```
14.          fmt.Println("Error:",err.Error())
15.          return
16.      }
17.
18.      myConn,err := net.DialTCP("tcp",nil,tcpAddr)
19.      if err != nil {
20.          fmt.Println("Error:",err.Error())
21.          return
22.      }
23.
24.      _,err = myConn.Write([]byte("HEAD / HTTP/1.1\r\n\r\n"))
25.
26.      result,err := ioutil.ReadAll(myConn)
27.      if err != nil {
28.          fmt.Println("Error:",err.Error())
29.          return
30.      }
31.      fmt.Println(string(result))
32.      os.Exit(0)
33. }
```

前面介绍的几个方法，在当前的简单示例中都用到了。这里向一个公开的域名发起建立 TCP Socket 连接，然后发送数据，最后打印返回结果。执行上面的程序会打印如下信息：

```
HTTP/1.1 302 Found
Connection: keep-alive
Content-Length: 17931
Content-Type: text/html
Date: Wed, 11 Sep 2019 14:39:53 GMT
Etag: "54d97487-460b"
Server: bfe/1.0.8.18
```

虽然返回了 302 代码，可是确实建立了连接，然后服务器给出了这个信息。

> **注意** 本示例代码中的错误处理出现了三次，完全可以考虑把错误检查单独抽取出来做一个函数，在接下来的示例代码中会使用这种方式。

TCP 服务器端的建立也像客户端一样简单，只需要使用 net.ListenTCP 监听端口，并使用 net.Accept 接收来自客户端的请求即可，来看一下这两个函数：

```
func ListenTCP(net string, laddr *TCPAddr) (*TCPListener, error)
func (l *TCPListener) Accept() (Conn, error)
```

函数中参数的使用方法和刚刚介绍的客户端函数 DialTCP 参数的用法一样。

这里也给出一个 TCP 服务器的简单示例：

book\ch09\9.3\tcpServer\tcpServer.go
```
1.  package main
2.
3.  import (
4.      "fmt"
5.      "net"
```

```
6.        "os"
7.        "time"
8.    )
9.
10. func checkError(err error) {
11.     if err != nil {
12.         fmt.Println("Fatal error :", err.Error())
13.         os.Exit(1)
14.     }
15. }
16.
17. func nowtime() string {
18.     return time.Now().String()
19. }
20.
21. func main() {
22.     addr := ":7777"
23.     tcpAddr, err := net.ResolveTCPAddr("tcp", addr)
24.     checkError(err)
25.
26.     mylistener, err := net.ListenTCP("tcp", tcpAddr)
27.     checkError(err)
28.     i := 0
29.     for {
30.         myconn, err := mylistener.Accept()
31.         fmt.Printf("myconn ")
32.         if err != nil {
33.             continue
34.         }
35.         i++
36.
37.         nowTime := nowtime()
38.         fmt.Printf("request no %d return time:%s \n",i,nowTime)
39.         myconn.Write([]byte(nowTime))
40.         myconn.Close()
41.
42.     }
43. }
```

本示例运行时一直监听 7777 端口，每当有请求访问时，就返回服务器当前时间。

启动服务，然后打开一个终端，通过 telnet 命令向服务器发送请求：

```
1.  $ telnet localhost 7777
2.  Trying ::1...
3.  Connected to localhost.
4.  Escape character is '^]'.
5.  2019-09-12 09:03:03.497752 +0800 CST m=+1751.204874274Connection closed
        by foreign host.
```

之后就可以在服务器端看到打印的信息了：

```
myconn request no 1 return time:2019-09-12 09:03:03.497752 +0800 CST
m=+1751.204874274
```

很多协议的底层都是基于 TCP Socket 实现的，比如 HTTP、SMTP、FTP 等。这就是

TCP Socket 的用法。接下来来了解 UDP Socket。

9.3.3　UDP Socket

　　TCP 是面向连接的，每次都是客户端先建立一个连接，然后再写入数据；服务器则通过 net.Accept 函数接收连接，收到数据后使用这个连接写回数据。

　　而 UDP 则没有连接，UDP 客户端是按照一定的报文格式直接向 UDP 服务器发送数据包的。服务器收到数据后解析得到请求数据，处理完成后再以数据包的方式发给客户端。这一来一回不是使用一个连接，而是单独的多次数据发送。

　　因为 UDP 没有连接，所以 UDP 没有 Accept 函数，而其他的函数则与 TCP 基本一致，基本上只是把函数名称中的“TCP”字样改为了“UDP”，用到的函数如下：

```
func ResolveUDPAddr(net, addr string) (*UDPAddr, os.Error)
func DialUDP(net string, laddr, raddr *UDPAddr) (c *UDPConn, err os.Error)
func ListenUDP(net string, laddr *UDPAddr) (c *UDPConn, err os.Error)
func (c *UDPConn) ReadFromUDP(b []byte) (n int, addr *UDPAddr, err os.Error)
func (c *UDPConn) WriteToUDP(b []byte, addr *UDPAddr) (n int, err os.Error)
```

　　虽然 UDP Socket 中还是有 UDPConn 的概念，但是此连接已经不是 TCP 那种连接，而是一种为一次发送数据包创建的短连接。服务器端返回数据用的不是获取数据时的连接，而是解析得到客户端地址后重新发起的短连接，以此来发送数据报。

　　接下来看一个示例，UDP 客户端的代码如下：

```
book\ch09\9.3\udpClient\udpClient.go
1.  package main
2.  import (
3.      "bufio"
4.      "fmt"
5.      "net"
6.  )
7.
8.  func main() {
9.      p :=  make([]byte, 512)
10.     conn, err := net.Dial("udp", "127.0.0.1:7778")
11.     defer conn.Close()
12.     if err != nil {
13.         fmt.Printf("Some error %v", err)
14.         return
15.     }
16.     fmt.Fprintf(conn, "Hi UDP Server, How are you? \n")
17.     n, err := bufio.NewReader(conn).Read(p)
18.     if err == nil {
19.         fmt.Printf("Response:%s\n", p[0:n])
20.     } else {
21.         fmt.Printf("Error: %v\n", err)
22.     }
23. }
```

　　该客户端会向本机的 7778 端口建立 UDP 连接，并且发送一句问候语，然后打印服务器端返回的信息。

接着来看看服务器端的实现：

```
book\ch09\9.3\udpServer\udpServer.go
1.  package main
2.  import (
3.      "fmt"
4.      "net"
5.  )
6.
7.  func sendResponse(conn *net.UDPConn, addr *net.UDPAddr) {
8.      _,err := conn.WriteToUDP([]byte("From server: Hello, I got your mesage "), addr)
9.      if err != nil {
10.         fmt.Printf("Couldn't send response %v", err)
11.     }
12. }
13.
14.
15. func main() {
16.     p := make([]byte, 512)
17.     addr := net.UDPAddr{
18.         Port: 7778,
19.         IP: net.ParseIP("127.0.0.1"),
20.     }
21.     ser, err := net.ListenUDP("udp", &addr)
22.     if err != nil {
23.         fmt.Printf("Some error %v\n", err)
24.         return
25.     }
26.     for {
27.         n,remoteaddr,err := ser.ReadFromUDP(p)
28.         fmt.Printf("Read a message from %v : %s \n", remoteaddr, p[0:n])
29.         if err != nil {
30.             fmt.Printf("Error:  %v", err)
31.             continue
32.         }
33.         go sendResponse(ser, remoteaddr)
34.     }
35. }
```

第 27 行获取的数据是读取到的切片 p，同时获得客户端地址，而不是像 TCP 一样获取连接。服务器端数据的写回是通过第 33 行运行的一个 goroutine 来进行的，在 sendResponse 方法内会根据参数 remoteaddr 发送数据包给客户端。

先运行 udpServer.go，然后再运行 udpClient.go，会看到服务器端的打印信息如下：

```
Read a message from 127.0.0.1:61140 : Hi UDP Server, How are you?
```

而客户端的打印信息如下：

```
Response:From server: Hello, I got your message
```

UDP 其实也有着广泛的应用，因为 UDP 是面向报文的，而且满足多对一、一对多的传播特点，所以很多协议或专用协议都是基于 UDP 的，比如 IP 电话、流式多媒体通信、

DNS 等。

9.3.4　WebSocket

以前很多网站为了实现"推送"功能，都会用到轮询这种技术。轮询就是每隔一段时间（比如 1 秒）客户端（浏览器）就向服务器端发送请求，来获得最新的数据。这种方式的缺点非常明显，浏览器每次发出的 Request 都含有比较大的 header 数据，浪费带宽资源。虽然后来又推出了新的轮询技术 Comet，来实现双向通信，但仍然需要反复发送请求，并且保持 http 长连接仍会消耗服务器资源。

在这种背景下，HTML5 定义了 WebSocket 协议，能够更好地节省服务器资源和带宽，而且可以实时地进行通信。

WebSocket 与 http 和 https 使用相同的 TCP 端口，可以绕过大多数防火墙限制。默认情况下，WebSocket 使用 80 端口，运行在 TLS 之上时使用 443 端口。

Go 语言提供了 net/websocket 包来支持 WebSocket 编程，不过该包对 WebSocket 协议的支持并不完善。Go 语言官方文档中也明确说明，推荐使用 github.com/gorilla/websocket 这个包，本节就以此包为例完成一个示例——一个聊天面板，通过它可以把通过 WebSocket 发来的用户发言展示出来。先来看一下服务器端代码：

```
book\ch09\9.3\websocket\ws.go
1.  package main
2.
3.  import (
4.      "encoding/json"
5.      "fmt"
6.      "io/ioutil"
7.      "log"
8.      "net/http"
9.
10.     "github.com/gorilla/websocket"
11. )
12.
13. // 1
14. type Message struct {
15.     Name string `json:"name"`
16.     Mess  string `json:"mess"`
17. }
18.
19. var clients = make(map[*websocket.Conn]bool)
20. var broadcast = make(chan *Message)
21. var upgrader = websocket.Upgrader{
22.     CheckOrigin: func(r *http.Request) bool {
23.         return true
24.     },
25. }
26.
27. func main() {
28.     // 2
```

```
29.     http.HandleFunc("/", rootHandler)
30.     http.HandleFunc("/chat", messHandler)
31.     http.HandleFunc("/ws", wsHandler)
32.     go echo()
33.
34.     panic(http.ListenAndServe(":7778", nil))
35. }
36.
37. func rootHandler(w http.ResponseWriter, r *http.Request) {
38.     content, err := ioutil.ReadFile("index.html")
39.     if err != nil {
40.         fmt.Println("Could not open file.", err)
41.     }
42.     fmt.Fprintf(w, "%s", content)
43. }
44.
45. func writer(mess *Message) {
46.     broadcast <- mess
47. }
48.
49. func messHandler(w http.ResponseWriter, r *http.Request) {
50.     var mess Message
51.     if err := json.NewDecoder(r.Body).Decode(&mess); err != nil {
52.         log.Printf("ERROR: %s", err)
53.         http.Error(w, "Bad request", http.StatusTeapot)
54.         return
55.     }
56.     defer r.Body.Close()
57.     go writer(&mess)
58. }
59.
60. func wsHandler(w http.ResponseWriter, r *http.Request) {
61.     ws, err := upgrader.Upgrade(w, r, nil)
62.     if err != nil {
63.         log.Fatal(err)
64.     }
65.
66.     // register client
67.     clients[ws] = true
68. }
69.
70. // 3
71. func echo() {
72.     for {
73.         mess := <-broadcast
74.         hisMess := fmt.Sprintf("%s : %s \n", mess.Name, mess.Mess)
75.         fmt.Println(hisMess)
76.         // send to every client that is currently connected
77.         for client := range clients {
78.             err := client.WriteMessage(websocket.TextMessage, []byte(hisMess))
79.             if err != nil {
80.                 log.Printf("Websocket error: %s", err)
81.                 client.Close()
82.                 delete(clients, client)
83.             }
```

```
84.          }
85.      }
86. }
```

服务器的功能主要是在客户端中保存所有的 WebSocket 连接，然后把所有收到的信息广播给所有的客户端。根目录处理函数 rootHandler 的主要作用是加载 index.html。下面是 index.html 的源码：

```
book\ch09\9.3\websocket\index.html
 1. <body>
 2. <h1>chat/history:</h1>
 3. <!-- 1 -->
 4. <div id="mess"></div>
 5.
 6. <script type="text/javascript">
 7.     var mess = document.getElementById("mess");
 8.
 9.     // 2
10.     var exampleSocket = new WebSocket("ws://"+location.host+"/ws")
11.
12.     // 3
13.     var update = function(){
14.         exampleSocket.onmessage = function (event) {
15.             var chat = event.data;
16.             var br=document.createElement("br");
17.             messmess.textContent = mess.textContent+chat.toString();
18.             mess.appendChild(br)
19.         }
20.     };
21.     window.setTimeout(update);
22. </script>
23. </body>
```

运行 ws.go 代码以后，就可以访问地址"http://127.0.0.1:7778/"了。

但是，一开始，浏览器内只有一个标题，没有任何内容，这是因为还没有任何客户端向服务端发送请求，服务端就没有做单独的发信息的页面，所以使用 curl 命令发送一个请求：

```
curl -H "Accept: application/json" -XPOST -d '{"name": "Scott", "mess":
"hello"}' localhost:7778/chat
```

在本地的命令窗口内输入上述命令后，页面如图 9-2 所示。

图 9-2　运行示例图

有兴趣的读者可以使用 WebSocket 改造第 7 章的案例。本章对于 WebSocket 的介绍就到这里。

> **注意** 在很多应用中，需要同时支持 TCP 和 WebSocket，读者可以结合前面介绍的接口，设计一个同时支持两种连接的聊天室。

9.4 中间件

到目前为止，本书已经介绍了如何使用 Go 语言搭建 Web Server 及其底层相关技术，读者也应该知道了 Go 语言的多重路由可以把不同的请求分配给不同的函数处理。但是，如果想在所有的 Request 前后加上一些处理该如何做呢？例如，日志记录所有请求、请求的权限确认等。其实，我们可以使用中间件（middleware）来处理这些非业务相关的功能性需求。

此处说的中间件就是封装了另一个 http.Handler 的 http.Handler，在 Request 之前或之后执行。之所以被称为中间件，是因为它在 Web Server 和真正的 handler 之间，如图 9-3 所示。

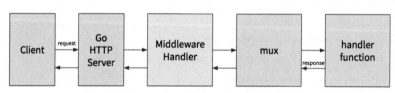

图 9-3 中间件工作示意图

9.4.1 基本用法

下面使用一个简单的日志记录的示例来说明中间件的用法，先完成不带 log 功能的示例：

```
book\ch09\9.4\nomiddle.go
1.  package main
2.
3.  import (
4.      "fmt"
5.      "log"
6.      "net/http"
7.      "time"
8.  )
9.
10. func HelloHandler(w http.ResponseWriter, r *http.Request) {
11.     w.Write([]byte("Hello,World!"))
12. }
13.
14. func CurrentTimeHandler(w http.ResponseWriter, r *http.Request) {
```

```
15.        curTime := time.Now().Format(time.Kitchen)
16.        w.Write([]byte(fmt.Sprintf("Current time is %v",curTime)))
17. }
18.
19. func main() {
20.        mux := http.NewServeMux()
21.        mux.HandleFunc("/v1/hello",HelloHandler)
22.        mux.HandleFunc("/v1/time",CurrentTimeHandler)
23.        addr := "localhost:7774"
24.        log.Printf("listen at:%s",addr)
25.        log.Fatal(http.ListenAndServe(addr,mux))
26. }
```

这里注册了两个路由，启动以后可以通过浏览器访问测试。http://localhost:7774/v1/hello 会触发 HelloHandler 函数的返回；http://localhost:7774/v1/time 会触发 CurrentTimeHandler。

假如现在要通过日志记录所有访问服务器的请求，比如请求方法、资源路径、耗费时间等。如果在每个 handler 内都加上这些功能代码，那么当实际项目中有几十、几百个路由时会让代码无法维护，开发效率低下。这种和业务不是很相关的功能一般都放在中间件中处理。以下示例是使用中间件的方式写的。

```
book\ch09\9.4\basic\basicmiddle.go
1.  package main
2.
3.  import (
4.      "fmt"
5.      "log"
6.      "net/http"
7.      "time"
8.  )
9.  type Logger struct { //Logger is a middleware handler
10.     handler http.Handler
11. }
12.
13. func (l *Logger) ServeHTTP(w http.ResponseWriter, r *http.Request) {
14.     start := time.Now()
15.     l.handler.ServeHTTP(w,r)
16.     log.Printf("%s %s %v",r.Method,r.URL.Path,time.Since(start))
17. }
18.
19. func NewLogger(handlerToWrap http.Handler) *Logger {
20.     return &Logger{handlerToWrap}
21. }
22.
23. func HelloHandler(w http.ResponseWriter, r *http.Request) {
24.     w.Write([]byte("Hello,World!"))
25. }
26. func CurrentTimeHandler(w http.ResponseWriter, r *http.Request) {
27.     curTime := time.Now().Format(time.Kitchen)
28.     w.Write([]byte(fmt.Sprintf("Current time is %v",curTime)))
29. }
30. func main() {
31.     mux := http.NewServeMux()
```

```
32.     mux.HandleFunc("/v1/hello",HelloHandler)
33.     mux.HandleFunc("/v1/time",CurrentTimeHandler)
34.     wrappedMux := NewLogger(mux) // 包装了中间件的 mux
35.     addr := "localhost:7774"
36.     log.Printf("listen at:%s",addr)
37.     log.Fatal(http.ListenAndServe(addr,wrappedMux))
38. }
```

第 9 行至第 11 行，定义 Logger 结构体，里面包含 http.Handler 类型的 handler 变量，该结构体就是中间件。

第 13 行至第 17 行，定义 Logger 的 ServeHTTP 方法。该方法实现了 http.Handler 接口。实际上，该方法是对标准的 handler 的封装。第 15 行还调用了标准的 ServeHTTP 方法，之所以要加上这一层封装，就是为了加上第 14 行和第 16 行代码，也就是日志功能。

第 19 行至第 21 行，创建一个 Logger 并返回引用，参数是被封装的 handler。在第 34 行封装了标准的 handler，因为 Logger 也实现了 http.Handler 接口，所以可以把 Logger 直接作为参数传入 http.ListenAndServe 方法。

启动服务，然后访问上面注册的两个路径，会看到日志的打印结果如下：

```
2019/09/17 14:48:14 GET /v1/hello 23.091µs
2019/09/17 14:48:22 GET /v1/time 25.532µs
```

9.4.2　进阶用法

上面的中间件写法简单易读，在处理简单需求时可以这样使用。可是如果在较为复杂的项目中，存在每个路由需要配置中间件的情况，那么使用上面的方式就会增加维护程序的难度。另外，上面的示例为中间件定义了结构体。如果有多个中间件，是不是需要定义多个结构体呢？

基于这些比较复杂的需求，本节专门介绍中间件的进阶用法。首先将较为复杂的三个需求梳理如下：

1）如果每个路由要配置多个中间件，该如何处理；

2）如果有多个路由分别要配置多个中间件，该如何处理；

3）尝试不定义结构体开发中间件。

接下来的示例代码用来解决上面的三个需求。

```
book\ch09\9.4\adv\adv.go
1.  package main
2.
3.  import (
4.      "context"
5.      "fmt"
6.      "log"
7.      "net/http"
8.      "time"
9.  )
```

```
10.
11. type Middleware func(http.HandlerFunc) http.HandlerFunc
12.
13. //Get user's auth code
14. func GetAuthCode() Middleware {
15.     // Create a new Middleware
16.     return func(f http.HandlerFunc) http.HandlerFunc {
17.         //Define the http.HandlerFunc
18.         return func(w http.ResponseWriter, r *http.Request) {
19.             code := 0
20.             //auth code is available only when access root
21.             if r.URL.Path != "/"{
22.                 code = -1
23.             }
24.             //create a new request context containing the auth code, context
                    available >= go 1.7
25.             ctxWithUser := context.WithValue(r.Context(), code, "User")
26.             //create a new request using that new context
27.             rWithUser := r.WithContext(ctxWithUser)
28.             //call the real handler, passing the new request
29.             f(w,rWithUser)
30.         }
31.     }
32. }
33.
34. // Ensure user's auth
35. func EnsureAuth() Middleware {
36.     // Create a new Middleware
37.     return func(f http.HandlerFunc) http.HandlerFunc {
38.         //Define the http.HandlerFunc
39.         return func(w http.ResponseWriter, r *http.Request) {
40.             user := r.Context().Value(0)
41.             if user != nil {
42.                 log.Println("auth available!")
43.             }else {
44.                 http.Error(w,"Please sign in!",http.StatusUnauthorized)
45.                 return
46.             }
47.             // Call the next middleware/handler in chain
48.             f(w,r)
49.         }
50.     }
51. }
52. // Logging logs all requests with its path and the time it took to process
53. func Logging() Middleware {
54.     return func(f http.HandlerFunc) http.HandlerFunc {
55.         return func(w http.ResponseWriter, r *http.Request) {
56.             // Do middleware things
57.             start := time.Now()
58.             defer func() { log.Println(r.URL.Path, time.Since(start)) }()
59.             // Call the next middleware/handler in chain
60.             f(w, r)
61.         }
62.     }
63. }
```

```
64.
65. // Method ensures that url can only be requested with a specific method,
        else returns a 400 Bad Request
66. func Method(m string) Middleware {
67.     // Create a new Middleware
68.     return func(f http.HandlerFunc) http.HandlerFunc {
69.         // Define the http.HandlerFunc
70.         return func(w http.ResponseWriter, r *http.Request) {
71.
72.             // Do middleware things
73.             if r.Method != m {
74.                 http.Error(w, http.StatusText(http.StatusBadRequest), http.
                        StatusBadRequest)
75.                 return
76.             }else {
77.                 log.Println("request is :",m)
78.             }
79.             // Call the next middleware/handler in chain
80.             f(w, r)
81.         }
82.     }
83. }
84.
85. // Chain applies middlewares to a http.HandlerFunc
86. func Chain(f http.HandlerFunc, middlewares ...Middleware) http.HandlerFunc {
87.     for _, m := range middlewares {
88.         f = m(f)
89.     }
90.     return f
91. }
92.
93. func Hello(w http.ResponseWriter, r *http.Request) {
94.     fmt.Fprintln(w, "hello world")
95. }
96. func Auth(w http.ResponseWriter, r *http.Request)  {
97.     fmt.Fprintln(w,"You r authorized!")
98. }
99.
100. func main() {
101.     http.HandleFunc("/", Chain(Hello, Method("GET"),GetAuthCode(), Logging()))
102.     http.HandleFunc("/auth/", Chain(Auth, Method("GET"),GetAuthCode(),
            EnsureAuth(), Logging()))
103.     http.ListenAndServe(":7775", nil)
104. }
```

    首先来看如何解决第一个需求,这里通过链式调用中间件来进行中间件的配置。第 11 行声明了 Middleware 函数签名,凡是满足此函数签名的都是 Middleware。Middleware 返回的也是 http.HandlerFunc 类型,和其传入的参数是同一个类型,这正是定义的函数签名的妙处所在。在第 86 行至第 91 行的 Chain 方法里,第一个参数是 http.HandlerFunc 类型,而第二个是 Middleware 的可变参数,说明可以传入多个 Middleware。查看源码可见,Chain 方法内就是遍历可变参数,挨个调用。首先传递的是第一个参数,后续的 Middleware 类型的参数是上一个参数的返回。最后返回一个 Middleware 类型的返回。可见这个方法的作用就是完成多个中间件的链式调用。再来看第 101 行和第 102 行的具体用法，因为 Chain 函数返回的也是 http.HandlerFunc 类型，所以可以直接用到 http.HandleFunc 方法内。

然后来看第三个问题，在示例代码中确实没有再为中间件定义结构体，只定义了 Middleware 的函数签名，是用什么方式替换了结构体呢？如果读者对前面的知识掌握得比较牢固，应该可以想到闭包的用法。此处就是使用的闭包。第 13 行至第 83 行定义了四个中间件，四个函数都是闭包的用法。因为代码当中加了比较详细的注释，此处不再一一解释。

最后来看第二个问题的解决方法。假如有一个中间件 A 专门查询用户的权限代码，还有一个中间件 B 用来进行权限确认，只让有权限的用户继续浏览，而无权限的用户无法浏览。A 是要配置到所有路径的，而 B 则是只配置到有权限控制的路由（仅仅是为了演示，真实项目一般不会这么处理）。A 就是代码中第 14 行至第 32 行的 GetAuthCode 中间件，B 对应代码中第 35 行至第 51 行的 EnsureAuth 中间件。如何进行跨中间件的信息传递呢？这里使用了 http.Request。

程序运行后访问地址 "http://localhost:7775/"，可以看到页面显示 hello,World!，并且可以看到控制台日志的打印。因为根目录没有为根目录配置 EnsureAuth 中间件，所以是可以正常运行的。即便配置了 EnsureAuth 中间件也可以正常访问，因为第 21 行至第 23 行专门做了处理，根目录 code 为 0。

访问地址 "http://localhost:7775/auth/"，则会提示 please sign in，因为第 102 行配置了 EnsureAuth 中间件，并且第 21 行至第 23 行代码会把 code 设置为 –1，这样在第 40 行就取不到值，会停止继续访问。

这个示例较好地解决了前面梳理的三种复杂业务场景。在实际项目中可以视业务复杂程度选择中间件的基本用法或进阶用法。

说明　为了进一步加深对中间件的理解，建议读者学习 net/http 包提供的 StripPrefix 和 TimeoutHandler 函数，这两个函数对于上面提到的基本用法和进阶用法都有涉及。

9.5　数据库访问

按理说，把数据库访问放在本章介绍有些不妥，毕竟不只是 Web 编程使用数据库。可是将数据库相关知识作为独立的一章又太单薄，纵观本书，还是放在本章最合适。

在很多应用当中，特别是 Web 服务中，都需要使用数据库。应该说，数据库的使用是编程的核心之一。所有长久存储的数据基本都是存储在数据库中的，比如用户信息、产品信息等。

Go 语言并没有为任何数据库提供标准的驱动程序，但是 Go 语言定义了 database/sql 接口，按照此接口开发驱动就可以在 Go 语言程序中直接使用。在前面介绍接口的时候，我们已经提到过 database/sql 接口，这是 Go 语言面向接口编程的良好范例。

9.5.1 database/sql 接口

在介绍 database/sql 接口之前，先来看其用法，以 sqlite3 数据库为例：

```
1.  // Step 1: import the main SQL package
2.  import "database/sql"
3.
4.  // Step 2: import a driver package to use a specific SQL database
5.  import _ "github.com/mattn/go-sqlite3"
6.
7.  // Step 3: open a database using a registered driver name
8.  func main() {
9.    // ...
10.   db, err := sql.Open("sqlite3", "database.db")
11.   // ...
12. }
```

在第 5 行使用 "_" 导入驱动，就是为了仅调用包的 init 方法而又不在代码中直接使用。要使用驱动更简单，第 10 行获取到 db 以后，就可以使用 db 进行数据库的访问了。如果要使用 PostgreSQL 或 MySQL 等其他数据库的驱动，则只需要修改第 5 行引入的驱动和第 10 行的参数即可。

 说明 因为 Go 语言对于数据库访问只提供了接口，所以各个数据库的驱动都是非官方的，不过使用方法都比较简单。

在导入的数据库具体实现部分，底层在其 init 方法中调用了 sql.Register，下面以使用的 sqlite3 数据库的 init 方法为例来说明。

```
func init() {
    sql.Register("sqlite3", &SQLiteDriver{})
}
```

调用这个 Register 方法会在 database/sql 内的一个 map 内维护用户定义的驱动：

```
var drivers = make(map[string]driver.Driver)

drivers[name] = driver
```

driver 是一个 Driver 类型的接口，定义如下：

```
type Driver interface {
    Open(name string) (Conn, error)
}
```

接口内部会定义 Open 方法，返回一个数据库连接，这个方法的具体实现也是由第三方驱动实现的。返回的 Conn 也是一个接口，其类型定义如下：

```
type Conn interface {
```

```
    Prepare(query string) (Stmt, error)
    Close() error
    Begin() (Tx, error)
}
```

Conn 接口内的 Prepare 函数会准备一个 sql 语句，使用这个 driver.Stmt 可以进行查询、删除等操作。Close 方法则用于关闭当前的数据库连接，不过驱动都会实现 database/sql 里面建议的 conn pool，所以用完以后不需要去关闭，也不需要考虑缓存，一般一个项目里面有一个 Conn 就可以。Begin 函数会返回一个事务 tx，可以通过事务进行提交或回滚。

上面的示例代码演示了数据库驱动的导入和数据库连接的获取。接下来看一下 sql.DB 是如何访问数据库的。使用下面的代码可以从数据库查询数据：

```
1.  var (
2.      id int
3.      name string
4.  )
5.  rows, err := db.Query("select id, name from users where id = ?", 1)
6.  if err != nil {
7.      log.Fatal(err)
8.  }
9.  defer rows.Close()
10. for rows.Next() {
11.     err := rows.Scan(&id, &name)
12.     if err != nil {
13.         log.Fatal(err)
14.     }
15.     log.Println(id, name)
16. }
17. err = rows.Err()
18. if err != nil {
19.     log.Fatal(err)
20. }
```

这种数据查询方法在 Go 语言中很常用。很多语句执行完成后都需要进行错误处理，这也是 Go 语言的设计所致。因为错误处理优先，所以每次数据操作都需要进行错误检查和处理。

rows 是 Rows 接口类型，其定义如下：

```
type Rows interface {
    Columns() []string
    Close() error
    Next(dest []Value) error
}
```

Columns 函数的目的是查询数据库表的字段信息，函数的返回值是一个包括字段名称的切片，切片内字段名称的顺序和 SQL 查询的字段顺序一致。Close 函数用于关闭 Rows，该函数是安全的，即便已经关闭，再次执行关闭也不会报错。Next 函数用于遍历 rows。

例如上例中第 10 行至第 16 行，执行 Next 函数遍历 rows 时，当遍历到最后一行时会遇到 EOF 错误并且自动调用 Close 函数。如果没有遍历完 rows，也有第 9 行的 Close 函数调用。

📖 **注意** 为了保证任何情况下 Close 都可以得到执行，要求总是使用 defer 关键字调用 rows 的 Close 函数，即使预测到 Next 函数最终会调用该函数，还是要这样做。

使用 Next 遍历数据时，数据都是 driver.Value 类型，也就是 interface{} 类型。第 11 行的 Scan 函数转换为明确的类型，这就要求必须明确地声明每个字段的类型，这样会让代码非常清晰。

上面示例代码的用法在形式上虽然常用，但 Prepare 语句应该优先考虑，该语句会准备一个带有参数占位符的语句，这种方式更具有安全性。如果把上面的示例代码改为使用 Prepare 方法，则会变成下面的样子：

```
1.  stmt, err := db.Prepare("select id, name from users where id = ?")
2.  if err != nil {
3.      log.Fatal(err)
4.  }
5.  defer stmt.Close()
6.  rows, err := stmt.Query(1)
7.  if err != nil {
8.      log.Fatal(err)
9.  }
10. defer rows.Close()
11. for rows.Next() {
12.     // ...
13. }
14. if err = rows.Err(); err != nil {
15.     log.Fatal(err)
16. }
```

📖 **注意** 上面示例代码是 MySQL，所以占位符是 "？"；如果是 PostgreSQL 数据库，则占位符是 "$N"，其中 N 是数字；使用 Oracle 数据库时则以冒号开始，比如 "：param1"。

虽然示例代码都是 SELECT 查询语句，但是 INSERT、UPDATE 和 DELETE 等语句的用法也是一样的。

9.5.2 sqlx

在很多业务逻辑比较复杂的应用场景中，需要频繁地与各种数据库表打交道。这种情况下，为了从重复的 SQL 工作中解脱出来，一般选择使用 ORM（Object Relational Mapping）。ORM 在 Java 或 Python 等语言中都有非常成熟的框架。在 Go 语言中，也可以采用一些框架或包，这样可以减少 DB 层面的操作，直接通过对结构体的操作就可以完成数据的存取。

尽管目前有很多 Go 语言实现的 ORM，但是 Go 语言的 ORM 在使用时都不如 Java 或

Python 的 ORM 方便。因为 Go 语言是本着简单的原则设计的，所以在泛型和反射等方面都比较简单，在使用 Go 语言的 ORM 时不像其他 Go 代码那样方便。笔者推崇更为便捷和轻量的第三方包 sqlx 操作数据，这不是一个 ORM 框架，但是提供了 Go 语言风格的数据封装的最完美方案。

 说明　虽然笔者不提倡使用 Go 语言中的 ORM 框架，但若一定要如此的话，可以看一下 GitHub 上星数（star）非常高的 Beego orm，这是国人开发的，功能比较全面。

sqlx 包并非 Go 语言的官方包，所以在使用前要自行安装。安装命令如下：

```
go get github.com/jmoiron/sqlx
```

sqlx 在设计上包括了标准的 database/sql，可以理解为 database/sql 是 sqlx 的子集。所以说上面介绍的 database/sql 的使用方式在 sqlx 中同样适用。

sqlx 并没有把 database/sql 的接口再次实现，而是在调用 sqlx 的一些方法时，sqlx 会去调用具体驱动实现的方法。比如调用 sqlx.DB.Query 时，底层调用的是 sql.DB.Query，所以在使用 sqlx 时还需要安装数据库驱动，比如使用的是 sqlite 数据库，就要安装相应的驱动。命令如下：

```
go get github.com/mattn/go-sqlite3
```

在 sqlx 和数据库驱动都安装好以后，才可以使用 sqlx。与 database/sql 一样，sqlx 内主要处理的类型有如下四种：

❑ sqlx.DB，代表一个数据库，与 sql.DB 类似。

❑ sqlx.TX，代表一个事务，与 sql.TX 类似。

❑ sqlx.Stmt，代表一条要执行的语句，与 sql.Stmt 类似。

❑ sqlx.NamedStmt，代表一条有参数的执行语句。

9.6　小结

本章针对 Web 编程原理、Go 语言的 http 包、中间件和数据库访问进行了介绍，涵盖的内容比较全面。掌握了本章的知识以后，读者就可以使用 Go 语言进行比较复杂的 Go Web 项目建设了。

接下来的一章，会给出一个综合案例，其中的很多应用都基于本章的知识。

综合案例

第 8 章和第 9 章已经介绍了并发和 Web 编程的相关知识，本章仍选择一个 Web 项目作为案例，以帮助读者复习前面的知识。该 Web 项目是一个问答系统，这个案例难度适中，知识点也较为全面，而且也有足够的趣味性。

设计本案例，除了帮助读者复习已经介绍过的知识点以外，还会在知识面上有所拓展。比如，前端框架选用了 gin，而不是 httprouter，ORM 框架选择使用 gorm 而不是 sqlx。通过不同框架的对比，加深读者的印象。学习本章内容，读者最终会发现 Go 语言里面的框架都是包，使用比较简单，不像其他语言一个框架就像一套独立的语言。

本章，我们将会学习如下内容：

❑ Go Web 项目整体代码结构。

❑ gin 框架。

❑ gorm 框架。

❑ 前面所学的并发、Web 编程等知识点。

本案例的源码已经托管到 GitHub，其地址为 https://github.com/ScottAI/questions。

10.1　案例需求

问答系统是非常成熟的系统模式，国内有知乎、百度知道、新浪问答等著名应用，国外有 Quera，以及开发人员离不开的 Stack Overflow 等网站。本章案例也是要做一个问答网站，虽然功能上要简单很多，但还是具有问答网站的主要功能模块。

问答网站的三个主要模型是用户、问题、答案，这也是问答网站的核心模型。当然，为了方便查看问题，一般会对问题进行分类或者打标签，所以可以再加上一个标签模型。

下面把这几个模型的关系整理为图 10-1。

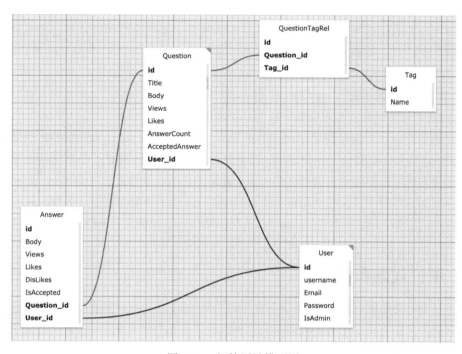

图 10-1　问答网站模型图

- ❑ 用户（User）：代表一个用户，可以提出问题，也可以回答问题，所以用户和问题是一对多的关系，用户和答案也是一对多的关系。
- ❑ 问题（Question）：问题由用户提出，其本身有多个属性，包括浏览数、点赞数、答案数等。问题模型的两个重要关联关系就是与用户的多对一关系和与答案的一对多关系。
- ❑ 答案（Answer）：答案是用户在看到问题后回复的答案，其本身有多个属性，包括浏览数、点赞数、踩（反对）数、是否被采纳等。答案与用户之间是多对一的关系，与问题之间也是多对一的关系。

图 10-1 中还有一个标签（分类）模型，非常简单，不过要注意问题和标签之间是多对多的关系。

有了模型分析以后，我们再分别进行功能的简单梳理，这里分为前后台功能，其中前台功能包括：

- ❑ 用户注册、登录、退出、注销账号。
- ❑ 登录用户的提问、回答、对问题或答案的点赞、踩答案。
- ❑ 登录用户所提问题和回答的统计及操作。
- ❑ 聊天功能。
- ❑ 问题打标签功能及以分类统计功能。

❑ 用户榜，按照被采纳答案数统计的 top10。

❑ 问题的状态统计，包括未解决、已解决、浏览最多、历史问题等。

后台功能在本案例中比较简单，这里不再单独为管理员设置注册界面，管理员拥有用户所有的功能，只是多了以下功能：

❑ 对所有用户的管理，可以删除任意一个用户。

❑ 对所有问题的管理，可以删除任意一个问题。

❑ 对所有答案的管理，可以删除任意一个答案。

在后续实现中，会把系统第一个注册的用户设为管理员，并且不再提供其他设置管理员的方式。这样做主要是为了简化界面，毕竟这里介绍的是 Go 语言，主要还是用在后端。

本案例的需求比较简单，重点就是向读者介绍 Go Web 编程方式以及 gorm 和 gin 框架。本部分介绍的高并发编程，在所用框架中，特别是 gin 框架中有着很好的体现。在具体的实现开始之前，还需要介绍一下 Go Web 项目的代码结构，也就是说一般如何来进行包的划分。

10.2　项目代码布局

作为一个灵活简洁的语言，Go 语言在项目布局（layout）上并没有明确的规定，甚至目前也没有被大家广为接受的某种代码布局。只能说，有几种布局是 Go 语言项目常用的。本节为了完成上一节的需求，也给出了代码布局设计。

在介绍本案例的代码布局之前，先介绍一下 Go Web 项目常用的一些分包：

```
--Project
----api
----cmd
----internal
----pkg
----configs
----build
----docs
----examples
----assets
----templates
```

上面所列的这些包是存在一定的共性的，大家在阅读开源项目（GitHub 上有很多）时，会发现很多项目都有上述的部分包，只不过不会完全一样。本书在实现案例时，也会参考这些布局方式，灵活地按照需求添加一些新的分包方式。

下面先来介绍一下上面各个包的主要意义。

❑ api：读者可以参考 Go 语言著名的开源项目 Kubernetes 下的 api 路径，主要用来存放 Openapi/Swagger 的 spec、JSON 的 protocol 或 schema 定义。

❑ cmd：如果开发的不是一个简单函数包，而是一个比较完整、复杂的应用程序，那么可以把 main 函数放到 cmd 下。如果有多个 main，则可以在 cmd 下再分成几个子目录。不过要注意，不要在 cmd 下放太多代码，主要的业务代码可以放到 pkg 或 internal 下。

❑ internal：私有的内部包，只能被包内或者其直接父级目录引用，不能被外部引用。这样可以防止接口的无序扩散。

❑ pkg：可以被项目内外引用的代码库。

❑ configs：配置文件及配置信息解析代码。

❑ build：打包和 ci 相关的文件，第三部分介绍的 docker 等都放在这里。

❑ docs：设计文档、用户文档的存放处。

❑ examples：示例代码存放处。

❑ assets：CSS、图片等 Web 用到的资源存放处。

❑ templates：页面模板存放处。

在介绍了比较常用的路径以后，我们先来把本案例的项目布局梳理一下。这个 Web 应用没有太复杂的其他功能需求，所以直接把 main 方法放在根目录下，不再添加 cmd 路径。

问答系统肯定是需要数据库的，本例准备使用 ORM 模型，所以需要 database 和 models 两个路径。这是一个 Web 项目，为了让代码更清晰，把 handlers 和 routes 也分为两个路径。

这个案例比较简单，下面直接给出项目的布局：

```
--Project
----pkg
------config
------database
------logger
------models
----handlers
----routes
----static
----templates
----main.go
```

这里使用了 pkg，里面放的是项目用到的一些公用的包，比如 config、logger、database 和 models 等。

这种设计方式未必是最好的，读者可以把 models 从 pkg 中拿出来放到与 handlers 同一个层级的包中，使项目布局更像 Java 等语言。

10.3　配置和日志

基于对本案例的以上分析，读者应该对如何开发本项目有了基本的思路。在进行核心开发之前，先来介绍配置信息和日志的处理，这在每个 Go 项目中几乎都会用到，所以单独处理。

10.3.1 配置

对于本案例，希望开发完成后的 Web 应用端口是通过配置文件配置的，项目的根目录也写入配置文件，便于静态文件的处理，数据库是否为调试模式同样通过配置文件设定。

目前已知的配置信息并不多，不过随着项目的进展，我们很可能会增加配置项，所以这个函数包必须灵活。

另外，这个应用需要运行在主流的操作系统上，比如 Windows、Linx 和 OSX，所以需要处理不同系统的配置信息。

在需求明确的情况下开始选型。要说明的是，即便是简单的配置信息处理，也需要选型。主流的配置信息有以下几个：

- ❑ JSON 文件。
- ❑ toml。
- ❑ yaml。
- ❑ viper。

JSON 或者 yaml 解析是比较基础的功能，当然可以满足需求，不过本案例不会选择这两种方式，实际上，在真实项目中一般也不会选择这两种方式。Go 语言中最常用的应该是 toml 包，使用非常方便，功能也很强大，笔者认为 Go 语言配 toml 解析是主流。而 viper 则比 toml 更为强大，除了能实现所有 toml 的功能以外，还能够方便地通过输入参数覆盖配置信息，不过 viper 是比较重的配置方案，通常在较为复杂的项目中才会使用。

本案例的解析代码如下：

```
questions/pkg/config/config.go
1.  package config
2.
3.  import (
4.      "os"
5.      "path/filepath"
6.      "runtime"
7.
8.      "github.com/BurntSushi/toml"
9.  )
10.
11. var (
12.     Config       = tomlConfig{}
13.     ViewDir      string
14.     LogDir       string
15. )
16.
17. type tomlConfig struct {
18.     RootDir         string
19.     Port            string
20.     DBDebug         bool
21. }
22.
23. type configByOS struct {
```

```
24.     Windows tomlConfig
25.     OSX     tomlConfig
26.     Linux   tomlConfig
27. }
28.
29. func init() {
30.     var configOS configByOS
31.     if _, err := toml.DecodeFile("config.toml", &configOS); err != nil {
32.         panic(err)
33.     }
34.
35.     if runtime.GOOS == "windows" {
36.         Config = configOS.Windows
37.     } else if runtime.GOOS == "darwin" {
38.         Config = configOS.OSX
39.     } else {
40.         Config = configOS.Linux
41.     }
42.
43.     ViewDir = filepath.Join(Config.RootDir, "templates")
44.     LogDir = filepath.Join(Config.RootDir, "logs")
45.
46.     os.MkdirAll(LogDir, os.ModePerm)
47. }
```

代码非常简单，第 31 行是使用 toml 读取文件，我们有必要看一下配置文件。该配置文件如下：

```
questions/config.toml
1.  [windows]
2.  rootDir = "C:\\Users\\ljl\\GoglandProjects\\src\\questions"
3.  port = "8000"
4.  dbdebug = true
5.
6.  [osx]
7.  rootDir = "/Users/liujinliang/projects/go/src/questions"
8.  port = "8000"
9.  dbdebug = true
10.
11. [linux]
12. rootDir = ""
13. port = "8000"
14. dbdebug = false
```

可以看到，文件内的配置信息非常简单，格式基本也是按照前面 config.go 内第 23 行至第 27 行代码的格式处理的，读取完成以后再通过第 35 行至第 41 行的方式获取不同操作系统的配置信息。

配置信息的处理非常简单，在每个项目中都会用到。注意，config.toml 文件是放在项目根目录下的，当然也可以放在 config 路径下，只需要调整读取时的路径参数即可。

10.3.2 日志

除了前面介绍的配置信息处理，日志的打印和记录也是项目中非常通用的。

对于日志的处理我们应该注意两点：首先是不同的情况使用不同的打印函数，比如普通的信息打印使用 Info、警告使用 Warn、错误使用 Error 等，这是所有语言在开发中都会使用的方式，此项目也会遵照这种模式设计。另外，要注意日志打印的初始化信息应该在项目启动时自动完成，也就是说应该早于配置信息，所以应该把日志的初始化信息都放在 init 函数内。

对于日志使用的包，选用 Go 语言提供的标准 log 包就可以。

下面来看一下案例中完成的日志代码：

questions/pkg/logger/logger.go

```
1.  package logger
2.
3.  import (
4.      "fmt"
5.      "log"
6.      "os"
7.      "path/filepath"
8.      "questions/pkg/config"
9.      "time"
10. )
11.
12. var infoLogger *log.Logger
13. var warnLogger *log.Logger
14. var errorLogger *log.Logger
15. var debugLogger *log.Logger
16.
17. func init() {
18.     logFilePath := filepath.Join(config.LogDir, fmt.Sprintf("share-%s.log",
            time.Now().Format("2006-01-02")))
19.     logFile, err := os.OpenFile(logFilePath, os.O_CREATE|os.O_RDWR|os.O_
            APPEND, 0644)
20.     if err != nil {
21.         log.Fatalln("fail to create share.log")
22.     }
23.
24.     infoLogger = log.New(logFile, "[Info]", log.LstdFlags|log.Lshortfile)
25.     warnLogger = log.New(logFile, "[Warn]", log.LstdFlags|log.Lshortfile)
26.     errorLogger = log.New(logFile, "[Error]", log.LstdFlags|log.Lshortfile)
27.     debugLogger = log.New(logFile, "[Debug]", log.LstdFlags|log.Lshortfile)
28. }
29.
30. func Info(format string, v ...interface{}) {
31.     if v == nil {
32.         infoLogger.Println(format)
33.     } else {
34.         infoLogger.Printf(format+"\n", v)
35.     }
36. }
37.
```

```
38. func Warn(format string, v ...interface{}) {
39.     if v == nil {
40.         warnLogger.Println(format)
41.     } else {
42.         warnLogger.Printf(format+"\n", v)
43.     }
44. }
45.
46. func Error(format string, v ...interface{}) {
47.     if v == nil {
48.         errorLogger.Println(format)
49.     } else {
50.         errorLogger.Printf(format+"\n", v)
51.     }
52. }
53.
54. func Debug(format string, v ...interface{}) {
55.     if v == nil {
56.         debugLogger.Println(format)
57.     } else {
58.         debugLogger.Printf(format+"\n", v)
59.     }
60. }
61.
62. func Panic(v ...interface{}) {
63.     log.Panic(v)
64. }
65.
66. func Fatal(v ...interface{}) {
67.     log.Fatal(v)
68. }
```

代码比较简单，此处不再做详细介绍了。

10.4 模型

前面在需求介绍阶段分析了问答系统的几个重要模型，包括用户、问题、答案以及标签。一切界面上的操作都是对数据库表进行的增、删、查、改操作。本项目会使用一个 ORM 模型 gorm，同时为了体现全面性，在具体的 SQL 语句上还会设计一些接近原生的 SQL 语句。

gorm 是 Go 语言世界中比较全面的 ORM（Object Relational Mapping）框架，可以将 Go 语言中的一个 struct 映射为一个数据库表。当然，我们也可以选择 sqlx。但为了向读者展示更为多样性的方法，本例使用的是 gorm 模型。

gorm 目前支持 MySQL、SQL Server、Sqlite3、PostgreSQL 四种数据库驱动，所以使用 gorm 有非常好的可移植性。

下面通过代码看一下 gorm 在本案例中是如何使用的。

questions/pkg/models/answer.go

```
1.  package models
2.
3.  import (
4.      "time"
5.  )
6.
7.  type Answer struct {
8.      Id                 int    `gorm:"primary_key" json:"id"`
9.      Body               string `sql:"type:text;" json:"body"`
10.     CreatedAt          time.Time
11.     UpdatedAt          time.Time
12.     Views              int
13.     Likes              int
14.     DisLikes           int
15.     IsAcceptedAnswer   bool
16.     UserID             int `gorm:"size:10"`
17.     User               User
18.     QuestionID         int `gorm:"size:10"`
19.     Question           Question
20.     Question_id        int `sql:"type:integer REFERENCES questions(id)"`
21.     User_id            int `sql:"type:integer REFERENCES users(id)"`
22. }
```

该文件只定义了一个结构体 Answer。注意，第 20 行和第 21 行是定义外键的方式，因为本案例使用的是 sqlite 数据库，所以 gorm 提供的方式不支持，需要使用这种方式来完成。在 questions/pkg/models 路径下，还有 queston.go、user.go、tag.go 分别定义了问题、用户和标签的结构体。

gorm 使用 Go 语言中的结构体自动生成对应的数据库表。下面来看一下 gorm 是如何生成对应数据库表的。

questions/pkg/database/database.go
```
1.  package database
2.
3.  import (
4.      "fmt"
5.      "github.com/jinzhu/gorm"
6.      _ "github.com/jinzhu/gorm/dialects/sqlite"
7.      "questions/pkg/models"
8.  )
9.
10. var (
11.     DB *gorm.DB
12.     err error
13. )
14.
15. func init()  {
16.     DB, err = gorm.Open("sqlite3", "questions.db")
17.     if err != nil {
18.         fmt.Println("Status: ", err)
19.     }
20.     //defer DB.Close()
21.     DB.Debug()
```

```
22.     DB.LogMode(true)
23.     DB.AutoMigrate(&models.User{}, &models.Question{}, &models.Answer{}, &models.Tag{})
24. }
```

gorm 的使用也很简单，只需在导入包以后直接调用 gorm.Open 函数就可以了。不要忘记，使用哪种数据库就需要导入对应的数据库驱动，本例使用的是 sqlite 数据库，所以导入 sqlite 的驱动。

在连接了数据库以后，获取了数据库连接 DB，再调用 AutoMigrate 函数，会在数据库为对应的 struct 生成对应的表。

至此，问答系统 pkg 路径下的所有内容就介绍完了。可以看到，代码比较清晰，不过现在还没有涉及对表的增、删、查、改，也没有涉及前端界面，这些都将在下一节的 gin 框架部分介绍。

10.5　gin 框架

gin 框架在路由上封装使用了前面介绍的 httprouter，而且整个框架是基于官方 net/http 包进行设计的，可以说是对 net/http 的完善。所以 gin 上手非常容易，读者在掌握了 net/http 和 httprouter 后可以平滑地过渡到 gin 框架，这也是本案例选择 gin 框架的原因。

与 gin 框架有关的路径在项目中有两个，分别是 questions/handlers 和 questios/routes，当然和存放页面模版的 templates 也是有关的。

questions/handlers 路径下存放了项目的处理函数，这些处理函数是整个项目业务逻辑处理的核心。在这个路径下有四个文件，包括 answer.go、question.go、user.go 和 tag.go，因为篇幅所限这里仅以 answer.go 的部分代码为例。

questions/handlers/answer.go
```
1.  package handlers
2.
3.  import (
4.      "net/http"
5.      "strconv"
6.
7.      "github.com/gin-contrib/sessions"
8.      "github.com/gin-gonic/gin"
9.      "github.com/jinzhu/gorm"
10.     "questions/pkg/database"
11.     "questions/pkg/models"
12. )
13.
14. func SaveAnswer(c *gin.Context) {
15.     ip := c.Request.Header.Get("Referer")
16.     session := sessions.Default(c)
17.     u := c.PostForm("user")
18.     i := c.PostForm("id")
19.     body := c.PostForm("body")
20.
```

```
21.      answerUserId, _ := strconv.Atoi(u)
22.      questionUserId, _ := strconv.Atoi(i)
23.      answers := models.Answer{
24.          UserID:     answerUserId,
25.          QuestionID: questionUserId,
26.          Body:       body,
27.      }
28.
29.      database.DB.Save(&answers)
30.      database.DB.Exec("UPDATE questions SET answer_count = answer_count +
             1 WHERE questions.id = ?", questionUserId)
31.
32.      session.Save()
33.      c.Redirect(http.StatusFound, ip)
34. }
35.
36. func AcceptAnswer(c *gin.Context) {
37.      answer := []models.Answer{}
38.      question := []models.Question{}
39.      id := c.PostForm("qid")
40.      ans := c.PostForm("aid")
41.      answerId, _ := strconv.Atoi(ans)
42.      questionId, _ := strconv.Atoi(id)
43.      database.DB.Model(&answer).
44.          Where("answers.id = ?", answerId).
45.          UpdateColumn("is_accepted_answer", gorm.Expr("is_accepted_answer + ?", 1))
46.
47.      database.DB.Model(&question).
48.          Where("questions.id = ?", questionId).
49.          UpdateColumn("accepted_answer", gorm.Expr("accepted_answer + ?", 1))
50.
51.      t := strconv.Itoa(questionId)
52.      c.Redirect(http.StatusFound, "/show/"+t)
53. }
54.
55. func UpdateAnswer(c *gin.Context) {
56.      id := c.Param("id")
57.      session := sessions.Default(c)
58.      body := c.PostForm("body")
59.      answer := models.Answer{}
60.
61.      database.DB.Model(&answer).Where("id = ?", id).Update("body", body)
62.      session.Save()
63.      c.Redirect(http.StatusFound, "/")
64. }
65.
66. func AnswerDelete(c *gin.Context) {
67.      id := c.Param("id")
68.      ip := c.Request.Header.Get("Referer")
69.      answerId, _ := strconv.Atoi(id)
70.      answers := []models.Answer{}
71.      database.DB.Delete(&answers, answerId)
72.      c.Redirect(http.StatusFound, ip)
73. }
```

为了节省篇幅，这里只选取了 answer.go 中的几个函数进行介绍。其实这几个函数不同的地方也不是对 gin 框架的使用，而是对 gorm 的使用，可以通过调用 gorm 的方式更新（update）数据，AcceptAnswer 和 Updateanswer 函数都是这种方式。此外我们也可以直接使用 SQL 语句，SaveAnswer 函数使用的就是这种方式。gorm 的详细用法请读者通过阅读源码的方式了解学习，本书不再做专门介绍。

对于 gin 框架来说，它与 httprouter 相比最大的一个提升就是拥有 gin.Context，它让工程师获取参数更为方便。可以看到，所有 handler 函数的传入参数都是 gin.Context，而且通过各个函数，我们也能看出获取各种参数非常便捷。

在这些函数完成后，其路由处理部分的使用和 httprouter 的使用就基本一致了，所有的路由配置都在 routes/routes.go 文件内。下面选取一部分代码。

```
questions/routes/routes.go
1.   package routes
2.
3.   import (
4.       "github.com/gin-contrib/sessions"
5.       "github.com/gin-contrib/sessions/memstore"
6.       "github.com/gin-gonic/gin"
7.       "gopkg.in/olahol/melody.v1"
8.       "questions/handlers"
9.   )
10.
11.  func RegisterRouters() *gin.Engine {
12.      r := gin.Default()
13.      gin.SetMode(gin.DebugMode)
14.      r.Use(gin.Logger())
15.      r.LoadHTMLGlob("templates/*.tmpl.html")
16.
17.      r.Static("/static", "./static")
18.      r.StaticFile("/favicon.ico", "./static/img/favicon.ico")
19.
20.      store := memstore.NewStore([]byte("secret"))
21.      r.Use(sessions.Sessions("qussession", store))
22.
23.      //questions
24.      r.GET("/", handlers.AllQuestions)
25.      r.GET("/unsolved", handlers.UnsolvedQuestions)
26.      r.GET("/solved", handlers.SolvedQuestions)
27.      r.GET("/viewed", handlers.MostViewedQuestions)
28.      r.GET("/oldest", handlers.OldestQuestions)
29.      r.GET("/search", handlers.SearchQuestions)
30.      r.GET("/show/:id", handlers.ShowQuestion)
31.      r.GET("/create", handlers.CreateQuestion)
32.      r.GET("/edit/:id", handlers.EditQuestion)
33.      r.POST("/update/:id", handlers.UpdateQuestion)
34.      r.POST("/delete/:id", handlers.DeleteQuestion)
35.      r.POST("/savequestion", handlers.SaveQuestion)
36.      r.POST("/questionlikes", handlers.QuestionLikes)
37.      r.POST("/saveanswer", handlers.SaveAnswer)
38.          ...此处省略，完整代码请参考 GitHub...
```

```
39.
40.    return r
```

该包的代码比较简单，此处不再详细介绍。需要注意的是，此函数最终是有返回的，因为在 main.go 中是使用该返回对象（r）进行启动的。

本书仅给出案例的整体思路以及有代表性的代码，项目中还有很多值得学习的地方，比如 gorm 的更多数据库操作、gin 框架与 template 的结合，请读者参考本案例的项目源码进行学习。

最后还是给出项目运行后的一个页面截图（如图 10-2 所示），展示一下最终成果。

图 10-2　综合案例运行结果示意图

希望每个读者都能够通过本次练习提升自己的编码能力。

10.6　小结

本章讲解了问答系统的案例，从分析到设计实现都有涉及，不过因为篇幅所限，介绍并不详细。希望读者能在本案例的基础上有更多的思考，能更多地阅读源码。

案例项目使用了 gin 和 gorm 框架，一切开发技能最好的学习方式就是动手，读者若能参考源码实现一遍，相信可以更好地掌握这两个框架。当然这是建立在已掌握前面讲解的相关原理基础上的。

本章结束后，第二部分的内容也就结束了，相信读者现在已经有能力去完成一个 Go 语言的单体应用了。

微服务理论

　　本书介绍的是 Go 语言微服务开发，前面 10 章在介绍 Go 语言，从本部分开始将要介绍微服务的知识了。本部分主要包括微服务简介、微服务化策略、进程间通信、分布式事务管理、DDD 和 Docker 等知识。

微　服　务

第 3 章已经介绍了 Go 语言的 Web 编程，本章在介绍微服务的例子时，也会使用"net/http"包和"encoding/json"包。然后基于这些知识，再来介绍微服务的模式是怎样的，可以看到，单纯地实现一个微服务接口是很简单的。

11.1　微服务简介

11.1.1　什么是微服务

先从字面来解读微服务（micro service），了解微（micro）是什么意思，而服务（service）又是指什么。

微（micro）可以通过亚马逊 CEO JeffBezos 提出的"The two pizza principle"（两个比萨）的例子来解读。两个比萨就是指单个服务从设计到开发、测试、运维加起来的参与人数不能多到两个比萨还不够吃，也就是说要控制单个服务的规模和成本。

服务（service）是可以直接使用的一个或一组功能，用户不需要关心具体的实现，只需关心输入和输出。

上面只是字面解读，本书还是需要从更为严谨的角度上来定义微服务：

微服务是一种细粒度的分布式解决方案，这些细粒度的服务独立性强并且会协同工作。

11.1.2　微服务的由来

目前大家比较一致的认识是詹姆斯·刘易斯（James Lewis）和马丁·富勒（Martin Fowler）提出了这一个概念，而且两人发表文章梳理了微服务架构设计的一些特征。不过应该是在二人进行认真总结之前，微服务的概念已经存在了，只是那时候的微服务被认为是 SOA（service-oriented Architecture）架构一种轻量化的特殊变形。不过，马丁·富勒是敏捷方法的创始人，并且有《重构》等著名畅销著作，再加上微服务和敏捷开发非常契合，所以大家现在都认为是他提出了微服务的概念也就不足为奇了。

在具体介绍微服务之前还是先来看看上述二人针对微服务给出的定义："微服务的架构风格是将单个应用作为一组小型服务进行开发，每个服务都运行在自己的进程环境中，并通过轻量级机制（比如 HTTP 协议）进行通信。这些服务紧密围绕业务功能进行构建，可以通过自动化的方式进行部署。不同的服务之间可以采用不同的编程语言，并且管理方式尽可能不采用中央集中式"。

上面的介绍已经比较全面地介绍了微服务的特征，更具体的实现方式会在后续章节陆续介绍。

微服务是计算机技术进化的产物，包含很多具体技术，如服务的集成和编排早在 SOA 中就有提到了，后续针对这些技术会有更加具体的介绍。希望读者能够明白，计算机的技术都是延续的，微服务并非突然的完全创新，而是基于其他技术的微创新，在原有技术的基础上理解起来也容易。

说明 詹姆斯·刘和马丁·富勒在他们的博客中对微服务的特征做了详细的梳理，读者可以访问他们的博客阅读，地址是 https://martinfowler.com/articles/microservices.html。

11.1.3　微服务与微服务架构

微服务的概念和微服务架构是不一样的，这里特意说明，是为了避免读者混淆两者。

微服务架构是一种具体的设计实现或者设计方案，而微服务是通过这种实现或方案最终完成的服务。从技术角度来说，微服务框架与传统框架的区别就是对原来复杂的一体化框架进行拆分，将其拆分成众多独立的服务，并且为这些独立服务设计通信方式使之能够整合。微服务则是微服务架构拆分出来的独立应用。微服务架构的核心是内部的"分"与外部的"合"，内部的分是指把原来复杂的功能拆分成很多独立的微服务，而从外部来讲，在使用的时候感觉不出和原来的明显差异。

所以，微服务架构的重点也是围绕如何"分"和如何"合"来进行的。

11.2　系统架构的演进

上一节对微服务进行了简单介绍，读者应该对于微服务有了比较全面的认识，本节来看一下系统架构的演进，了解它是如何演进成为今天的微服务框架的。

11.2.1 单体架构

单体架构之所以是软件工程领域使用最早的架构，是因为单体架构是最朴素和最容易想到的。所谓单体架构就是指一个项目或者一个归档包（jar 包或 war 包等）就完成了项目的所有功能。这种架构非常传统，很多的 MVC（Model、View、Controller）分层设计都是为了解决单体应用架构过于复杂而演变出来的。

比如一个电商的订单、用户、收款等功能都在一个应用内实现，这就是单体架构。

图 11-1 所示的所有功能都是可以看为一体的。

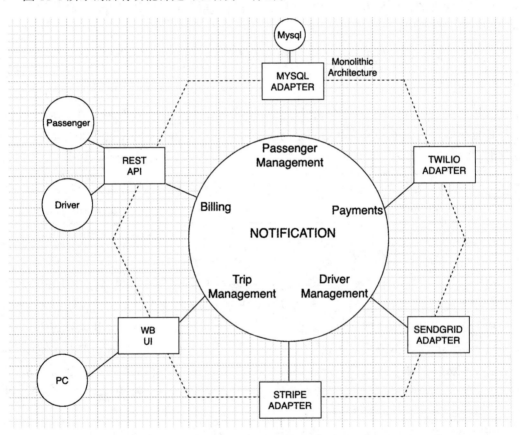

图 11-1　单体应用示意图

但是随着应用的不断发展，单体架构缺点也是非常明显的，可以总结为以下几点。

- 复杂性高：整体项目工程量大，各个功能之间的界限比较模糊，逻辑不够清晰。随着应用的扩展，复杂性也越来越高。
- 知识转移难：软件开发行业的人员流动非常正常，但是要想完成一个单体应用的知识转移却非常难。文档可能不够清晰，表达不够准确，频繁的人员更迭会导致很多代码的缺陷需要后续新人深入代码中查找跟踪，要熟悉一个单体应用需要耗费大量时间。

- ❑ 维护成本高：随着单体应用的扩展，开发人员增多，沟通成本和管理成本迅速增长。一个问题出现时，往往需要几人协作才可以确定，并且一个问题的修复往往又牵扯到其他模块的其他问题，维护成本越来越高。
- ❑ 交付周期不可控性增大：开发和运维越来越难，部署的周期也随着单体应用的复杂而变得问题频发，常常出现越临近上线问题越多的情况。
- ❑ 技术选型难度高：单体架构倾向于一个整体框架可复制性地解决所有问题，所以在技术选型期间需要进行认真细致的评估，难度非常大。
- ❑ 可扩展性差：很多模型都是复用的，扩展应用时大概率会影响到原有服务，让扩展的工作变得颇为艰巨。

11.2.2　垂直架构

因为单体架构存在种种缺点，所以软件工程领域开始思考如何优化，垂直架构应运而生。垂直架构和单体架构最大的区别就在于对系统进行了划分，按照业务的独立性分为了不同的子单体。

可以说，垂直架构是在最大化使用了单体架构优势的基础上进行的优化，这种架构有不少优点，如下：

- ❑ 分拆为多个项目，边界清晰。
- ❑ 各项目规模可控，不至于无限扩展。
- ❑ 不同的垂直结构可以采用不同的技术架构。
- ❑ 和单体架构非常相似，方便开发人员去理解。

但是，这种架构也有着非常明显的缺点：

- ❑ 项目与项目之间存在着数据冗余，耦合性大，可能几个项目中都是用同一个表。
- ❑ 系统的性能提高只能依靠增加集群，成本比较高。
- ❑ 项目之间需要很多接口在彼此间同步数据。

所以，架构继续演进，又有了下面的 SOA 架构。

11.2.3　SOA

SOA（Service-Oriented Architecture）是面向服务的架构，这是在垂直架构的基础上发展而来的一种架构。这个概念非常好理解，当垂直架构越来越多的时候，核心业务彼此之间的交互越来越多，所以就把核心的业务抽取出来做成独立的服务，并且形成服务中心。

SOA 的重点是通过 ESB（Enterprise Service Bus）企业服务总线来提供服务的，并不关心服务之间彼此是否完全切分。

SOA 架构有很多优点，简单梳理如下：

- ❑ SOA 可以将重要的功能提取成服务，避免重复开发。

❑ 采用 ESB 减少了系统之间的繁杂接口。

❑ 各个项目之间可以采用标准的 Webservice 或 RPC 进行调用。

其实到目前为止也有很多项目是采用这种架构的，之所以现在慢慢地开始转向微服务架构，是因为 SOA 有以下缺点：

❑ 各个服务之间并没有彻底的组件化，维护过程中仍然可能彼此影响，增加维护成本。

❑ ESB 的方式过重，内部包含各种协议，随着项目增大，运维难度增加。

最后，就演进到现在的微服务架构了。

11.2.4　微服务架构

微服务在前面一节已经介绍过，可以通过图 11-2 具象化地看一下。

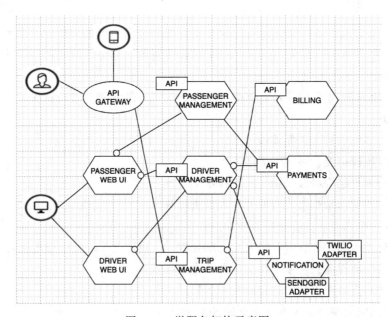

图 11-2　微服务架构示意图

重点来看一下微服务的特征。

❑ 职责唯一性：微服务中的每个服务都是单一的，或者说在整个架构中是唯一的。每个服务都是高内聚、低耦合的设计。

❑ 通信轻量级：服务之间的通信采用轻量级的实现，就是说通信的实现与具体语言、平台无关。比如，比较常用的数据交换格式包括 XML、JSON 等，都是与平台和语言无关的，REST（Representational State Transfer）也是常用的轻量级通信方式之一。

❑ 独立性：独立性指每个单个服务在开发、测试和部署过程中都是独立的，不受其他服务影响，也不会影响到其他服务。

❑ 进程隔离：每个微服务都运行在自己独立的进程中，有独立的运行时环境，可以方便地部署在不同的机器上。

微服务架构能够成为当前演进出的最先进框架，并非偶然，下面梳理一下微服务的优点。

❑ 开发效率高：微服务将庞大复杂的系统进行拆分，每个微服务都变得功能单一，易于理解和方便开发，确保每个微服务的开发都很高效。

❑ 新增需求响应快：因为对于服务的充分拆分，每个新的服务开发都非常高效，响应新需求非常快，非常适合敏捷开发。

❑ 部署更方便：单个微服务的部署并不影响全局，特别是如果一个微服务运行在多个实例上，完全可以做到部署的同时向客户提供服务。

微服务肯定同样存在缺点，下面来了解一下。

❑ 运维难度增加：微服务的服务接口一般都是数量比较多的，因为数量太多，所以在整个服务出现问题的时候，要找出具体是哪个微服务出了问题是有难度的。要想象在单体应用里面一样通过单步的 debug 追溯原因是不可能的，可想而知，对运维团队的要求也就增加了。

❑ 分布式部署难度增加：微服务是天然分布式的，也是因为必须采用分布式，所以部署和调度管理的难度就增加了。

❑ 接口修改成本高：因为众多微服务之间是彼此调用的，所以当一个微服务接口要进行修改调整的时候，依赖该接口的其他众接口都需要检查或修改。因此，接口的修改成本增加。

❑ 部分代码重复：因为每个微服务的开发、测试和部署都是独立的，运行时环境也是独立的，所以造成很多重复性的功能在每个微服务中都要重复开发。

对单体架构和微服务架构的对比分析见表 11-1。

表 11-1 单体架构和微服务架构的对比

	传统单体结构	分布式微服务化架构
新功能开发	需要时间	容易开发和实现
部署	不经常而且容易部署	经常发布，部署复杂
隔离性	故障影响范围大	故障影响范围小
架构设计	初期设计选型难度大	设计逻辑难度大
系统性能	响应时间快，吞吐量小	响应时间慢，吞吐量大
系统运维	运维简单	运维复杂
新人上手	学习曲线大（应用逻辑）	学习曲线大（架构逻辑）
技术	技术单一而且封闭	技术多样而且开放
测试和差错	简单	复杂（每个服务都要进行单独测试，还需要集群测试）
系统扩展性	扩展性差	扩展性好
系统管理	重点在于开发成本	重点在于服务治理和调度

图 11-3 为 Go 语言微服务架构示意图。

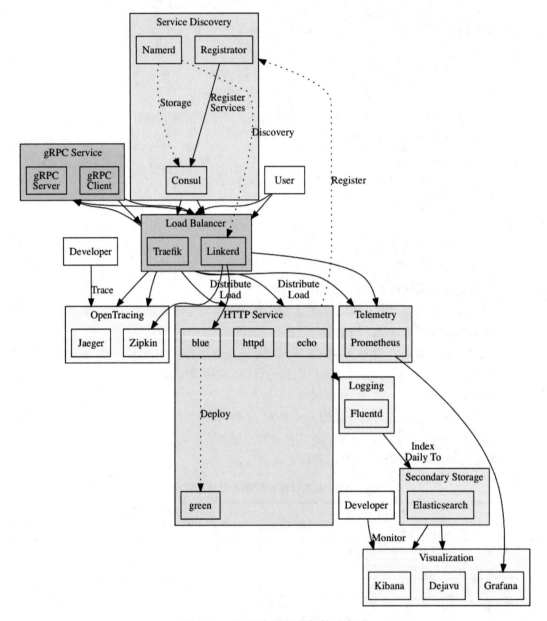

图 11-3　Go 语言微服务架构示意图

11.3　小结

本章介绍了微服务的基本理论知识，包括：

❑ 什么是微服务。

❑ 微服务的由来。

❑ 微服务与微服务架构。

❑ 系统架构的演进。

在学习完本章后，读者应该能够理解微服务的概念，并且理解当前的软件架构为什么需要微服务，以及微服务的优缺点。

本章介绍的微服务理论知识是后续微服务实践的基础，请理解透彻。

微服务化策略

在了解了传统软件架构和微服务的基本概念后，在实际项目开发中应该如何进行微服务的拆分呢？有些观点认为，所有的服务都可以看作是微服务，根本就不存在微服务这种概念。这种观点显然是偏激的。如果服务拆分得不够优秀就会存在大量的分布式事务，比如一个订单产品信息的更新需要和其他诸如库存、运输等多个事务操作保持一致，那可能导致无法达成微服务简单开发的目标，这种毫无策略的服务开发不仅不是好的服务，也不能称为微服务。

本章将介绍服务的微服务化策略，读者会学习到以下内容：

- ❑ 了解微服务技术架构的风格。
- ❑ 掌握微服务化过程中的重要知识点。
- ❑ 了解系统拆分成微服务有哪些原则和策略。

> **注意** 本章没有讲解 Go 语言的具体技术，介绍的内容偏理论，但是无论微服务的架构使用的是什么语言，都会用到这些理论。

12.1 微服务架构风格

微服务有两个非常重要的风格：一是每个服务都拥有独立的数据库；二是系统基于 API 的模块化。

12.1.1 每个服务都拥有独立的数据库

与单体应用不同，为了满足在开发和部署上的简易性，每个微服务都对应一个数据库表，这种方式让整个系统以松耦合的方式进行整合。

习惯了单体应用开发的工程师应该很熟悉数据访问层和业务层及 API 路由层分离的方式。这种方式就像滚雪球一样，随着应用的增多，应用会越来越大，因此难以维护，修改一个 API 的功能很有可能会影响其他 API，而微服务则在开发大型应用及多人协作的场景中有着明显优势。当某个 API 的表出现死锁等情况时，也不会影响其他 API。

> **注意**　每个服务都拥有独立的数据库遵循了 SRP（Single Repository Principle）原则。

12.1.2　基于 API 的模块化

一个大型的项目中，为了方便维护和开发协作，都会进行模块化切分。即便是本书前两部分案例中使用的小型案例，为了便于理解，也进行了模块化切分。

微服务的模块化与传统应用的模块化是不同的。对于 Go 语言来说，传统应用的模块化主要是分包，通过包的安装可以调用新的方法、结构体等。而微服务的模块化则是通过 API 进行的，其他服务无法直接调用被封装的方法，只能通过 API 访问。

通过 API 进行模块化可以避免随着应用的增大而导致内部关系复杂，开发过 Java 的读者应该对大型项目中的众多 jar 包心有余悸吧。API 这种天然的切分则会让微服务的运维和新增功能更为简单。

12.2　微服务化进程中的重点问题

前面介绍了微服务的技术风格，如果要让程序实现这种风格，开发人员就需要了解有哪些问题是应该重点关注的，或者说，需要一个"避坑指南"。

12.2.1　微服务的通信

微服务是分布式系统中的一种，所以必须设计好进程间通信（IPC）。进程间通信是整个微服务设计中非常复杂的一部分，可以细分为以下几个方面。

- ❑ 通信风格：是使用消息通信，还是远程调用，又或者是领域特定，这要结合语言特点和项目需求来定。
- ❑ 服务发现：在微服务的实现过程中，特别是微服务数量特别多的情况下，客户端如何发现具体的服务实例请求地址。
- ❑ 可靠性：服务不可用的情况发生时，如何确保服务之间的通信是可靠的。
- ❑ 事务性消息：如何将业务上的一个事件，比如消息发送，与存放业务数据的数据库表的事务进行集成。
- ❑ 外部 API：客户端如何与微服务进行通信。

以上是微服务的通信需要重点关注的问题，通信风格、可靠性和事务性消息及微服务发现会在接下来的章节中介绍，其他内容会在本书的后续章节进行详细介绍。

12.2.2　事务管理的一致性

在上一节介绍微服务架构风格时曾提到，为了保持松耦合，工程师们总是让每个微服务使用自己独立的数据库。这样做虽然有其优点，但是同时也带来了很大的难题。比如在传统单体应用中可以把对数据库的几步操作放在同一个事务中，而现在就不能使用这种方式了，进而导致很多业务处理难以仅通过组合多步操作来完成。在微服务中如何来保证数据一致性，将在第 14 章详细讨论。

12.2.3　微服务数据查询

服务与数据库一一对应不仅会带来事务管理的问题，实际上还会带来数据查询问题。比如要同时展现客户与所购买商品的信息，则需要查询 customer 和 product 表，传统的单体应用使用 SQL JOIN 的语句可以很方便地完成，可是在微服务中客户端只能操作 API，因此无法完成这种 JOIN 操作。

对于微服务数据查询的解决方案，有些情况下可以使用 API 组合的方式，即把需要的 API 挨个调用，然后把结果聚合；不过，更多时候会使用命令查询职责分离（CQRS）的方式，这些内容会在第 18 章详细介绍。

12.2.4　微服务部署

对于传统的单体应用的部署各位读者应该比较清楚，即便是相对大型的应用，虽然步骤会比较烦琐，但是从流程上来讲比较好理解。不过微服务的部署就更为复杂，部署方式也有多种选择，本节先简单介绍几种微服务的部署方式，更多会在第 21 章详细介绍，常用的有如下三种：

第一种是单主机多服务模式，即把多个服务部署在同一台主机或者虚拟机上，一般一个服务对应一个端口。这种方式可以借助 Web 服务器进行优化，比如 Apache 或 Nginx 服务器，通过端口转发完成该工作。这种方式最大的优点是部署简单，容易理解。缺点也非常明显，运维团队需要了解部署的细节，当机器重启时，因为有多个服务，重启会变得很复杂。

第二种是单主机单服务模式。该模式下每个服务器或虚拟机上运行单独的服务，一般是一个虚拟机运行一个服务实例。这种模式的优势是环境隔离得非常好，运维起来相对容易。不过缺点也很明细，因为 CPU 和内存都是隔离开的，无法动态分配，导致资源利用率低。

第三种是单容器单服务模式。该模式是目前应用非常广的模式，一般是结合 Docker 使用，一个 Docker 一个服务。容器既有隔离性，又可以更好地分配资源，其缺点是容器镜像管理会比较复杂。

除了以上三种模式，还有无服务器等模式，本书重点介绍的是第三种模式：单容器单服务模式。

12.2.5　微服务生产环境监控

监控一个运行的单体应用尚且不是一件容易的事情，想要监控微服务的生产环境就更加困难了。试想你有大量的 API 部署在几台服务器上，想要了解当前的访问压力如何，有没有报错，以及错误是如何跟进和诊断的，都会变得很困难。

在微服务的生产环境下必须要有足够优秀的监控手段，其中应该包括如下的服务。

- ❑ API 状态：返回 API 的健康状态。
- ❑ 日志集中处理：把各个服务器上的日志集中到一台服务器，然后提高日志搜索性能、增加预警等功能。
- ❑ 请求追踪：因为微服务也是分布式的，所以请求的跟踪也有其特点，要为每一个请求分配一个 ID，方便在各个服务之间跟踪请求。
- ❑ 异常跟踪：每个外部的访问可能触发多个 API，而这当中很可能出现异常；多次同样的请求也有可能触发同样的异常。所以需要提供统一的异常接收和排重并记录的服务。
- ❑ 运行指标：提供各种应用运行的指标数据，比如访问次数、登录次数，供运维人员使用。
- ❑ 行为日志：记录用户的行为。

这些内容会在第 20 章进行更为详细的介绍。

12.2.6　微服务的自动化测试

微服务的单个服务测试比起传统应用架构更为简单，不过多个服务之间的协同测试又会变得更为困难。为了将微服务的测试压缩在更短的时间内，并且融入整个微服务的开发部署流程中，以下测试模式是值得思考和关注的。

- ❑ 消费端的功能测试：验证服务能否完全满足期望的功能。
- ❑ 消费端的契约测试：验证服务的客户端能否与服务端正常通信。
- ❑ 服务端的组件测试：在隔离的环境中测试服务。

具体的自动化测试会在第 16 章介绍。

12.3　微服务的拆分

如何进行微服务的拆分既是微服务建设当中的第一步，也是整个微服务项目的关键。如果微服务拆分不合理，就会在开发中处处掣肘。那么如何进行微服务拆分才是合理的呢？

本节会介绍微服务拆分的一些主要原则和策略。

12.3.1 拆分的指导原则

微服务的拆分策略虽然有几种，但是拆分的指导原则却非常简单，只有两个：单一职责原则和闭包原则。

单一职责原则就是让微服务足够单一，单一到修改一个微服务应该有且仅有一个理由。如果有多个理由去修改一个微服务，那也就意味着微服务承担了太多的职责。具体点来讲，微服务设计应该满足小、内聚、职责单一的特点，比如销售订单的获取、销售订单的签署都应该是不同的服务。

对于闭包原则，读者应该已经有所了解，因为第一部分就已经讲过相关知识。不过，此处介绍的是闭包原则，与前面闭包的具体实现手法还是不同的。微服务的闭包原则就是当需要改变一个微服务的时候，所有依赖都在这个微服务的组件内，不需要修改其他微服务。

对于这两个指导原则，在设计时要尽可能满足，但是其实只有在极理想的情况下才可能完全满足，这也就是在结合这两个原则的前提下还需要学习依据业务能力拆分和依据领域驱动设计拆分两大策略的原因。

12.3.2 依据业务能力拆分

微服务拆分的一种方式是按照业务能力拆分。业务能力是指从业务角度讲，一个组织所具备的能力。以电商为例，它包括订单管理、库存管理、物流管理、评价管理、推荐管理等业务能力。业务能力是根据一个组织的经营业务而定的，所以是基本稳定的。而业务能力的具体实现方式则很可能是随着时间的推移和技术的发展变化的，比如付款这种业务能力，虽然电商一直具有这种能力，但开始是需要通过银行转账到类似支付宝的平台，而现在可能只需要扫二维码。可见业务能力是稳定的，具体实现方式是不断进步的。

理解业务能力并不难，但要识别业务能力可能就需要一点管理学知识和需求调研的方法了。严谨的做法是先梳理一个组织的架构，然后再根据组织架构来梳理业务能力，而且每一个组织的业务能力分析都需要按照输入、输出和服务等级协议等进行列举。比如库存管理的输入可能是进货管理和发货管理，输出是库存余量，而且库存管理肯定是对应库存部门这样一个组织的。

一般情况下，业务能力都是逐步细分的，比如库存管理，如果是一个家电企业，可以继续分为原材料库存、半成品库存和成品库存，成品库存可能又分为未售库存和已售未提库存。最终可以根据细分的业务能力进行服务的定义。

这种方式好理解，不过在项目的使用过程中会发现这种方式严重依赖架构师的经验和业务知识，因为在拆分过程中的决策都是比较主观的。

当然，依据业务能力拆分仍然是常用的策略之一，其最大的优势就是业务能力是基本稳定的，这意味着工程师们可以在 API 边界清晰的情况下进行工作，保证了 API 的闭包性指导原则。

12.3.3　依据领域驱动设计拆分

领域驱动设计（Domain-Driven Design，简称 DDD）是由 Eric Evans 在 2003 年的著作中提出的，是构建复杂软件的一个方法论。DDD 的关键就是在一个高度复杂的系统建设过程中，为多个子团队提供统一的语言（Ubiquitous language）。DDD 可以为大团队中的各个子团队、各个角色提供交流的标准和方法，避免组件在划分过程中的边界错位。在一个系统构建过程中，需要业务、技术等多种角色的参与，DDD 比起单纯的业务能力划分策略更能保证落地。

同一个概念是允许有多个领域的，而且允许在不同领域中有自己的领域模型。例如，同样是客户，财务给出的客户模型和销售给出的大都不一样，因为在业务上他们的特征不一样。在这种情况下，财务客户和销售客户可以放入不同的领域，也允许分别构建模型。DDD 通过定义多个领域模型明确了业务上认识不同的同一个事物（比如客户）可以有不同的领域模型。

DDD 有两个重要的概念，即子域和限界上下文。子域是领域的一部分，子域的划分方式和业务能力的细分方法类似，也是根据组织和业务进行不断地细分，不过最终 DDD 是通过子域独立建模划清边界的。

限界上下文是 DDD 闭包指导原则的进一步实现，让每个子域都拥有对应领域模型的代码集合，也就是说有了有界上下文（Bounded Context）基本就有了微服务。

DDD 是通过多个子域的独立模型来划清界限的，它会通过有界上下文增加具体的代码集合，让 DDD 和微服务成为天生一对。

有界上下文是领域驱动设计中的中心模式。DDD 战略设计部分的重点是与大型模型和团队打交道。DDD 通过将大型模型划分为不同的有界上下文并明确说明它们之间的相互关系来处理它们。比如，销售上下文和销售支持上下文可以既清晰又体现关联关系，如图 12-1 所示。

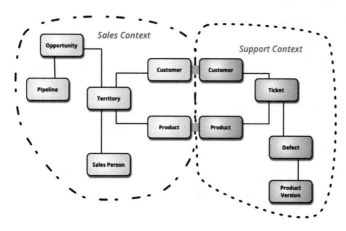

图 12-1　有界上下文

　　DDD 是基于基础领域模型设计软件的。模型充当统一语言，以帮助软件开发人员和领域专家进行交流。它还充当软件本身设计的概念基础，介绍如何将其分解为对象或功能。为了确保有效，模型需要统一，即在内部保持一致，使其中没有矛盾。

　　在为更大的域建模时，构建单个统一模型的工作变得越来越困难。在大型组织的不同部门，不同的人群将使用不同的词汇描述同一事物或事件。建模的精度很快就会与此有关，这通常会引起很多混淆，这种混淆大都集中在域的中心概念上。笔者早期曾为电力公司工作，就发现一个容易引起混淆的词——"电表"，"电表"一词的含义在公司的不同部门中有着微妙的不同：有的部门认为"电表"是电网与位置之间、电网与客户之间的连接，而有的部门认为"电表"是物理电表本身（如果有问题，可以更换）。这些微妙的多义现象可以在对话中消除，但不能在计算机的精确世界中消除。笔者一次又一次地看到，类似"电表"的这种词有很多，比如"客户"和"产品"等多义词非常容易出现微妙的混淆。

　　在早期，工程师们被建议建立整个业务的统一模型，但是 DDD 让他们意识到将大型系统的域模型完全统一是不可行或不具有成本效益的。因此，DDD 将大型系统划分为有界上下文，每个有界上下文都可以具有统一的模型，这本质上是构造大型复杂模型的一种方式。

　　有界上下文既有不相关的概念（例如仅在客户支持上下文中存在的支持凭单），也有共享的概念（例如产品和客户）。不同的上下文可能具有完全不同的通用概念模型，并且具有在这些多义概念之间进行映射以进行集成的机制。几种 DDD 模式探讨了上下文之间的替代关系。

　　各种因素在上下文之间划定了界限。通常占主导地位的是人类文化，因为模型充当无所不在的语言，所以当语言改变时，需要一个不同的模型。

　　DDD 的战略设计继续描述了在绑定上下文之间建立联系的各种方式。通常使用上下文映射来描述它们是值得的。

　　领域一旦确定，就可以让一个团队专门服务一个领域。目前阿里巴巴提出的中台概念也是和 DDD 有着紧密联系的。

　　为了说明使用 DDD 进行拆分的优势，继续看客户这个例子。企业的销售部门、风控部门、财务部门、运营部门同时关心客户，要处理这个例子，比较容易想到的有两种方案。

　　一种方案是使用高内聚表的模式，即把所有的客户相关的字段都封装在一个 customer 表内，这样所有部门的相关操作都是针对这个表进行的，可是这严重违反了微服务的闭包指导原则，导致多个服务之间依赖关系过大。

　　另一种方案是把 customer 的相关操作封装为一个服务，然后所有客户相关的服务都通过调用该服务来完成，其他服务不再直接操作 customer 表。这种方式首先会让客户服务职责不再单一，需要包含客户维护、信用评级和风控、财务付款等多个职责；其次该服务不是直接给客户端使用的，而是单纯为其他服务所调用，这种一对多的关联性仍然会为维护造成麻烦。

　　如果采用 DDD 原则进行领域划分则可以很好地解决这个问题，比如销售部门的客户需要的字段见表 12-1。

表 12-1 销售部门客户需求示例

客户名称		
地址		
联系电话		

风控部门关心的字段见表 12-2。

表 12-2 风控部门客户需求示例

客户名称		
信用额度		
法院判决书数		
最后股权变动日期		

财务关心的付款相关数据见表 12-3。

表 12-3 财务部门客户需求示例

税号		
付款额度		
应收款		

这样每个领域模型的信息拼起来就是客户的完整信息，这样做当然带来了一些弊端。假如风控部门修改了客户的信用额度为负值，此时销售部门就不应该继续向该客户销售产品，除非先付款，而销售部门从他们所关心的客户字段里并不能得到这个信息，导致两个部门对一个客户的判断出现偏差，这种跨服务的数据一致性问题是第 14 章要重点介绍的。

领域模型有可能影响到用户体验，比如当需要向用户显示所有客户的字段信息时需要在几个领域模型进行多次调用，这与 API Gateway 有关。

12.3.4 服务 API 的定义

前面介绍拆分时解释了两个原则和两种策略，而且在介绍的过程中也提到拆分完成后就是对应的微服务 API，不过本节要将概念进一步细化和准确化，事实上，前面介绍的拆分方法得到的未必是对应的 API，准确地说，前面的拆分结果是"操作"。

我们是基于这些"操作"列表对具体的服务列表进行定义的。要定义的 API 可以分为两类：一类是供客户端调用的 API；另一类是供其他服务调用的 API。"操作"与 API 之间不是一一对应的，有两方面原因：首先是有些服务可能并未在"操作"中列出，比如维持数据统一性的服务；有些服务在领域模型属于风控，做成服务又可能属于销售。可以理解为拆分的"操作"和 API 服务之间很多时候是一一对应的，不过经常会存在"错配"的情况，这有点类似于分层架构中的数据访问层和业务操作层的关系。

12.4　小结

经过本章的学习，读者应该可以以实战的思维来思考如何把一个工程实现成微服务风格的应用了。请试着理解微服务实施过程中为什么会出现应该关注的那些重点问题。

微服务的拆分是整个微服务实现的第一步，也是基础，本章介绍了微服务拆分的主要原则和方法策略，读者应该深入理解。除了本书介绍的策略，也还有其他策略，不过都大同小异。真正拆分完你会发现殊途同归，不同的策略会带来差不多的结果，所以重点掌握书中所介绍的策略即可。

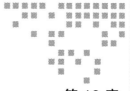

第 13 章 *Chapter 13*

微服务中的进程间通信

根据前面的介绍可知，微服务与单体应用是不同的，不同的微服务很可能是部署在不同的服务器上，这也就使得不同服务之间的通信不能像单体应用一样可使用语言内部函数直接调用。

进程间通信（Inter-Process Communication，IPC）主要是为了满足跨服务器的调用，在这种情况下最容易想到的实现方案是 REST 和消息传递，这两种方案在技术上是可行的，不过本章会把这几种可行的方案都介绍一下，以方便读者在项目执行中知道如何选择。

13.1 微服务中的进程间通信概述

对于进程间通信的技术，开发者有多种选择。可以选择基于同步通信的通信机制，比如 HTTP REST；也可以选择基于异步通信的方式，Go 语言提供了标准的 net/rpc 包以支持异步。此外，在数据的交互上，可以使用基于文本的 JSON 或 XML，也可以选择基于二进制的 gRPC，gRPC 是 Go 语言进程间通信的重要工具，本章会详细介绍。

本节在介绍进程间通信的具体设计和实现方法以前，会先介绍服务的交互方式以及在微服务中 API 的定义。

13.1.1 交互模式

对于交互方式，可以从两个维度来进行分析，第一个维度是从客户端与服务端的交互方式来划分，这其中又包括以下几种形式。

❏ 一对一：客户端的一个请求对应服务端的一个请求。

❏ 一对多：客户端的一个请求，需要服务端的多个请求。

第二个维度是从同步 / 异步模式的角度来划分。

❑ 同步模式：发起请求后等待被请求服务的处理结果，直到获取结果后再进行下一步。

❑ 异步模式：发起请求后不会等待处理结果再进行其他操作，而是直接进行其他操作。

❑ 并行模式：多数情况下服务都是串行调用的，比如 A 调用服务 1，服务 1 又调用服务 2，形成了 A->1->2 的形式，但有些时候 A 需要同时调用 1 和 2 得到一个返回，这就是并行。并行可以提高效率。

通信和服务之间的关系如图 13-1 所示。

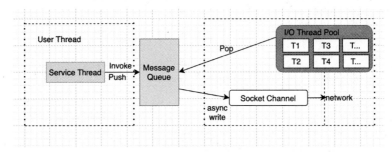

图 13-1　通信和服务

服务端在收到请求后，经过业务处理、消息编码等操作，最终序列化后的结果一般都放在中间消息队列中。可以看到，消息队列以外的部分对于服务端是不可见的。不管客户端采用何种方式（同步或异步），只要服务端是处理完消息没有等待就放入消息队列的，就认为服务端是同步模式。

因为这里是在介绍进程间的交互模式，不是整个框架的交互模式，所以不要把框架提供的异步认为是服务的异步。所以，可以认为服务是天生同步的，不过在调用方式上又可以将其分为以下几种形式。

❑ 单向通知：请求方向服务方发送请求到服务端，但是并不关心返回。

❑ 请求 – 响应：请求方向服务方发起请求，然后请求方的该线程一直等待服务方的返回，这种方式在 Go 语言中比较常用，因为 Go 语言擅长处理多线程。

❑ 请求 – 响应 – 异步通知：请求发起后，服务端立即开始响应，不过结果是通过异步通知的方式告知请求方的。比如缴费充值接口。

服务的调用也可以认为是天生同步的。如果是一对多的调用方式，还可以梳理出发布 / 订阅等方式，不过在理解了服务的天然同步性以后，这些都没有那么重要了。

使用 Go 语言进行微服务开发时，进行进程间通信要比其他语言更为简易。Go 语言天生的并行性让开发人员在服务端可以更容易地进行并行模式的设计。当然在 I/O 上还是会有瓶颈。当有高并发同时出现的时候，I/O 资源总是最珍贵的，不过 Go 语言的并行性和线程池以及消息队列的模式同样可以很好地解决这些问题。在使用 Go 语言进行微服务开发时，可以选择 Go 语言开发的 NSQ 或 NATS 等消息框架。

13.1.2　API 定义

经过本书前面的介绍和案例分析，读者应该已经完全熟悉了 Restful API 的定义。在前后端项目大行其道的当下，这种方式的 API 是目前最为流行的。

可是当探讨 IPC 的通信时，问题又不一样了。特别是如果使用的是 HTTP1.X 协议，那么性能就非常容易成为问题。由于 HTTP1.X 使用的是同步阻塞方式，也就是说，一个访问一个线程，因此如果内部进程间的通信非常频繁，那么很显然，使用这种方式在性能上不够优秀。

如果一定要使用 Restful API 作为 IPC 选择，也应该使用 HTTP2.0，其优点如下：
- 支持双向流。
- 可实现消息头压缩。
- 单 TCP 的多路复用。
- 服务端的推送。

本书介绍的是 Go 语言的微服务实现，所以最推荐的当然是 Google 公司开源的 gRPC，13.3 节会进行介绍。

13.2　protobuf 格式

上一节介绍过，进程间通信可以使用基于文本的 JSON 或者 XML 等来实现。不过在 Go 语言的微服务世界中，protobuf 使用得更为广泛，本节将对其进行详细介绍。

13.2.1　protobuf 简介

protobuf（Google Protocol Buffer）是 Google 旗下的一种平台无关、语言无关、可扩展的序列化结构数据格式，很适合作为数据存储和不同语言之间相互通信的数据交换格式。在项目中，工程师只要编写一个协议格式（同一 proto 文件）文件即可，该 proto 文件将被编译成不同的语言版本加入到各自的工程中去。这样，不同的语言就可以解析其他语言通过 protobuf 序列化的数据了。目前官网针对 C++、Python、Java、Go 等语言提供了支持。Google 在 2008 年 7 月 7 号将其作为开源项目对外公布。

相比于其他数据交互格式，protobuf 有如下优点：
- 序列化以后体积比 JSON 和 XML 格式小，便于网络传输。
- 支持跨平台、跨语言。
- 有很好的"向后"兼容性。
- 序列化和反序列化速度快，高于 JSON 的处理速度。

13.2.2　protobuf 的简单使用

在使用 protobuf 之前需要先进行安装。

首先安装 protobuf 文件库：

```
go get github.com/golang/protobuf/proto
```

再安装插件:

```
go get github.com/golang/protobuf/protoc-gen-go
```

然后定义一个扩展名为 .proto 的文件，里面定义了交互数据的格式。该文件经过编译以后，会自动生成一个 Go 语言的 .go 文件，我们直接调用就可以了，先来看 .proto 文件是如何定义的:

```
book/ch13/13.2/protocol/test.go
1.   syntax = "proto3";   // 指定版本 (proto3、proto2)
2.   package protocol;
3.
4.   enum FOO
5.   {
6.       X = 0;
7.   };
8.
9.   //message 是固定关键字。UserInfo 是自定义类名
10.  message UserInfo{
11.      string message = 1;
12.      int32 length = 2;
13.  }
```

这个文件是一个文本文件，Go 语言是无法直接调用的，所以需要编译，在该文件的同路径下，执行如下命令:

```
protoc --go_out=.  *.proto
```

然后可以看到在同路径下生成了一个新的文件 test.pb.go，这个新生成的文件就可以直接使用 Go 语言调用了。下面来写一个测试:

```
book/ch13/13.2/main.go
1.   package main
2.
3.   import (
4.       "./protocol"
5.       "github.com/gogo/protobuf/proto"
6.       "log"
7.   )
8.
9.   func main()  {
10.      u := &protocol.UserInfo{
11.          Message: *proto.String("testInfo"),
12.          Length: *proto.Int32(10),
13.      }
14.
15.      data,err := proto.Marshal(u)
16.      if err != nil {
17.          log.Fatal("marshaling error: ", err)
18.      }
19.      newInfo := &protocol.UserInfo{}
20.      err = proto.Unmarshal(data,newInfo)
21.      if err != nil {
22.          log.Fatal("unmarshaling error: ", err)
```

```
23.     }
24.
25.     log.Println(newInfo.GetMessage())
26. }
```

这个代码就是对上面定义的 UserInfo 的使用，执行完成后可以看到对应 Message 的打印。

13.3　gRPC 包

在介绍完 protobuf 以后，再来看看 Go 语言在进程间通信中用得比较多的 gRPC 包。

gRPC 是基于 HTTP2.0 设计的，所以就有诸如双向流、流量控制、头部压缩、单 TCP
连接上的多复用请求等特性。gRPC 也是 Google 开源出来的包，不过，Go 语言官方也提供
了自己的 RPC 包。本节先介绍官方标准的 RPC 包，再介绍 Google 开源的 gRPC 包。

13.3.1　net/rpc 包

远程过程调用协议（Remote Procedure Call Protocol，RPC）是一种通过网络从远程计
算机程序上请求服务，而不需要了解底层网络技术的协议。

简单来说，与远程访问或者 Web 请求差不多，都是一个客户端向远端服务器请求服务
返回结果，但是 Web 请求使用的网络协议是高层协议 HTTP，RPC 所使用的协议多为 TCP，
是网络层协议，这减少了信息的包装，加快了处理速度。

Go 语言官方提供的 net/rpc 包可以借助图 13-2 进行理解。

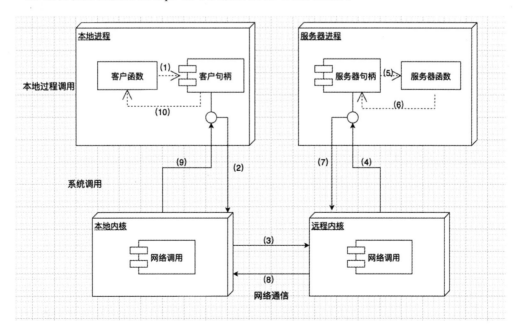

图 13-2　RPC 流程图

RPC 也是项目中常用的包，这里把图 13-2 中的步骤与流程详细介绍一下，便于读者理解：

1）调用客户端句柄，执行传送参数。

2）调用本地系统内核发送网络消息。

3）消息传送到远程服务器。

4）服务器句柄获取消息并得到参数。

5）执行远程函数。

6）执行的函数将结果返回服务器句柄。

7）服务器句柄返回结果，调用远程系统内核。

8）消息传回本地主机。

9）本地系统内核获取消息并传给客户句柄。

10）客户端接收句柄返回的数据。

下面使用标准的 net/rpc 包来完成一个非常简单的案例，即从一个客户端输入信息，由服务端打印出来。先来看客户端的实现：

book/ch13/13.3/rpc/client/client.go

```
1.  package main
2.
3.  import (
4.      "bufio"
5.      "log"
6.      "net/rpc"
7.      "os"
8.  )
9.
10. func main() {
11.     client, err := rpc.Dial("tcp", "localhost:13133")
12.     if err != nil {
13.         log.Fatal(err)
14.     }
15.
16.     in := bufio.NewReader(os.Stdin)
17.     for {
18.         line, _, err := in.ReadLine()
19.         if err != nil {
20.             log.Fatal(err)
21.         }
22.         var reply bool
23.         err = client.Call("Listener.GetLine", line, &reply)
24.         if err != nil {
25.             log.Fatal(err)
26.         }
27.     }
28. }
```

这段代码实现了与服务端的连接，需要在本地 13133 端口实现服务端。客户端代码的另一个功能就是监听系统的输入，以便从系统运行处接收用户输入，然后调用远程服务端的 GetLine 函数。

接着来看一下服务端的实现：

```
book/ch13/13.3/rpc/server/server.go
1.  package main
2.
3.  import (
4.      "fmt"
5.      "log"
6.      "net"
7.      "net/rpc"
8.  )
9.
10. type Listener int
11.
12. func (l *Listener) GetLine(line []byte, ack *bool) error {
13.     fmt.Println(string(line))
14.     return nil
15. }
16.
17. func main() {
18.     addy, err := net.ResolveTCPAddr("tcp", "0.0.0.0:13133")
19.     if err != nil {
20.         log.Fatal(err)
21.     }
22.
23.     inbound, err := net.ListenTCP("tcp", addy)
24.     if err != nil {
25.         log.Fatal(err)
26.     }
27.
28.     listener := new(Listener)
29.     rpc.Register(listener)
30.     rpc.Accept(inbound)
31. }
```

服务端的代码使用 RPC 注册了一个 Listener（就是客户端调用的 Listener），可以通过
该对象调用远程函数 GetLine。

RPC 就介绍这么多，这种方式在项目中十分常用。

13.3.2　gRPC 简介

在 gRPC 里，客户端可以像调用本地对象一样直接调用另一台机器上（服务端）应用的
方法，从而使开发人员更容易创建分布式应用和服务。与许多 RPC 系统类似，gRPC 也是
基于以下理念调用的。

定义一个服务，指定其能够被远程调用的方法（包含参数和返回类型），在服务端实现
这个接口，并运行一个 gRPC 服务器来处理客户端调用。

在客户端拥有一个类似服务端的句柄方法。gRPC 客户端和服务端可以在多种环境中运
行和交互——从 Google 内部的服务器到用户自己的笔记本，并且可以用 gRPC 支持的任何

语言来编写。

所以，开发人员可以很容易地用 Java 创建一个 gRPC 服务端，用 Go、Python、Ruby 来创建客户端。此外，Google 最新 API 有 gRPC 版本的接口，这样开发人员能够很容易地将 Google 的功能集成到应用里。

gRPC 默认使用 protobuf，这是 Google 开源的一套成熟的结构数据序列化机制（当然也可以使用其他数据格式，如 JSON）。正如你将在下面的例子里所看到的，可以用 proto files 创建 gRPC 服务，用 protobuf 消息类型来定义方法参数和返回类型。虽然可以使用 proto2（当前默认的 protocol buffers 版本）来实现所有的必需功能，但建议在 gRPC 里使用 proto3，因为这样可以使用 gRPC 支持的全部语言，并且能避免 proto2 客户端与 proto3 服务端交互时出现兼容性问题。

如图 13-3 所示，gRPC 的基本运行模式是跨平台、跨语言并且效率非常高的 RPC 方式。

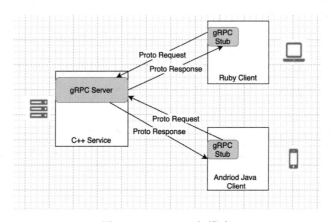

图 13-3　gRPC 运行模式

13.3.3　Go 语言实现 gRPC 调用

下面来完成一个使用 Go 语言进行 gRPC 调用的示例，在该示例中，客户端和服务端之间的通信协议使用的是 protobuf。要使用 gRPC 需要先使用如下命令安装 gRPC：

```
go get google.golang.org/grpc
```

下面来处理 protobuf 协议：

```
book/ch13/13.3/grpc/protocol/hello.proto
1.  syntax = "proto3";
2.  package protocol;
3.  service HelloServer{
4.  // 创建第一个接口
5.  rpc SayHello(HelloRequest) returns(HelloReplay){}
6.  // 创建第二个接口
7.  rpc GetHelloMsg(HelloRequest) returns(HelloMessage){}
8.  }
```

```
9.  message HelloRequest{
10.     string name = 1 ;
11.  }
12. message HelloReplay{
13.     string message = 1;
14.  }
15. message HelloMessage{
16.     string msg = 1;
17.  }
```

然后在同一个目录下执行如下命令进行编译：

```
protoc --go_out=plugins=grpc:./ *.proto
```

这时会在同一个目录下生成一个 hello.pb.go 文件。接着来实现服务器端：

book/ch13/13.3/grpc/server/server.go
```
1.  package main
2.  import (
3.      "context"
4.      "fmt"
5.      "google.golang.org/grpc"
6.      pt "../protocol"
7.      "net"
8.  )
9.  const (
10.     post  = "127.0.0.1:18887"
11. )
12. // 对象要和 proto 内定义的服务一样
13. type server struct{}
14. // 实现 RPC SayHello 接口
15. func(s *server)SayHello(ctx context.Context,in *pt.HelloRequest)(*pt.
        HelloReplay , error){
16.     return  &pt.HelloReplay{Message:"hello"+in.GetName()},nil
17. }
18. // 实现 RPC GetHelloMsg 接口
19. func (s *server) GetHelloMsg(ctx context.Context, in *pt.HelloRequest)
        (*pt.HelloMessage, error) {
20.     return &pt.HelloMessage{Msg: "this is from server!"}, nil
21. }
22. func main() { // 监听网络
23.     ln ,err :=net.Listen("tcp",post)
24.     if err!=nil {
25.         fmt.Println(" 网络异常 ",err) }
26.     // 创建一个 grpc 的句柄
27.     srv:= grpc.NewServer()
28.     // 将 server 结构体注册到 grpc 服务中
29.     pt.RegisterHelloServerServer(srv,&server{})
30.     // 监听 grpc 服务
31.     err= srv.Serve(ln)
32.     if err!=nil {
33.         fmt.Println(" 网络启动异常 ",err)
34.     }
35. }
```

其用法和 net/rpc 非常相似，在代码中定义了 SayHello 和 GetHelloMSG 两个方法来供远程调用。

接下来看一下客户端：

```
book/ch13/13.3/grpc/client/client.go
1.  package main
2.  import (
3.      "context"
4.      "fmt"
5.      "google.golang.org/grpc"
6.      pt "grpcDemo/protocol"
7.  )
8.  const (
9.      post   = "127.0.0.1:18887"
10. )
11. func main() {
12.     // 客户端连接服务器
13.     conn,err:=grpc.Dial(post,grpc.WithInsecure())
14.     if err!=nil {
15.         fmt.Println(" 连接服务器失败 ",err)
16.     }
17.
18.     defer conn.Close()
19.
20.     // 获得 grpc 句柄
21.     c:=pt.NewHelloServerClient(conn)
22.
23.     // 远程调用 SayHello 接口
24.     r1, err := c.SayHello(context.Background(), &pt.HelloRequest{Name: "Scott"})
25.     if err != nil {
26.         fmt.Println("cloud not get Hello server ..", err)
27.         return
28.     }
29.     fmt.Println("HelloServer resp: ", r1.Message)
30.     // 远程调用 GetHelloMsg 接口
31.     r2, err := c.GetHelloMsg(context.Background(), &pt.HelloRequest{Name: "Scott"})
32.     if err != nil {
33.         fmt.Println("cloud not get hello msg ..", err)
34.         return
35.     }
36.     fmt.Println("HelloServer resp: ", r2.Msg)
37. }
```

关于 gRPC，本书会在后面的实战案例中继续介绍更高阶的用法，本章只做基础介绍。

> 注意　在实战项目中使用 gRPC 时，一定要注意服务器的防火墙必须支持 HTTP2.0，因为 gRPC 是基于 HTTP2.0 设计的。

13.4　微服务发现：consul

当要调用一个微服务时，需要知道要调用的服务的 IP 地址。与书中给出的示例只有一个 IP 地址不同，实际项目上微服务有多个，而且一般运行在多个不同的服务器或容器上，服务器或容器的 IP 地址往往是动态的，随着代码的升级、集群的重启，IP 地址都会变化。试想一下，当一个项目有非常多的服务时，就需要有一种自动化的方式帮助发现服务，那么该如何实现呢？这就是本节要介绍的服务发现。

具体到 Go 语言微服务，实现服务发现最有名的工具就是 Consul。

Consul 是 HashiCorp 公司推出的开源工具，用于实现分布式系统的服务发现与配置。Consul 是分布式的、高可用的、可横向扩展的，它具备以下特性。

- ❑ 服务发现：Consul 通过 DNS 或者 HTTP 接口使服务注册和服务发现变得很容易，一些外部服务（例如 SaaS 提供的）也可以注册。
- ❑ 健康检测：健康检测使 Consul 可以快速地预警集群中的失败操作并与服务发现集成，以防止服务转发到发生故障的服务上面。
- ❑ 键 / 值存储：用来存储动态配置的系统，提供简单的 HTTP 接口，可以在任何地方操作。
- ❑ 多数据中心：无须复杂的配置即可支持任意数量的区域。

有了服务发现模块，微服务的调用变得更为简单，如图 13-4 所示。

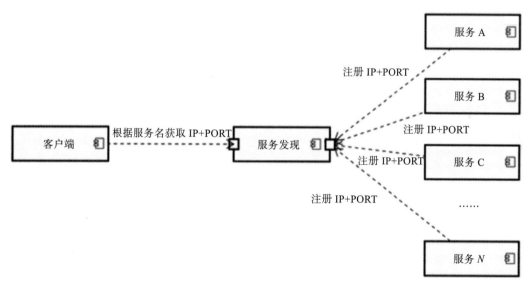

图 13-4　Consul 调用示意图

从 A 到 N 的服务都注册在服务发现模块内，在 Consul 内就是以 K-V 形式存储的，K 一般是服务的名字，V 就是 IP 地址和 PORT。这样一方面方便了服务的查找，另一方面 Consul 还可起到健康检查的作用，避免客户端调用阻塞。

> 注意 在服务发现模块内，容错处理是非常重要的设计策略，不过本书推荐使用 Consul，所以就略过了策略介绍，后续会直接进入其使用部分，读者可以从使用中反思 Consul 的设计模式。

本章没有针对 Consul 给出示例，因为使用 Consul 的核心是理解，具体应用起来非常简单，在实战当中直接使用不会有任何技术难度。

13.5 小结

微服务进程间通信是整个微服务架构中基础而核心的功能，特别是在 Go 语言中，protobuf、gRPC 和 Consul 都是需要读者好好掌握的。

Go 语言微服务的进程间通信方式以 protobuf 和 gRPC 为主，使用非常简洁，开发人员非常容易就可以完成一个微服务的开发。即便是使用 Java 语言，很多情况下也会选择使用 protobuf 协议。

读者可以根据 GitHub 上的示例代码动手实现，以加深理解。

第 14 章 *Chapter 14*

微服务中的分布式事务管理

根据前面 12.1.1 节的 SRP 理论可知，每个服务都应该拥有自己独立的数据库，并且数据库彼此之间不能互相操作，要影响非本服务数据库的数据就必须通过其他服务。这就对跨服务的数据操作造成了影响，即不能像传统数据库一样直接在一个事务内对多个数据进行操作。

本章将具体讨论微服务的分布式事务管理面临的问题和解决方法。

14.1　微服务下的事务管理

本节会分析微服务下的事务管理面临的难题，以及对于折衷的解决方案。由于折衷方案最终仍无法解决分布式事务管理问题，因此下一节会基于本节的分析介绍微服务分布式服务的各种解决方案。

14.1.1　面临的难题

要理解传统的数据库，首页要理解 ACID，ACID 对应 Atomicity、Consistency、Isolation、Durability 四个原则。

❑ Atomicity：原子性表明数据库修改必须遵循"全部或全无"规则。每个事务都被称为"原子的"。如果事务的一部分失败，则整个事务都会失败。无论是 DBMS，还是操作系统或硬件故障，数据库管理系统都必须保持事务的原子性，这一点至关重要。

❑ Consistency：一致性规定仅将有效数据写入数据库。如果由于某种原因执行的事务违反了数据库的一致性规则，则将回滚整个事务，并将数据库恢复到与那些规则一致的状态。如果事务成功执行，它则将使数据库从与规则一致的一种状态转移到也与规则一致的另一种状态。

❑ Isolation：隔离要求同时发生的多个事务不影响彼此的执行。例如，如果 Joe 在 Mary 发出事务的同时对数据库发出事务，则两个事务都应以隔离的方式在数据库上进行操作。数据库应该在执行 Mary 之前执行 Joe 的全部交易，反之亦然。这样可以防止 Joe 的交易被读取作为 Mary 交易的一部分而产生中间数据，这些中间数据最终不会提交给数据库。请注意，隔离属性不能确保哪个事务将首先执行，只是确保事务不会相互干扰。

❑ Durability：持久性确保了提交给数据库的任何事务都不会丢失。可通过使用数据库备份和事务日志来确保持久性，即使随后发生任何软件或硬件故障，这些日志也有助于恢复已提交的事务。

不过非常遗憾，这些特征都只有在一个数据库内并且允许跨表操作时才可以满足。可是微服务是部署在不同服务器上的，它们各自又有自己的数据库，所以本章要探讨微服务框架下的分布式事务管理。

对于微服务开发，强烈建议开发人员用单一存储库原则（SRP），这意味着每个微服务都要维护自己的数据库，并且任何服务都不应直接访问其他服务的数据库。没有直接简单的方法来跨多个数据库维护 ACID 原则。这是微服务中交易管理面临的真正挑战。

14.1.2　SRP 的折衷

尽管微服务准则强烈建议为每个微服务使用单独的数据库服务器（SRP），但作为设计人员，在微服务开发的早期阶段，出于实际原因，需要选用某些折衷方案。

折衷方案一般是把所有微服务要用到的表放在一个数据库内，这些表使用对应的前缀或后缀进行区分，但是表与表之间不允许有任何的主外键关系。

这样就可以把事务从微服务里面提取出来，在调用几个微服务以后再根据是否报错统一进行 commit 或者 rollback（如图 14-1 所示）。

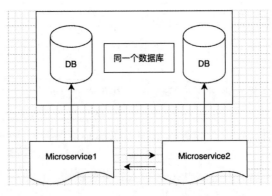

图 14-1　SRP 的折衷方案

这种方式仍然不允许跨数据库表的直接调用，只能通过服务在同一个库的不同表之间进行数据的操作。不过因为底层是一个数据库，所以继续使用 ACID 特征成为可能，很多框架会在事务层面提供辅助功能，比较著名的是 Java 的 Spring 框架。

只是这种折衷方案仅仅适用于项目开始阶段，它可以在服务压力不大的情况下作为过渡方案。一旦请求数增大，外部请求和服务之间的内部请求全部都会压在一个数据库上，这会给网络和数据库服务器都造成很大的压力。这时可以考虑数据的复制，把一个库复制到多个节点，但这又会牵扯出另一个问题，即最终的数据一致性问题，这种方案会在下一节提到。

14.2　微服务中处理事务的几种方式

在一段时间内，微服务社区使用了不同的方式来处理跨微服务的事务。一种方法是设计级别解决事务管理，而另一种方法则是设计编码级别来解决。

用来管理事务的方法或原则有多种，较为常用的有三种。这三种方式都是贴近实战的，可以在给定的微服务环境中使用以下一种或所有方法（原则）。在给定的环境中，两个微服务可以使用一种方法，而其他微服务可以遵循不同的方法进行事务管理。

1）避免使用跨服务的事务。

2）两步提交法，分别是 XA 标准和 REST-AT 标准。

3）最终的一致性和补偿方案。

14.2.1　避免跨微服务的事务

在设计程序时应该把避免跨微服务的事务作为一个重要的要素处理，在不影响其他要素的情况下，尽可能减少跨微服务的事务。

比如可以通过合理的模型设计，让订单、订单行项目在一个服务内。这种设计方式可以让订单的变更和订单行项目的变更都在一个微服务内完成，避免了跨微服务事务的出现。

当然，不可能没有跨微服务的事务，因为那样就又回到了单体应用。

比如，在电商网站中的一个下单动作，涉及库存查询、扣款两个服务。如果为了减少跨微服务的事务而把库存查询和扣款两个服务合并到一起，就会让库存和费用相关的表放在一个数据库中。这种情况短期来看影响不大，但是当客户、运输等服务也进入一个服务、一个底层数据库时，整个微服务就又回到了单体应用。

所以说，微服务中不可能没有跨微服务的事务。

微服务架构设计追求的是一种平衡，同等情况下，跨微服务事务越少越好。

14.2.2　基于 XA 协议的两阶段提交协议

两阶段提交协议（Tow-Phase Commit Protocol）是非常成熟和传统的解决分布式事务

的方案。先来举一个例子说明什么是两阶段提交,假如你要在明天中午组织一次团队聚餐,按照两阶段协议应该这么做。

第一阶段,你作为"协调者",给 A 和 B(参与者、节点)发邮件邀请,告知明天中午聚餐的具体时间和地址。

第二阶段,如果 A 和 B 都回复确认参加,那么聚餐如期举行。如果 A 或者 B 其中一人回答说"另有安排,无法参加",你需要立即通知另一位同事明天聚餐无法举行。

仔细看这个简单的事情,其实当中有各种可能性。如果 A 或 B 都没有看邮件,你是不是要一直等呢?如果 A 早早确认了,已经推掉了其他安排,而 B 却在很晚才回复不能参加呢?

这就是两阶段提交协议的弊病,所以后来业界又引入了三阶段提交协议来解决该类问题。

两阶段提交协议在主流开发语言平台、数据库产品中都有广泛应用和实现,下面来介绍一下 XOpen 组织提供的 DTP 模型(如图 14-2 所示)。

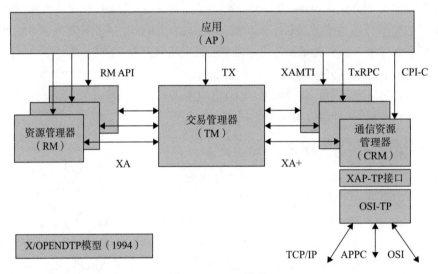

图 14-2　DTP 模型

从图 14-2 可知,XA 规范中分布式事务由 AP、RM、TM 组成。

❑ 应用程序(Application Program,AP):AP 定义事务边界(定义事务开始和结束)并访问事务边界内的资源。

❑ 资源管理器(Resource Manager,RM):RM 管理计算机共享的资源,许多软件都可以去访问这些资源,资源包含数据库、文件系统、打印机服务器等。

❑ 事务管理器(Transaction Manager,TM):负责管理全局事务,分配事务唯一标识,监控事务的执行进度,并负责事务的提交、回滚、失败恢复等操作。

XA 规范主要规定了 RM 与 TM 之间的交互，通过图 14-3 来看一下 XA 规范中定义的 RM 和 TM 交互的接口。XA 规范本质上也是借助两阶段提交协议来实现分布式事务的。

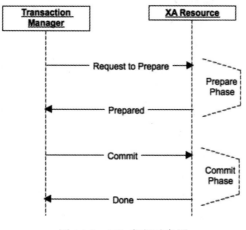

图 14-3　XA 事务示意图

XA 事务使用了两个事务 ID：每个 XA 资源的全局事务 ID 和本地事务 ID（xid）。在两阶段协议（准备）的第一阶段，事务管理器通过在资源上调用 prepare（xid）方法来准备参与该事务的每个资源。资源可以以 OK 或 ABORT 投票的形式进行响应。在从每个资源中获得 OK 票后，管理器决定执行提交（xid）操作（提交阶段）。如果 XA 资源发送 ABORT，则在每个资源上调用 end（xid）方法进行回滚。这里有多种情况，例如，一个节点可能在用 OK 响应之后但在可以提交之前重新启动。

这种分布式事务解决方式的实现不算复杂，即便是不借助第三方框架和包也可以自己编码实现。不过这种方案的缺点是性能不够好，当微服务的负载比较大的时候往往造成性能问题。

📖 注意　本书中不对两阶段提交协议做具体的 Go 语言的实现介绍，读者可以参考 GitHub 上的实现：https://github.com/FedericoPonzi/2-phase-commit。

这是一个对于两阶段提交协议进行模仿的示例，有兴趣的读者可以自己模拟一下。

14.2.3　最终一致性和补偿

为了加强对比，在介绍最终一致性（Eventual Consistency）以前，先来介绍强一致性（Strong Consistency）。

强一致性模型是最严格的，在此模型中，对数据项 X 的任何读取都将返回与 X 的最新写入结果相对应的值，如图 14-4 所示。

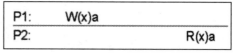

图 14-4　强一致模型

图 14-4 中的两个进程虽然是同时开始的，但是 P1 先完成了写操作，所以 P2 就可以读取到刚写入的 a。

这种模式在微服务框架的分布式事务下是不可能实现的。然而又不可能放弃一致性，所以退而求其次，寻找实现最终一致性的可行性方案。

最终一致性是弱一致性的一种特殊形式，在这种形式中，存储系统保证最终所有访问将在写入静默（没有更新）时返回最后更新的值。在不发生故障的情况下，可以计算出不一致窗口的最大数量（查看诸如网络延迟和负载之类的信息）。

此类系统的一个示例是域名系统（DNS）。该系统中名称的更新是按照设定的模式分配的，因此，在初始更新阶段，并非所有的节点都具有最新信息。少数节点托管具有生存时间（TTL，Time-To-Live）的缓存，并且它们将在缓存过期后获得最新更新。

为了实现最终一致性，在不一致窗口内确定担保时，需要考虑大量模型。

消息一致性方案通过消息中间件保证上、下游应用数据操作的一致性。基本思路是将本地操作和发送消息放在一个事务中，保证本地操作和消息发送要么两者都成功，要么两者都失败。下游应用向消息系统订阅该消息，收到消息后执行相应的操作。

另外就是存储的最终一致性方案，为了达到这个效果，就需要对一个数据存储做多个副本，在 Go 语言的微服务实战中可以考虑使用 CockroachDB 数据库，这是一款用 Go 语言开发的开源分布式数据库。接下来具体介绍通过数据存储的最终一致性来解决微服务分布式事务的方案。

分布式系统中的数据一致性与可用性是本章一直在讨论的问题，这里将其和 NoSQL 数据库结合起来。如今，传统的 ACID 关系数据库有被 NoSQL 数据库取代的趋势，后者基于 BASE 模型中的最终一致性原理进行操作。BASE 与有界上下文（Bounded Context）相结合经常构成分布式微服务体系结构中持久性的基础。

注意 在 NoSQL 里，BASE 代表 NoSQL 的如下三个特征。
- ❑ Basically Available：基本可用。
- ❑ Soft-state：软状态或柔性连接，其实可理解为无连接。
- ❑ Eventual Consistency：最终一致性。

有界的上下文和最终的一致性可以稍微简化一下。

有界上下文是 DDD 的中心模式，其在设计微服务体系结构时非常有用。例如，如果有一个 "account" 微服务和一个 "order" 微服务，则它们应该在单独的数据库中拥有自己的数据（例如 "account" 和 "order"），而彼此之间没有传统数据库中的外键约束。每个微服务全权负责从自己的域中写入和读取数据。如果 "order" 微服务需要了解给定 "order" 拥有的 "account"，则 "order" 微服务必须向 "account" 微服务询问账户数据，在任何情况下，"order" 微服务都可能不会直接访问或写入 "account" 微服务的底层数据库表中。

最终一致性会涉及如下事件。在通过存储解决最终一致性时，主要通过数据复制机制来完成，其中给定的数据写入最终将在整个分布式存储系统中进行复制，因此任何给定的读取都将产生最新版本的数据。也可以认为它是有界上下文模式的必要条件，例如对于外部查看者来说看似"原子"的"业务事务"（business transaction）写入，在许多微服务里可能会涉及跨多个有界上下文的数据写入，而没有任何分布式机制来保证全局 ACID 交易。取而代之的是，最终所有涉及的微服务都将执行其写入操作，因此，从业务事务的角度来看，整个分布式系统的状态都一致。

通过存储来解决微服务的分布式事务时，可以考虑分布式数据库，然后使用 14.1.2 节介绍的 SRP 折衷方案，让每个微服务对应一个分布式数据库的表，这样就可以达到"最终一致"的效果，来看一下图 14-5 给出的示例。

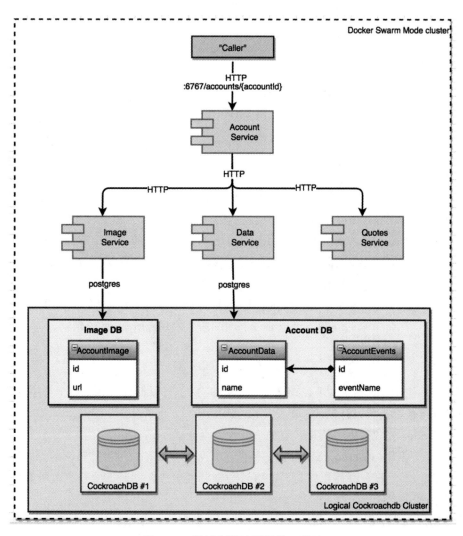

图 14-5　通过存储达到最终一致性

Image Service 对应一个节点，Data Service 对应另一个节点。下面的 Image 表和 Account 表其实同时放在多个节点上，至少两个以上都有备份。这时就不需要在 Image Service 和 Data Service 之间通过服务来操作底层数据存储了，分布式数据库会自动进行最终一致性处理，而且也不会增加网络资源消耗。关于负载问题，分布式数据库可以通过增加节点尽可能地解决，当然还是会存在瓶颈。

14.3　Saga 模式

除了上一节介绍的实现微服务分布式事务管理的方法以外，还有一种模式也非常流行，就是 Saga 模式。Saga 模式其实最早在 1987 年的一篇论文中就被提出了，而且一直在分布式事务处理领域非常著名，现在由于微服务风格的流行更是经常被提及。

14.3.1　Saga 模式介绍

Saga 模式的核心理念是避免使用长期持有锁（如 14.2.2 节介绍的两阶段提交）的长事务，而应该将事务切分为一组按序依次提交的短事务，Saga 模式满足 ACD（原子性、一致性、持久性）特征。

虽然 Saga 模式已经接近满足 ACID，但是毕竟还是差了隔离性。这就意味着 Saga 可以从未完成的事务中读取和写入数据，同时可能引起各种隔离性异常。

下面通过示例来介绍一下 Saga 模式，比如在一个电商场景中有四个微服务：订购（OrderService）、库存（StockService）、支付（PaymentService）和交付（DeliveryService）。这四个动作在微服务中无法像单体应用一样使用一个数据库的 ACID 特征在一个事务内完成，但是这四个服务又必须保证一致成功或一致失败，这就需要使用分布式事务管理，此时，Saga 模式便有了用武之地。

Saga 由一系列的子事务"Ti"组成，每个 Ti 都有对应的补偿"Ci"，当 Ti 出现问题时 Ci 用于处理 Ti 执行带来的问题。可以通过下面的两个公式理解 Saga 模式。

```
T = T1 T2 … Tn
T = TCT
```

在对应的例子，该事务（可以理解为"业务事务"）可以拆分为如下 5 个有序的子事务，而且每个子事务都是可以补偿的，如图 14-6 所示。

具体到 Saga 模式的事务管理，有如下两种实现方式。

- ❑ 事件 / 编排（Choreography）：一种分布式实现方式，通过事件驱动的方式进行事务协调，每个服务都需要将自己的事件通知其他服务，同时需要一直监听其他服务的事件并决定如何应对。

- ❑ 编配 / 协调 / 控制（Orchestrator）：有一个集中的服务触发器，跟踪 Saga 模式中的所有步骤。

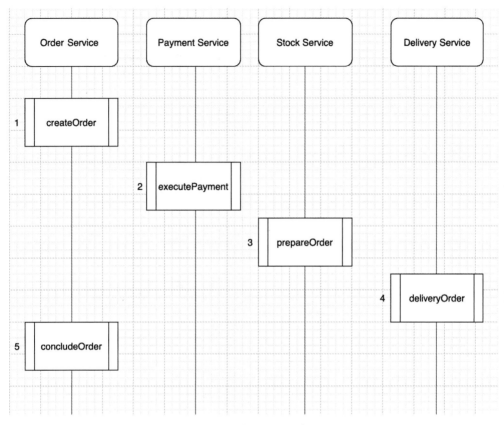

图 14-6　分步骤业务事务

14.3.2　编排模式

在编排模式（Choreography）中，每当一个服务执行一个事务时都会发布一个事件，该事件会被一个或多个服务监听，它们会根据监听到的事件决定是否执行自己的本地事务，同样，这些事务也会在执行事务时发布事件。当最后一个事务执行完本地事务并不再发出事件时意味着整个分布式事务执行结束（如图 14-7 所示）。

整个分布式事务从 OrderService 开始，第一个事件是 ORDER_CREATED_EVENT，意味着订单保存完成，后面的 PaymentService 会监听这个服务，然后发出事件 2，依次往后执行，直到 OrderService 监听到事件 4 以后不再发出新的事件，订单会修改为完成状态，整个分布式事务执行完成。

如果订单要跟踪整个状态的变化，可以让 OrderService 监听事件 2 和 3，这样就可以在付款完成和出库完成后更新订单的状态。

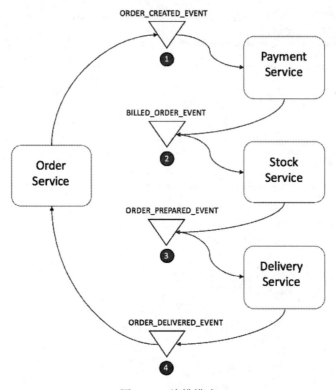

图 14-7 编排模式

不过这仅仅完成了一个分布式事务拆分为多个短事务这一步骤，Saga 模式的另一个要求是 T=TCT，也就是说当出现事务不成功时，可以重新来一次。来看一下编排模式下如何完成这一要求。

事务失败时的回滚也是通过事件监听完成的，图 14-7 只是画出了短事务成功时的事件。事实上，当某个短事务失败时也可以发出一个对应的失败事件，其他服务监听到后就会采取对应的措施。

举例，比如 StockService 执行失败抛出一个 Stock_ERR_EVENT 事件，这时 PaymentService 会监听这个事件然后进行退款，OrderService 监听到这个事件则会修改自身的状态。这些操作完成后，如果是网络问题，用户可以重新下单开始新一轮的分布式事务，不会有影响。

当然，在具体的实现阶段，需要对所有的事务都统一编码，并给出一个 global ID，这样在一个事件被接收后，就可以立即知道这个事务是成功还是失败。

最后看一下这种模式的优缺点。

❑ 优点：松耦合、简单、容易实现，只需要设计好何时发送事件和哪些服务监听哪些事件即可。

❑ 缺点：一个分布式事务如果由几十个短事务组成，恐怕这种方式难以开发、难以维护、难以测试，有可能出现循环依赖。

接下来看一下另一种模式——编配模式。

14.3.3　编配模式

编配（Orchestrator）（命令 / 协调）模式需要定义一个新的服务，这个新服务就是一个集中的事务跟踪处理服务。Saga 的编配器 orchestrator 以命令 / 回复的方式与所有服务进行通信，每个服务都会根据编配器的指令进行操作。

还是以本章的电商事务为例，编配模式的分布式事务大概如图 14-8 所示。

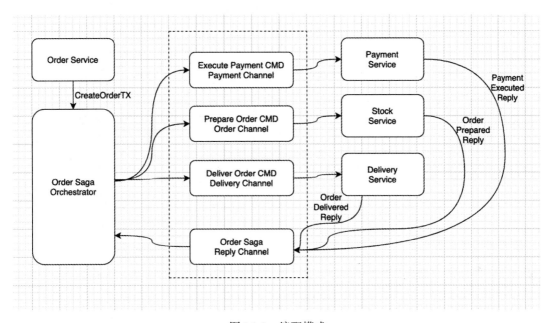

图 14-8　编配模式

可以看到，整个流程都是由编配器（Order Saga Orchestrator）发起的，并且需要返回答复（reply）信息。如果任何一个答复错误或者没有答复，编配器还会向相关的服务发送新的命令进行回滚。所以这种模式要求编配器必须知道分布式事务的流程及相应的每一步的回滚。

来看一下编配模式的优点：

❑ 这种集中编配的方式可以避免循环依赖。

❑ 编配器之间的通信就是命令 / 回复，非常简单。

❑ 测试、维护都更简单。

❑ 即便短事务增加，也非常简单，不会出现指数级增加复杂的问题。

从以上优点可以看出，编配方式在项目中应用得更多，因为优点更多，不过这种模式也有比较明显的缺点，总体来看，这个编配器像不像一个单体应用？如果微服务非常多、非常复杂，试想一下这个编配器的维护是不是基本与一个复杂单体应用一样复杂？

> 🔍 **注意** 本节图中出现的 Message Broker 是消息代理，在微服务系统中通常都会用到，Go 语言中著名的 NSQ、NATS 都可以完成此角色。

14.4 Saga 模式的 Go 语言示例

分布式事务介绍了多种方案，不过目前比较常用的还是 Saga 这种模式。所以本节会使用 Go 语言模拟一个示例，加深读者对 Saga 的理解。

本节的完整代码请从 GitHub 地址获取：https://github.com/ScottAI/gsaga。

本节只是模拟 Saga 模式的 Orchestrator 模式，代码仅供读者理解，还不足以在真正的生产环境使用。示例很简单，主要的程序文件有两个，即 saga.go 和 coordinator.go，saga.go 文件的主要任务是定义一个 saga 对象，满足将一个业务事务拆分为多个短事务的需求；coordinator.go 则是模拟 Orchestrator 模式的协调器。

14.4.1 Saga 对象的 Go 语言实现

Saga 模式拆分成多个短事务，而且允许回滚，但是在 Orchestrator 模式中每个短事务的执行或回滚都是由中央协调器统一处理的，所以在写 saga.go 的时候只需要考虑 Saga 与短事务的关系。

下面看看具体的代码：

```
gsaga/saga.go
1.  package saga
2.
3.  import (
4.      "context"
5.      "errors"
6.      "fmt"
7.      "reflect"
8.  )
9.
10. func NewSaga(name string) *Saga {
11.     return &Saga{
12.         Name: name,
13.     }
14. }
15.
16. type TxOptions struct {
17. }
18.
19. type SubTx struct {
20.     Name            string
```

```
21.     Func             interface{}
22.     CompensateFunc interface{}
23.     Options          *TxOptions
24. }
25.
26. type Result struct {
27.     ExecutionError    error
28.     CompensateErrors []error
29. }
30.
31. type Saga struct {
32.     Name    string
33.     subTxs []*SubTx
34. }
35.
36. func (saga *Saga) AddSubTx(subTx *SubTx) error {
37.     if err := checkSubTx(subTx); err != nil {
38.         return err
39.     }
40.     saga.subTxs = append(saga.subTxs, subTx)
41.     return nil
42. }
43.
44. func checkSubTx(subTx *SubTx) error {
45.     funcType := reflect.TypeOf(subTx.Func)
46.     if funcType.Kind() != reflect.Func {
47.         return fmt.Errorf("func field is not a func, but %s", funcType.Kind())
48.     }
49.
50.     compensateType := reflect.TypeOf(subTx.CompensateFunc)
51.     if compensateType.Kind() != reflect.Func {
52.         return fmt.Errorf("func field is not a func, but %s", compensateType.Kind())
53.     }
54.
55.     ......
56.     // 完整代码请参考 GitHub
57.
58.     return nil
59. }
```

第 31 行至第 34 行是对 Saga 结构体的定义，包括名字和一组短事务。具体的短事务的定义在第 19 行至第 24 行。短事务内包括名字、一个函数和赔偿函数。短事务的具体定义，何时执行，何时回滚进行赔偿执行，都是中央协调器进行调度的。

第 36 行至第 42 行是短事务添加的方法，一个 Saga 在执行之前先由中央协调器添加短事务。

第 44 行以后并没有把完整代码贴出，读者可以从 GitHub 查看。该函数用于检查事务，如核对参数，决定是否赔偿等。

14.4.2　中央协调器的 Go 语言实现

在模拟程序中，中央协调器是核心部件，可以看到对 Orchestrator 模式的模拟，接下来看一下源码：

```
gsaga/orchestrator .go
1.  package saga
2.
3.  import (
4.      "context"
5.      "encoding/json"
6.      "fmt"
7.      "log"
8.      "math/rand"
9.      "reflect"
10.     "time"
11. )
12.
13. func NewCoordinator(funcsCtx, compensateFuncsCtx context.Context, saga
        *Saga, logStore Store, executionID ...string) *ExecutionCoordinator {
14.     c := &ExecutionCoordinator{
15.         funcsCtx:           funcsCtx,
16.         compensateFuncsCtx: compensateFuncsCtx,
17.         saga:               saga,
18.         logStore:           logStore,
19.     }
20.     if len(executionID) > 0 {
21.         c.ExecutionID = executionID[0]
22.     } else {
23.         c.ExecutionID = RandString()
24.     }
25.     return c
26. }
27.
28. type ExecutionCoordinator struct {
29.     ExecutionID string
30.
31.     aborted         bool
32.     executionError  error
33.     compensateErrors []error
34.
35.     funcsCtx           context.Context
36.     compensateFuncsCtx context.Context
37.
38.     saga *Saga
39.
40.     logStore Store
41. }
42.
43. func (c *ExecutionCoordinator) Play() *Result {
44.     executionStart := time.Now()
45.     checkErr(c.logStore.AppendLog(&Log{
46.         ExecutionID: c.ExecutionID,
47.         Name:        c.saga.Name,
48.         Time:        time.Now(),
49.         Type:        LogTypeStartSaga,
50.     }))
51.
```

```go
52.     for i := 0; i < len(c.saga.subTxs); i++ {
53.         c.execSubTx(i)
54.     }
55.
56.     checkErr(c.logStore.AppendLog(&Log{
57.         ExecutionID:   c.ExecutionID,
58.         Name:          c.saga.Name,
59.         Time:          time.Now(),
60.         Type:          LogTypeSagaComplete,
61.         StepDuration: time.Since(executionStart),
62.     })))
63.     return &Result{ExecutionError: c.executionError, CompensateErrors:
            c.compensateErrors}
64. }
65. // execSubTx
66. // 根据给定编号执行对应的短事务
67. func (c *ExecutionCoordinator) execSubTx(i int) {
68.     if c.aborted {
69.         return
70.     }
71.     start := time.Now()
72.     f := c.saga.subTxs[i].Func
73.
74.     params := []reflect.Value{reflect.ValueOf(c.funcsCtx)}
75.     resp := getFuncValue(f).Call(params)
76.     err := isReturnError(resp)
77.
78.     marshaledResp, marshalErr := marshalResp(resp[:len(resp)-1])
79.     checkErr(marshalErr)
80.
81.     stepLog := &Log{
82.         ExecutionID:   c.ExecutionID,
83.         Name:          c.saga.Name,
84.         Time:          time.Now(),
85.         Type:          LogTypeSagaStepExec,
86.         StepNumber:    &i,
87.         StepName:      &c.saga.subTxs[i].Name,
88.         StepPayload:   marshaledResp,
89.         StepDuration: time.Since(start),
90.     }
91.
92.     if err != nil {
93.         errStr := err.Error()
94.         stepLog.StepError = &errStr
95.     }
96.
97.     checkErr(c.logStore.AppendLog(stepLog))
98.     stepLog.StepDuration = time.Since(start)
99.     if err != nil {
100.         c.executionError = err
101.         c.abort()
102.     }
103. }
104.
105. func (c *ExecutionCoordinator) abort() {
```

```go
106.    toCompensateLogs, err := c.logStore.GetSubTxLogsToCompensate(c.ExecutionID)
107.    checkErr(err, "c.logStore.GetAllLogsByExecutionID(c.ExecutionID)")
108.
109.    stepsToCompensate := len(toCompensateLogs)
110.    checkErr(c.logStore.AppendLog(&Log{
111.        ExecutionID: c.ExecutionID,
112.        Name:        c.saga.Name,
113.        Time:        time.Now(),
114.        Type:        LogTypeSagaAbort,
115.        StepNumber:  &stepsToCompensate,
116.    }))
117.
118.    c.aborted = true
119.    for i := 0; i < stepsToCompensate; i++ {
120.        toCompensateLog := toCompensateLogs[i]
121.
122.        compensateFuncRaw := c.saga.subTxs[*toCompensateLog.StepNumber].CompensateFunc
123.        compensateFuncValue := getFuncValue(compensateFuncRaw)
124.        compensateRuncType := reflect.TypeOf(compensateFuncRaw)
125.
126.        types := make([]reflect.Type, 0, compensateRuncType.NumIn())
127.        for i := 1; i < compensateRuncType.NumIn(); i++ {
128.            types = append(types, compensateRuncType.In(i))
129.        }
130.        unmarshal, err := unmarshalParams(types, toCompensateLog.StepPayload)
131.        checkErr(err, "unmarshalParams()")
132.
133.        params := make([]reflect.Value, 0)
134.        params = append(params, reflect.ValueOf(c.compensateFuncsCtx))
135.        params = append(params, unmarshal...)
136.
137.        if err := c.compensateTx(*toCompensateLog.StepNumber, params,
                 compensateFuncValue); err != nil {
138.            c.compensateErrors = append(c.compensateErrors, err)
139.        }
140.    }
141. }
142.
143. // compensateTx
144. // 需要回滚时，事务的赔偿操作
145. func (c *ExecutionCoordinator) compensateTx(i int, params []reflect.Value,
         compensateFunc reflect.Value) error {
146.    checkErr(c.logStore.AppendLog(&Log{
147.        ExecutionID: c.ExecutionID,
148.        Name:        c.saga.Name,
149.        Time:        time.Now(),
150.        Type:        LogTypeSagaStepCompensate,
151.        StepNumber:  &i,
152.        StepName:    &c.saga.subTxs[i].Name,
153.    }))
154.
155.    res := compensateFunc.Call(params)
156.    if err := isReturnError(res); err != nil {
157.        return err
158.    }
```

```
159.    return nil
160. }
161.
162. func isReturnError(result []reflect.Value) error {
163.    if len(result) > 0 && !result[len(result)-1].IsNil() {
164.        return result[len(result)-1].Interface().(error)
165.    }
166.    return nil
167. }
```

上面也仅列出了比较重要的代码，完整代码请从 GitHub 获取。

第 28 行至第 41 行是协调器结构体的定义，可以看到，每个协调器对应一个 saga，有一个 log，在实战项目中需要使用消息代理来解决通信问题，模拟直接使用 log 日志的方式。

第 67 行至第 103 行定义模拟执行短事务的函数，该函数每执行一步，都会及时记录日志，算是对命令 / 回复的模拟。

第 105 行至第 141 行定义的 abort 函数是当某个事物失败时，使用该函数执行类似回滚的功能。函数内部会调用对应的赔偿函数，完成 Saga 模式中 T=TCT 的要求。

其实除了上面的代码，源码中还有 log 相关的代码，以及一个测试函数，读者下载后可以测试，并结合前面的 Saga 模式的原理进行理解。

在微服务项目中，编配的模式用得更多，本书给出的 Go 语言的实现是实验性的。笔者在 GitHub 上找了几个例子，读者可以自行参考实验。

❑ Go 语言 Saga 项目被点赞最多的项目（好久没有维护）：https://github.com/lysu/go-saga。

❑ Saga 模式的一个实现示例（和书中示例很像，并且使用了上面的 go-saga）：https://github.com/cikupin/saga-simple-example。

❑ 编配模式的轻量实现：https://github.com/danielkrainas/sake。

结合本书介绍的原理，动手实验一下上面推荐的代码案例，相信读者就会对 Saga 模式有深入理解。

14.5　小结

本章介绍了微服务框架下的分布式事务管理，包括概念介绍、面临的难题和可行的解决方案，然后重点介绍了 Saga 模式。

在实际项目中，虽然会尽力避免分布式事务，但还是难以完全避免，当出现这种情况的时候，需要结合本章的介绍选择一种适合的模式。一般来讲 Saga 模式是目前最受欢迎的模式。

读者可根据本章提供的源码自行模拟实现 Saga 模式，加深理解。

领域驱动设计的 Go 语言实现

前面介绍了微服务的拆分、微服务间的通信以及分布式事务管理，不过这些都是架构层面的，真正具体到一个微服务，首先关心的肯定是业务逻辑。

在微服务中，业务逻辑的设计是与单体应用不同的。不管你是使用面向对象的方式还是使用面向过程的方式进行逻辑的开发，都需要关注两点：第一，如何进行结构体的定义，在 DDD 原则的划分下，不同的微服务之间无法直接跨微服务使用对象；第二，仍然是分布式事务问题，因为存在分布式事务，所以在设计业务逻辑时要提前考虑，并在整体架构上有所取舍。

本章会介绍领域驱动设计（DDD）中的聚合（Aggregate）模式，帮助读者掌握通过聚合来设计业务逻辑的方法。

15.1　聚合模式介绍

在 12.3.3 节中已经介绍了 DDD，还有如下几个重要的概念要在本章介绍一下，这些知识在 ES 和 CQRS 中都会用到。

- 实体（entity）：可以持久化存储的对象。
- 值对象（value object）：值集合的对象，比如"钱"这个值对象包括"币种"和"金额"两个值的集合。
- 工厂（factory）：负责初始化对象的对象或方法。
- 存储库（repository）：用于访问 entity，同时封装了访问数据库的方法。
- 服务（service）：用于实现不属于 entity 也不属于 value object 的业务逻辑。

了解了以上的基本概念以后，就可以开始学习本节的重点知识了。

DDD 中有两个非常重要的模式：聚合（Aggregate）和聚合根（AggregateRoot）。

聚合是对概念上属于同一实体（entity）或值对象（value object）的封装。

举个例子，如果把聚合比作汽车的话，那么封装的域对象就可以是引擎、车轮、车灯或者车身颜色；对应地，在汽车制造过程中就可以有安装引擎、车轮、车灯和喷漆等操作，如图 15-1 所示。

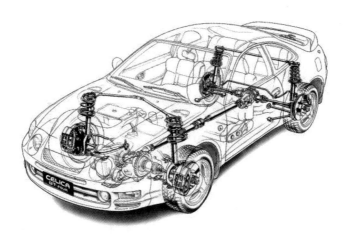

图 15-1　汽车示例

那么这辆汽车对应的业务规则就可能是：

❏ 一个完整的汽车必须有 4 个轮子。

❏ 车灯必须在喷漆完成后安装。

❏ 车的颜色不可以与警车一样。

❏ 一辆合规的车必须有 16 个车灯。

❏ 一辆合规的车必须有引擎而且必须有喷漆。

把上面汽车的示例转换为 Go 语言的代码：

```
1.  package agre
2.
3.  import "fmt"
4.
5.  type engine interface {}
6.  type wheel interface {}
7.  type light interface {}
8.
9.  type Car struct {
10.     Engine *engine
11.     Wheels []wheel
12.     Color string
13.     Lights []light
14.     Finished bool
15. }
16.
```

```
17. func NewCar(e *engine,ws []wheel,color string,ls []light,f bool) *Car {
18.     return &Car{Engine:e,
19.         Wheels:ws,
20.         Color:color,
21.         Lights:ls,
22.         Finished:f,
23.     }
24. }
25.
26. func (car *Car)PaintBody(color string)  {
27.     if color == "yellow"{// 假如黄色是警察专用
28.         fmt.Println(" 该颜色不可用 ")
29.         return
30.     }
31.     if len(car.Lights) > 0{
32.         fmt.Println(" 必须先喷漆后装灯 ")
33.         return
34.     }
35.     car.Color = color
36. }
37.
38. func (car *Car)InstallEngine(e *engine)  {
39.     car.Engine = e
40. }
41.
42. func (car *Car)InstallWheel(w wheel)  {
43.     if len(car.Wheels) == 4{
44.         fmt.Println(" 轮胎已经安装完成 ")
45.         return
46.     }
47.     car.Wheels = append(car.Wheels,w)
48. }
49.
50. func (car *Car)CompleteCar()  {
51.     if len(car.Wheels) != 4 {
52.         fmt.Println(" 完整的车必须有 4 个轮子 ")
53.         return
54.     }
55.     if len(car.Lights) != 16 {
56.         fmt.Println(" 合规的车必须有 16 个灯 ")
57.         return
58.     }
59.     if car.Engine == nil {
60.         fmt.Println(" 合规的车必须有引擎 ")
61.         return
62.     }
63.     if len(car.Color) ==0 {
64.         fmt.Println(" 合规的车必须有喷漆 ")
65.         return
66.     }
67.     car.Finished = true
68. }
```

在这个例子中可以看到，当需要创建一个 Car 时，必须用到 Wheel、Light，也就是在 Car 对象进行持久化时相关的 Wheel 和 Light 对象也要持久化。而且在 Car 的各个操作方法中也需要不停地用到相关实体，这就是聚合。

　　而聚合根的含义是指，任何对该聚合的访问都仅到达聚合根，比如这个例子中的 Car 就是聚合根，虽然 Car 有轮胎、车灯，但是显然外部访问都只需要访问 Car，聚合根确保了聚合的完整性。

> **注意**　本节的代码仅用于帮助读者理解聚合的概念，不需要读者实现。

　　聚合的基本概念就介绍到这里，接下来会给出更详细的使用方式。

15.2　使用聚合模式

　　在使用聚合之前，需要先说明一下为什么在微服务的业务逻辑设计中需要使用聚合。有以下两个原因：

　　❏　聚合强调高内聚，除了聚合根以外都无法被外部访问。这样可以避免任何跨服务边
　　　　界的对象使用。

　　❏　因为单个事务只能更新单个聚合，因此可以满足微服务的事务模型约束，单个聚合
　　　　可以实现 ACID，同时也可以支持分布式的事务。

　　在进行传统的单体应用的开发时，不会考虑边界问题，在 Go 语言中可以使用 package 作为一种边界，可外部访问也可以通过引用来直接访问其他包的内部方法。而在微服务风格的架构中，不同的服务之间是不可以直接调用其他服务的方法和对象的，这就要求在设计业务逻辑时有边界思维。

　　聚合拥有明确的边界，下面来详细说明。

15.2.1　聚合拥有明确的边界

　　聚合是一个确定边界内的领域对象的集合，可以将其视为一个整体。聚合由一个聚合根和一个或多个其他实体或值对象组成。这里使用前面的电商示例来看订单的聚合和消费者的聚合的区别，如图 15-2 所示。

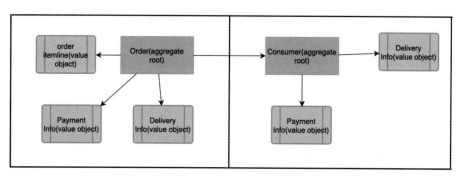

图 15-2　聚合的明确边界

一个 Order 对应多个 order itemline（行项目，一般一个商品一个行项目），并且对应支付信息（Payment Info）和交付信息（Delivery Info）。Order 就是图 15-2 中左侧聚合的聚合根，其他服务调用时会将 Order 作为一个整体。

而订单也需要消费者（Consumer）的信息，这时获取的就是 Consumer 聚合的聚合根。可以看到，每个聚合都是有明确边界的。图 15-2 是一个逻辑图，在实际开发时，Order 聚合在一个单独的运行环境中（一般是一个 Docker 容器），而 Consumer 在另一个单独的运行环境中，这两个环境之间的数据交互不是在数据访问（DAO）层面完成的，而是在服务（Service）层面完成的，在 Go 语言中这种跨聚合一般都是通过 gRPC 实现的。

一般一个聚合的加载都是从数据库中完整实现的，如果删除也会相应地删除所有的对象。

之所以聚合有明确边界，就是为了增加内聚，所以聚合代表了一致性。

当需要更新聚合时，也不会只更新聚合的一部分，而是会更新整个聚合或者通过聚合根的方法更新部分数据，从而保证技术上的一致性。一般在需要更新数据时，可以通过聚合根调用聚合的更新方法，这样可以保证执行自定义的变量约束。比如上一节通过 Car 调用 PaintBody 方法，可以保证 Car 没有安装车灯。对应到现在的例子，如果订单中有新增加的订单行项目，那么可以通过 Order 的方法来完成行项目的增加及对应订单金额的变更，这样可以执行订单最小金额的检查，而调用这个方法实际上不是更新底层数据库的所有数据，仅仅是调整订单行项目的数据。

在 DDD 中，聚合的识别以及对聚合和根的定义是重点，聚合内部的结构和逻辑反而次要一些，因为一旦划分合理，每次的修改就是独立的，可以随时部署。那么如何来识别聚合呢，完全凭经验吗？当然不是，其实聚合是要遵守一些规则的，下一节将对此进行介绍。

15.2.2 聚合的规则

在 DDD 模式中，要求聚合遵守一些规则，有了这些规则就可以强制执行各种不变量约束。接下来看一下这几个重要的规则。

1. 只有聚合根可被外部访问

前面已经讲过，如果要改变 order itemline 需要通过调用聚合根 Order 的方法来完成，这就满足了该规则。该规则可避免外部直接修改聚合的值对象而导致聚合的一致性被打破，引发业务规则失效的问题。

在进行代码实现的时候，都是由服务（Service）使用存储库（repository）从数据库加载聚合并且获取聚合根的访问引用的。每次对聚合的更新也应该是通过聚合根的方法进行，此规则确保了聚合能够强制执行各种业务规则。

2. 聚合之间的联系通过主键编码而不是引用

一个聚合要访问另一个聚合，不可以像外部访问一样去访问聚合根的引用，而是要通过对方的主键实现。比如上一节的示例中，Order 要通过 Consumer 的主键标示（或称主键编码）访问 Consumer，而不是通过 Consumer 的引用。

这个规则是为了确保聚合之间的关系是松耦合的。以 Go 语言为例，在不同的聚合之间不应该通过结构体的引用访问，而应该通过具体的主键标示。这样做就让聚合之间有清晰的边界，彼此的对象不会被直接使用。而且，如果不同的聚合属于不同的服务，也避免出现跨服务的对象引用问题。

同时不应该忘记，聚合也是存储单位，这种规则让持久化变得容易实现，可以非常容易地把聚合存储到 NoSQL 数据库中。

3. 单个事务只能创建或更新一个聚合

这个规则完美地保证了事务不会跨服务，避免分布式事务的最好方式就是没有分布式事务。在微服务中，聚合既保证了聚合划分以后的清晰边界，又保证了不同聚合之间的松耦合，这个规则则保证了尽可能避免跨服务的事务。这个规则还满足大多数 NoSQL 数据库的受限事务模型。

可是在实际项目中不可能完全避免分布式事务，所以这一规则让分布式事务的处理更需要用到前面介绍的 Saga 模式。通过图 15-3 看一下不同的聚合如何在 Saga 模式下更新或创建。

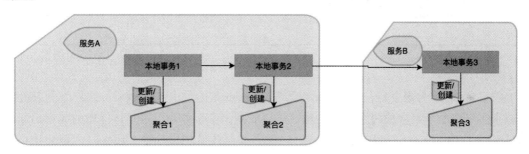

图 15-3　事务与聚合

图 15-3 中的示例通过 Saga 模式更新或创建了三个聚合，前面的两个本地事务（或短事务）在服务 A 中，分别更新或创建了对应的聚合 1 和 2。而本地事务 3 则在服务 B 中更新或创建了对应的聚合 3。

> 注意　如果一个服务中维护多个聚合，开发人员有可能通过违反聚合 3 来达到一次更新或创建多个聚合的目的，不过如果底层数据库不是关系型数据库而是 NoSQL，则会让实现变得异常复杂。一般情况下，还是推荐不违反上述三条规则。

聚合的规则是清晰的，可是聚合的边界却并不容易固定，不同的划分方式会造成不同的边界。怎样的边界范围是合理的呢？下一节将介绍的聚合颗粒度就是来解决这个问题的。

15.2.3 聚合颗粒度

聚合是应该小一些好，还是应该大一些好？若聚合较小，无疑会提升数据加载和更新的速度，而且因为聚合比较小也就降低了多个外部请求同时访问同一个聚合的概率，貌似应该尽可能小一些。可是聚合太小又会让分布式事务非常复杂，每个本地事务只更新一个聚合是重要规则，这就意味着过小的聚合会让 Saga 模式的实现更为复杂。很多时候，为了尽可能减少分布式事务，不应该让聚合太小。

那么，如果让聚合大一些会怎么样呢？

仍然以 15.2.1 节中 Order 和 Consumer 的聚合为例，如果把两个聚合设计为一个会怎样？如图 15-4 所示。

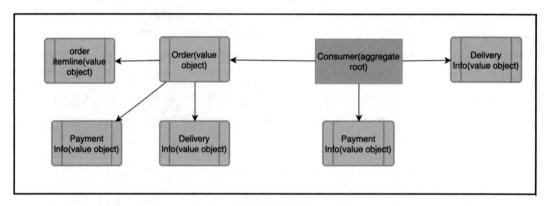

图 15-4　聚合颗粒度（合二为一）

以 Consumer 为聚合根，把 Order 作为 Consumer 聚合的一个值对象，这样做的好处就是原来要更新两个聚合的两个事务，现在可以放到一个事务内。可是这样做的弊端也非常明显，一个 Consumer 一般有多个 Order，每当要修改其中的一个 Order 时，都会让整个聚合进入一个事务。如果客户在 PC 端和移动端分别编辑不同的订单并同时保存，则会引发冲突。

在微服务风格的架构中，聚合太大造成的另一个弊端就是后续拆分非常困难，也会让系统的扩展变得困难。以图 15-4 中的示例而言，Consumer 和 Order 相关的业务逻辑都只能在一个服务中处理，这会让服务越来越大。

虽然不能绝对地说聚合越小越好，但是在划分聚合时还是要尽可能保证较小的颗粒度。毕竟，分布式事务已经有了成熟的处理模式，而让微服务扩展变复杂却是要尽可能避免的。

15.2.4 使用聚合设计业务逻辑

在微服务中业务逻辑主要在服务中，而服务中的业务逻辑又多是存在于聚合当中的。当有外部访问时，服务会使用存储库（repository）从数据库中查询聚合或者更新聚合的数据，每个存储库由访问数据库的出站适配器实现。当然，还有一部分保证数据最终一致性的业务逻辑是由 Saga 实现的。

以 Order 的服务为例，其基于聚合的业务逻辑大致如图 15-5 所示。

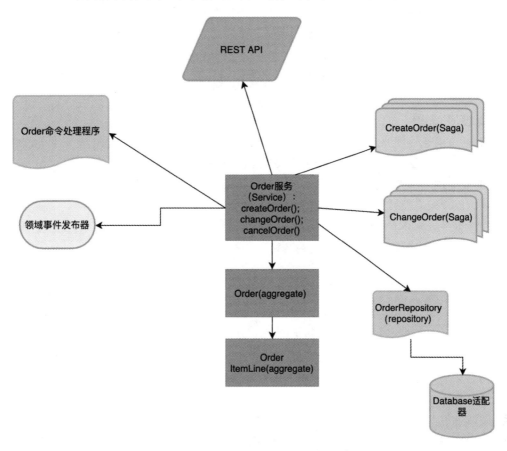

图 15-5　基于聚合的 Order 服务设计

外部请求访问到的是 OrderService，OrderService 根据业务的逻辑需要来操作，如果仅仅是对 Order 聚合的创建、更新，则调用 OrderRepository，然后通过 Database 适配器加载或修改数据。包括对聚合内的 Order ItemLine 的修改也是要通过服务调用聚合根的方法来进行的。如果需要跨聚合去更新或创建数据，则需要由服务创建 Saga 来进行分布式事务管理。

图 15-5 中出现了领域事件发布器，这个概念会在下一节介绍。

15.3　领域事件

什么是领域事件？领域事件是聚合发生的事情，通常是聚合状态的变化，比如创建

（created）、取消（cancelled）等。

本节就来具体介绍领域事件及其发布和 Go 语言中的实现。

在了解了领域事件的定义以后，需要思考为什么要用领域事件。其实领域事件是 DDD 模式中领域模块之间通信的重要方式。

在很多情况下都需要通过领域事件来了解聚合的状态变化，笔者梳理出下面几种情况：

❑ 使用 Saga 的 Orchestrator 模式维护数据一致性时，编配器需要通过领域事件知道聚合的状态，见 14.3 节所述。

❑ 使用 CQRS(命令查询职责隔离) 模式时会用到，第 18 章会介绍。

❑ 通过消息代理通知其他应用进行下一步业务操作时。

❑ 向用户发送短信或邮件通知付款成功、已发货等消息时。

❑ 监控领域事件以验证应用程序是否正常运行时。

可以说，没有领域事件就无法进行优秀的微服务设计。

领域事件通常还具有元数据，例如事件 ID 和时间戳；也可能包含了执行此次更改的用户的身份信息，以便于进行后续的行为分析。

注意　领域事件的命名一般使用过去式，比如 OrderCreated，因为领域事件就是代表某些事件已经发生。

领域事件除了拥有与这次事件相关的数据以外，可能还会包含接收方需要的信息。比如领域事件的接收方需要在监听到 OrderCreated 以后发送短信给用户，这时需要有订单的信息。当然可以通过调用服务来查询订单的信息，可是这样会增加一次服务查询的开销，所以可以选择在领域事件内包含订单相关的信息，这称为领域事件的增强。

领域事件的关键其实在于事件的发布，领域事件的发布是由聚合来完成的。因为聚合知道自己状态的变化，并且知道何时发布领域事件。领域事件的发布在实现上有多种方式，在 Go 语言中可以使用 NATS 框架，也可以选择其他框架，不过具体的实现示例代码会放到后面，本节不作详细介绍。

注意　本节的内容与事件驱动（Event-Driven）架构相关，本书并没有给出具体的 Go 语言实现，是因为后续会介绍 Go micro 框架，在那部分会使用框架演示领域事件的发布，本节只介绍理论。

15.4　Go 语言领域模型的模拟实现

前面介绍了 DDD，也介绍了聚合、实体、值对象、领域对象等很多相关概念。可是，不同的语言在实现 DDD 时肯定也会有明显的不同，本节将会针对 Go 语言的相关实现做详细介绍。

15.4.1　聚合

Go 语言的语法简单，而且也没有足够的面相对象的特性，所以与 Java 和 .Net 不同，对于聚合的处理，Go 语言不是使用对象来表示的，而是直接使用 package。可以简单地认为一个 package 就是一个聚合，下面来看一个简单的示例。

假设要为一个租车公司按照 DDD 开发微服务，用户从租车公司提供的在线服务中预定车辆，租车公司在多个停车场租出或者收回车辆，租车公司可以跟踪车辆的行程。

这一示例可以划分为四个聚合：car（车）、inspection（验车）、location（取还车点）和 stroke（行程）。虽然 location 和 stroke 都非常简单，但是前面讲过聚合的原则是尽可能小，所以拆分开比合起来要好。对应的这四个聚合就可以放到对应的四个 package 中。

对外提供的服务包括三个：booking、handling、tracking。booking 是供用户预订车辆的；handling 是汽车租赁公司的工作人员租出或收回车辆后发回的消息；tracking 是租车公司查看车辆行驶轨迹的服务。这三个也分别对应三个 package。

除了领域模型的聚合以及服务，还需要 repository（存储库）和 middleware（中间件），前者负责持久化，后者负责日志等功能。这两个也分别对应两个 package。

截至目前，package 是如下的结构：

```
--booking
--car
--handling
--inspection
--location
--middleware
--respository
--stroke
--tracking
```

这是一种分包的方式，不是为了把代码分层，而是为了按照领域模型划分包，让同一组功能出现在同一个包中。当然，也可以模仿传统的分包方式，把所有的领域放到一起，把所有的服务放到一起，把所有的接口放到一起。但是那样很可能就会出现多层的包。现在的分包方式是扁平的，没有隐藏的下一级的包。这种方式可以通过遍历根目录找到有哪些服务、哪些领域模型。

而且包的命名方式就描述了本包可以提供的内容，而不是包里面包含的东西，所以包名中没有出现 domain 等字样。

其实，当分包完成的时候，基本就代表了对于聚合划分的完成。这非常好地体现了 Go 语言的简练，没有各种对象关系的设计。

下一节将介绍聚合中的实体和值对象在 Go 语言中是如何实现的。

15.4.2　实体和值对象

虽然在介绍理论的时候已经介绍了聚合、聚合根等概念，不过这些主要体现在设计当中，在包设计完成以后，到了代码实现环节，会发现真正打交道比较多的是实体（entity）和值对象（value object）。

要实现实体和值对象，就要对实体和值对象有更为清晰的认识。虽然前面的理论介绍提到了这两个概念，但是有必要在实现的阶段给出更为详细的解释。

实体是通过唯一标示进行区分的有生命周期的对象；而值对象是通过属性值确定的一旦创建就不可变的对象。

举个例子：

```
1.  type Car struct {
2.      ID          TrackingID
3.      Itinerary Itinerary
4.      ...
5.  }
6.
7.  type Itinerary struct {
8.      Legs []Leg
9.  }
```

上面的代码定义了 Car，同时也定义了这个车的 Itinerary（行程）。恰好这两个中一个是实体，一个是值对象。Car 是一个实体，而 Itinerary 是一个值对象。

实体和值对象在 Go 语言中都是通过结构体来实现的，不过实体有唯一标识。其实两者的区别不止这些，不妨先来看一下这两个对象的对比。值对象没有唯一标识，意味着必须通过两个对象的对比来判断它们是否相同。

在 Go 语言中，任何值都是可以比较的，都可以使用操作符 == 判断它们是否相等。如果一个结构体内的所有属性都是可以比较的，那么这个结构体也是可以比较的。其实，绝大多数结构体都是可以比较的。可是在上面的示例代码中，如果去对比两个 Itinerary 的实例那么肯定会报 panic。因为 Go 语言中的对比是浅层的对比，而不是遍历 Legs 去挨个对比。这种 Itinerary 的比较没有实际意义。如果要自定义对比 Itinerary，有两种方法。

一种方法是为值对象的比较定义自己的方法，可以按照需要去编写自己的逻辑，比如遍历对比每个元素。

```
func (i Itinerary) Equal(other Itinerary) bool
```

另一种方法是使用反射，通过 reflect 包可以进行深度的对比。

```
reflect.DeepEqual(i1, i2)
```

第一种方法其实也可以用于实体（entity）的对比，如下所示：

```
1.  func (c *Car) Equal(other *Cargo) bool {
2.      return c.ID == other.ID
3.  }
```

这种方法虽然可以实现比较，但真的很不好，因为它太"Java"（没有黑 Java 的意思）。你需要为每个需要比较的实体或值对象的结构体添加 Equal 方法，太烦琐。所以这里还是推荐第二种方法，使用 reflect.DeepEqual 方法。

> 注
> 意　本节虽然没有特别解释聚合根，但是在 Car 这个聚合中，聚合根就是 Car，在划分
> 聚合的时候就应该划分聚合根，而且所有对外提供的方法都应该从聚合根发起。

实体和值对象还有另外一个区别，就是实体是有生命周期的，是可变的，而值对象的特点是不可变的。如果开发人员想修改一个值对象，就只能创建一个新的值对象来替换原来的值对象。因为值对象的不可变性，使得在并发程序设计中可减少互斥锁的使用，同时这种方式是在栈上面分配空间，这比在堆上的效率要高，垃圾回收时处理效率也更高。

那么实体和值对象在 Go 语言中如何进行处理呢？显然，Go 语言中没有不可变的结构体，其实也没有必要设置不可变的结构体。Go 语言中是通过值传递或者引用传递来处理实体和值对象的。当写实体的方法时就在方法接收器内使用引用，而值对象的方法就直接使用对象，可以看如下代码：

```
1.  func (c *Car) AssignToRoute(i Itinerary) { ... }
2.
3.  func (i Itinerary) IsEmpty() bool { ... }
```

因为实体是拥有生命周期的，这意味着一个实体会经历多次变化，所以实体的方法使用的是引用传递，这样在方法内部就可以直接对实体进行修改。而值对象具有不可变性，所以方法接收器传递的是对象的副本，在 IsEmpty 方法内，对 i 的任何修改都不会影响到原来的值对象。

同时，因为 Go 语言中可以把方法接收器的形参放到方法内，所以可把 IsEmpty 方法改为如下形式：

```
func IsEmpty(i Itinerary) bool { ... }
```

这样写就是一个函数，但是所实现的功能可以完全不受影响。所以，可以把聚合内部使用的功能定义为函数，而把需要向服务提供的方法以方法的方式完成。也就是说，可以把所有的方法都定义为聚合根的方法，而值对象的操作都定义为函数，服务获取聚合根以后，通过聚合根只能调用聚合根的方法。

> 注
> 意　不要忘记，跨聚合使用其他聚合的实体时，不要使用其引用，而应该存储其标识
> （ID），这样可以让聚合之间更好地解耦。

本节详细介绍了实体和值对象在 Go 语言中的技术实现思路，不过还有一个非常重要的对象没有介绍，就是有界上下文，下一节将会介绍。

15.4.3　服务

上一节详细介绍了 Car 这个包的实现思路。Car 是领域模型，是一个聚合，同样，stroke 和 location 也是采用类似的方式实现的。

在实现领域模型以后，服务相关的 booking、handling 和 tracking 三个包就可以使用领

域模型的包实现服务了。

比如在 tracking 包中，可以这样为服务开发方法：

```
1.  // package tracking
2.
3.  type Service interface {
4.      Track(id string) (Car, error)
5.  }
6.
7.  type service struct {
8.      cars car.Repository
9.  }
10.
11. func (s *service) Track(id string) (Car, error) {
12.     // ...
13. }
14.
15. func NewService(cars car.Repository) Service {
16.     return &service {
17.         cars: cars,
18.     }
19. }
```

在以 Restful 方式提供服务时，只需要通过 NewService 函数返回 service 即可，而 service 的方法又实现了 Service 接口，不过 Restful 方式的具体实现本章不介绍。

> **注意** 服务部分可以使用 go kit 等框架实现，在后面会介绍 go micro 等相关框架。

从领域模型到服务的实现思路就基本介绍完了。可是还有一个值得发散思维、深入思考的问题。随着领域模型的扩展，会发现应用程序中的很多定义、概念容易混淆。比如 Car 领域模型有行程（Itinerary），在领域模型 stroke 里面也会有一个行程，两者有一样的命名，可意义并不相同。比如 Car 聚合内的行程是汽车的导航路线，而 stroke 的行程是计算车距离最近的还车点的路线。

虽然两个行程都仅仅在自己的有界上下文内有效，也就是说技术上不会相互影响，但是在服务维护过程中确实很容易因为混淆造成问题。在认识到这一点以后，可以在一个包内统一定义有界上下文的概念。

既然要统一定义，会不会让不同的聚合之间的耦合度太高呢？解决问题的办法是在原来的分包基础之上增加一些分包。而不是在原来的包内进行修改。比如现在觉得行程有混淆的问题，所以再新增一个 package 叫做 routing。routing 包用来处理行程，不会在 routing 包内直接写复杂的逻辑，而是要单独另起一个应用，新开发的应用可能是其他团队运维的，routing 类似一个代理，仅负责调用新的应用程序的服务。因为后面实现的过程非常复杂，所以这里把实现单独放在另外的应用中，相当于另一个站点（endpoint）。伪代码示例如下：

```
1.  // package routing
2.
```

```
3.  type Service interface {
4.      FetchRoutesForSpecification(rs car.RouteSpecification) []car.Itinerary
5.  }
6.
7.  type proxyService struct {
8.      context.Context
9.      FetchRoutesEndpoint endpoint.Endpoint
10.     Service
11. }
12.
13. func (s proxyService) FetchRoutesForSpecification(rs car.RouteSpecification)
        []car.Itinerary {
14.     response, err := s.FetchRoutesEndpoint(s.Context, fetchRoutesRequest{
15.         From: string(rs.Origin),
16.         To:   string(rs.Destination),
17.     })
18. }
```

上面的伪代码仅仅表示对其他应用的调用，通过这种方式把有界上下文内的复杂实现拆分到其他应用实现，然后再通过服务调用的方式访问另外的站点。这种方式只是一种选择，除非是聚合非常大或者底层实现很复杂，否则这种拆分可能不划算，会增加访问系统服务的消耗。

15.5　小结

本章介绍了聚合、聚合根，强调了这些概念在领域模型设计中的重要性。通过这些介绍读者可以了解 DDD 的理论概念，特别是在 Java 或者 .Net 语言应用中的使用规范。

而在 Go 语言的 DDD 实现中，聚合、聚合根、存储库等概念落实到代码上时，它的聚合和聚合根基本是通过分包来完成的。

本章虽然介绍了 Go 语言中 DDD 实现的具体思路，也给出了一些伪代码，可是并没有给出具体案例。后面会介绍 Go 语言微服务相关的一些框架，到时候会结合那些框架再介绍具体案例，理论都是通用的。

第 16 章

微服务中的测试

由于微服务具有分布式的特点，因此一个服务的测试可能需要其他服务的配合，再加上版本管理，导致在测试的时候会比较烦琐，比如在项目中的每个测试都需要完成如下的步骤：

1）确定获取的代码分支正确（很多代码不一定使用 master）。

2）从代码分支获取代码。

3）确认需要的依赖都已经安装。

4）执行数据迁移。

5）启动服务。

以上的步骤仅是测试当中必要的 5 个步骤，在实际项目往往还会有更多步骤。如果每次测试对于每个微服务都执行上述五个步骤，会极大地加大测试的工作量。所以需要尝试在测试中寻找最佳的解决方案。

本章会对测试进行探讨，看一下 Go 语言的微服务测试有哪些需要注意的地方。

本章所用的源码，可以在以下地址找到：https://github.com/ScottAI/microservice-go-testing。

16.1　测试金字塔

迈克 · 科恩（Mike Cohn）在《Scrum 敏捷软件开发》（*Succeeding with Agile*）一书中提出了一个测试金字塔的概念，这对了解测试非常有帮助。测试金字塔指的是把整个测试分层，如图 16-1 所示。

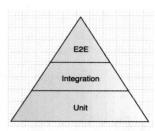

图 16-1　测试金字塔

执行最方便（最快）的单元测试处于金字塔的底部，服务级别集成测试位于单元测试之上，而最顶层则是进行整合的端到端测试。毫无疑问，端到端测试是最难的。之所以是金字塔，是因为测试的位置越往上，测试的数量会越少，同时难度会提升。

在自动化测试的早期，所有的测试都是在金字塔的顶部完成的。很多开发人员也喜欢这种方式，他们会在把功能快速写完以后，从顶部看能不能跑通，如果遇到问题再逐一解决。可是这种从顶部开始的测试，有着非常大的不确定性，有时可能要追踪到非常具体的某个对象才能找到问题。所以，测试比较好的方式还是由内而外即时测试。

在进行由内而外的测试时，首先要从金字塔的顶部开始，确定要测试的功能并且将要测试的功能细分，然后为细分的测试编写测试脚本。也就是说整个测试入手虽然是自上而下的，具体实施却是自下而上（由内而外）的。首先实施单元测试，然后逐步进行其他测试，如图 16-2 所示。

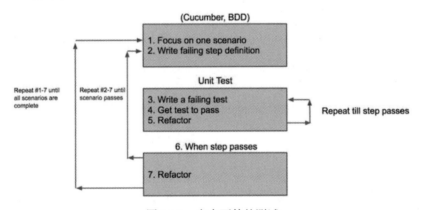

图 16-2　由内而外的测试

虽然从图 16-2 来看，整个测试是从外面的场景部分开始的，但是实际测试时，是从单元测试开始的。

图 16-2 中提到的 Cucumber 是一个测试框架。测试的首要任务是使用语言表述测试，即写测试文档。因为要使用 Cucumber，所以使用 Gherkin 来描述测试，可以把 Gherkin 看作一种描述测试的代码或语言。而 Cucumber 执行的时候就是解释这种语言。

在 Gherkin 中编写一个 feature 文件的时候，会用到很多 Gherkin 语言里特定的关键字，主要包括以下内容：

- ❏ Feature
- ❏ Background
- ❏ Scenario
- ❏ Scenario outline
- ❏ Scenarios (or examples)
- ❏ Given

- ❑ When
- ❑ Then
- ❑ And (or But)
- ❑ |（用来定义表格）
- ❑ """（定义多行字符串）
- ❑ #（注释）

关键字 Given、When、Then、And 和 But 用来指示一个场景中的步骤。可以在关键字后面写任何你需要的东西。

每一个 feature 文件必须以关键字 Feature 开始，且紧跟着一个冒号和一个描述。虽然 Feature 后可以有多行描述，但一般来说比较好的模式是写一句简短的概述，紧接着在下一行对此进行一个简明的描述。比如：

Feature: As a user when I call the search endpoint, I would like to receive a list of kittens
Scenario: Invalid query

Given I have no search criteria

When I call the search endpoint

Then I should receive a bad request message

在 Feature 中只是描述了功能，下面的 Scenario 中则分解了这个功能，分解后对于代码的要求就更为具体了。

注
意　关于 Cucumber 和 Gherkin，本书中不作重点介绍，但是仍然建议读者自行搜集资料学习，两者都是测试较为常用的工具。

在 16.4 节将更深入地研究 Scenario，此外，还会研究用于编写和执行 Cucumber 规范的 Go 框架。但是，目前主要展示如何在 Go 语言中编写出色的单元测试，从而打破开发中的外部规则。当后面开始研究行为驱动开发（BDD）时，熟知单元测试的概念将大有裨益，所以虽然已经介绍过 Go 语言的测试，本章仍然会介绍一些相关的基础知识。

16.2　单元测试

单元测试在金字塔的底部。本节会把重点放在 Go 语言内置的测试框架上。在此之前，先回顾一下鲍勃·马丁在《代码整洁之道》(Clean Code) 一书中定义的三个测试法则：

- ❑ 在编写不能通过的单元测试前，不可编写生产代码。
- ❑ 只可编写刚好无法通过的单元测试，不能编译也算不通过。
- ❑ 只可编写刚好足以通过当前失败测试的生产代码。

其实上面的三定律也被称为测试驱动开发（TDD）三定律，虽然本书不会重点介绍

TDD，但是还是会介绍 TDD 的重点知识。

在 Go 语言中进行微服务测试，有一点要注意，不要尝试使用 HTTP 去测试所有的问题。Go 语言的微服务测试要避免去开发一个测试程序的物理 Web 服务器，毕竟那样太麻烦了。所以一般通过在开发项目中直接写测试代码，来测试 Go 语言开发的 Handler 等功能。直接在程序中写的测试类，运行得更快，而且代码覆盖率可以达到 100%。

main 函数可以采用类似如下的写法：

```
1.  func main() {
2.
3.    err := http.ListenAndServe(":2323", &handlers.SearchHandler{})
4.
5.    if err != nil {
6.      log.Fatal(err)
7.    }
8.  }
```

其实通过本章提供的代码可以看到，这里的 handlers 是单独作为一个包的，而且包内可以按照不同的功能再分为几个文件。这种分割方式，非常有利于分别进行测试。所以，后续会介绍如何写测试类来测试 SearchHandler。

根据第 6 章已经介绍过的 Go 语言的测试方法可知，一般测试类和被测试文件在一个路径下。而且，为了和正常程序区分，还会在测试文件的后面加上 "_test" 后缀。比如要给源码中的 handlers/search.go 编写测试代码，则一般会新建 handlers/search_test.go 文件。

测试函数的写法如下：

func TestXxx(*testing.T)

其中的细节可以参考第 6 章。

下面从源码中选取一个示例，这个测试要验证搜索条件是否已随请求一起发送并且实现，测试代码如下：

```
1.  func TestSearchHandlerReturnsBadRequestWhenNoSearchCriteriaIsSent(t
      *testing.T) {
2.    handler := SearchHandler{}
3.    request := httptest.NewRequest("GET", "/search", nil)
4.    response := httptest.NewRecorder()
5.
6.    handler.ServeHTTP(response, request)
7.
8.    if response.Code != http.StatusBadRequest {
9.      t.Errorf("Expected BadRequest got %v", response.Code)
10.   }
11.  }
```

第 1 行的测试函数名非常长，这与前面介绍的命名可能稍微有点不同，其实这里仅仅是为了使测试函数的命名更具体化，让读者在不看注释的情况下就知道本测试方法的目的。

注意第 3 行代码，使用 net/http/httptest 包，这个包在 HTTP 的测试中会经常用到。httptest 提供了两个非常好用的方法，分别是 NewRequest 和 NewResponse。

> 注意 读者查看 GitHub 上本章提供的源码时，可能会发现与书中的代码略有出入。那是因为源码中将公共部分单独封装成了一个方法，整体上是一致的。后面的代码可能也有类似问题，不再做单独说明。

单元测试最重要的其实就是独立测试，换言之，单元测试中要重点做的就是隔离依赖关系。在测试中往往使用 Mock 或者 Spy 替换依赖项，这样可以避免出现必须要运行所有的依赖项目才可以进行测试的情况。而在 Go 语言中可以直接使用 httptest 的 NewRequest 和 NewResponse 实现这一点，这两个方法可以生成依赖对象 http.Request 和 http.ResponseWriter 的模拟版本。

NewRequest 方法会返回 http.Request，然后把这个返回传递给 http.Handler：

```
func NewRequest(method, target string, body io.Reader) *http.Request
```

第 4 行的 http.NewRecorder 方法会创建一个 ResponseRecorder 类型，这是要传递给 handle 函数的 ResponseWriter 对象的实例。ResponseRecorder 类型是 http.ResponseWriter 的一种实现，它执行以下操作：记录了所做的所有变异，以便以后可以对它进行断言。下面来看一下 ResponseRecorder 的定义：

```
1.  type ResponseRecorder struct {
2.
3.          Code int              // the HTTP response code from WriteHeader
4.
5.          HeaderMap http.Header  // the HTTP response headers
6.
7.          Body *bytes.Buffer     // if non-nil, the bytes.Buffer to append
                                      written data to
8.
9.          Flushed bool
10.
11.         // contains filtered or unexported fields
12.
13. }
```

在定义好结构体以后，接下来就是用虚拟请求和响应调用 ServeHTTP 方法，然后使用断言判断是否具有正确的结果。

Go 语言没有使用 RSpec 或 JUnit 等断言库，此处直接使用 Errorf 函数。在本章后面部分也会介绍第三方框架，但现在集中讨论标准软件包。

测试方法中第 8 行的目的是检查从处理程序返回的响应代码是否等于预期的代码 http.BadRequest。如果不是，则在测试框架上调用 Errorf 方法。

接下来再介绍 Errorf 函数，其定义如下：

```
func (c *T) Errorf(format string, args ...interface{})
```

Errorf 函数采用格式字符串的参数和可变参数列表。在内部，将在调用 Fail 之前调用 Logf 方法。

如果通过运行命令 go test -v -race ./ ... 来运行测试，则应该看到以下输出：

```
=== RUN    TestSearchHandlerReturnsBadRequestWhenNoSearchCriteriaIsSent

--- FAIL: TestSearchHandlerReturnsBadRequestWhenNoSearchCriteriaIsSent (0.00s)

    search_test.go:17: Expected BadRequest got 200

  FAIL

  exit status 1

  FAIL    github.com/ScottAI/microservices-go-testing

  go/microservices-go-testing/handlers    0.016s
```

这里的 -v 标志表示将以冗长的样式打印输出，并且即使测试成功，也会打印应用程序写入输出的所有文本。

-race 标志用于启用 Go 语言的竞争检测器，该检测器包含发现并发问题的 bug。当两个 goroutine 同时访问同一变量，并且至少其中之一是写操作时，就会发生数据竞争。race 标志只会在测试运行中增加少量开销，因此建议将其添加到所有的执行中。

使用 -./.. 作为最终参数，指示在当前文件夹以及其子文件夹中运行所有测试，从而免于手动构造要测试的软件包或文件的列表。

这个测试的结果是 fail，可以重新编写一个测试代码，使其通过测试：

```
1.   decoder := json.NewDecoder(r.Body)
2.
3.   defer r.Body.Close()
4.   request := new(searchRequest)
5.
6.   err := decoder.Decode(request)
7.
8.   if err != nil {
9.     http.Error(rw, "Bad Request", http.StatusBadRequest)
10.    return
11.  }
```

然后再执行，可以看到测试通过的提示：

```
=== RUN    TestSearchHandlerReturnsBadRequestWhenNoSearchCriteriaIsSent
--- PASS: TestSearchHandlerReturnsBadRequestWhenNoSearchCriteriaIsSent (0.00s)

PASS

ok    github.com/ScottAi/microservice-go-testing/chapter5/handlers    1.022s
```

16.3　依赖注入和 mock 测试

在测试当中，有时需要替换依赖项。此时，应选择单独的数据存储，而不是正式的数据存储，以免污染正式的数据。

有些项目会写多个配置信息，开发环境用一套，生产和测试用另一套，然后根据参数选择不同的配置信息。有几套配置信息不是问题，可是如果根据启动时的参数判断是开发、测试还是生产环境，然后获取不同的参数，这种方法显然不够好，因为每次参数修改都需要重启。此时，需要有一个优秀的方法来动态地替换一些内容。采用依赖注入，则更为灵活。

比如有一个简单的内存存储方法：

```
Search(string) []Kitten
```

该方法可以通过 Search 方法查找内容。如果要使用依赖注入，就要在运行的时候替换存储或者使用模拟（mock），那么处理函数（handler）所使用的存储就应该是一个接口（interface），接口就意味着抽象，具体运行时的实现可以有不同。比如从内存存储变为文件存储，不需要去改变存储这个接口。来看存储接口的定义：

```
type Store interface {
    Search(name string) []Kitten
}
```

接下来就可以为存储（Store）这个接口提供具体的实现代码了。因为这是一个简单示例，所以直接把数据 Kitten 按照切片（slice）的方式进行存储了，实战项目当中一般不会这么做。

依赖注入和测试如何结合起来呢？或者说怎么在程序运行的时候自动替换存储部分呢？

来看看源码的一部分（完整代码请查阅 github）：

```
microservice-go-testing/handlers/search.go
1.  package handlers
2.
3.  import (
4.      "encoding/json"
5.      "net/http"
6.
7.      "microservice-go-testing/data"
8.  )
9.
10. type searchRequest struct {
11.     // Query is the text search query that will be executed by the handler
12.     Query string `json:"query"`
13. }
14.
15. type searchResponse struct {
16.     Kittens []data.Kitten `json:"kittens"`
17. }
18.
19. // Search is an http handler for our microservice
20. type Search struct {
21.     DataStore data.Store
22. }
```

```
23.
24. func (s *Search) ServeHTTP(rw http.ResponseWriter, r *http.Request) {
25.     decoder := json.NewDecoder(r.Body)
26.     defer r.Body.Close()
27.
28.     request := new(searchRequest)
29.     err := decoder.Decode(request)
30.     if err != nil || len(request.Query) < 1 {
31.         http.Error(rw, "Bad Request", http.StatusBadRequest)
32.         return
33.     }
34.
35.     kittens := s.DataStore.Search(request.Query)
36.
37.     encoder := json.NewEncoder(rw)
38.     encoder.Encode(searchResponse{Kittens: kittens})
39. }
```

第 20 行至第 22 行定义了 Search 结构体，里面就是存储。

第 24 行至第 39 行的 ServeHTTP 方法是 Search 接口的方法，并且在第 35 行通过 Search 结构体调用了存储（Store）接口的具体实现 Search 方法。

> 📝 **注意** 请注意 Search 结构体和 Store 接口的 Search 方法的区别，虽然命名相同，所指却为两个不同的事物。

ServeHTTP 在整个测试示例中十分重要，所有的 HTTP 请求都需要使用这个方法处理，在测试的时候修改掉 Store 的具体实现，就会自动使用测试用的存储，避免污染生产环境的数据。接下来具体看一下测试代码是如何写的：

```
microservice-go-testing/handlers/search_test.go
1.  package handlers
2.
3.  import (
4.      "bytes"
5.      "encoding/json"
6.      "net/http"
7.      "net/http/httptest"
8.      "testing"
9.
10.     "microservice-go-testing/data"
11.     "github.com/stretchr/testify/assert"
12. )
13.
14. var mockStore *data.MockStore
15.
16. func TestSearchHandlerReturnsKittensWithValidQuery(t *testing.T) {
17.     r, rw, handler := setupTest(&searchRequest{Query: "Fat Freddy's Cat"})
18.     mockStore.On("Search", "Fat Freddy's Cat").Return(make([]data.Kitten, 1))
19.
20.     handler.ServeHTTP(rw, r)
21.
```

```
22.      response := searchResponse{}
23.      json.Unmarshal(rw.Body.Bytes(), &response)
24.
25.      assert.Equal(t, 1, len(response.Kittens))
26.      assert.Equal(t, http.StatusOK, rw.Code)
27. }
28.
29. func setupTest(d interface{}) (*http.Request, *httptest.ResponseRecorder, Search) {
30.      mockStore = &data.MockStore{}
31.
32.      h := Search{
33.          DataStore: mockStore,
34.      }
35.      rw := httptest.NewRecorder()
36.
37.      if d == nil {
38.          return httptest.NewRequest("POST", "/search", nil), rw, h
39.      }
40.
41.      body, _ := json.Marshal(d)
42.      return httptest.NewRequest("POST", "/search", bytes.NewReader(body)), rw, h
43. }
```

这里并没有把整个文件的代码都写在书中，只是选取了和 Mock 测试相关的两个测试方法。可以通过这两个方法看到对 mockStore 的使用，其实就是对 Store 的一种具体实现，这种方式让测试更为简单，同时也避免了对代码和数据的污染。

16.4 行为驱动开发

行为驱动开发（Behavioral Driven Development，BDD）模式在前面提到的测试框架 Cucumber 中经常使用。测试当中使用这种模式和这个框架有助于在开发人员和业务人员之间形成一套通用语言，便于沟通。

业务人员可以描述测试的内容，比如，对于不通过的测试，采用如下描述：

Scenario: User passes no search criteria

Given I have no search criteria

When I call the search endpoint

Then I should receive a bad request message

通过的测试则采用如下描述：

Scenario: User passes valid search criteria

Given I have valid search criteria

When I call the search endpoint

Then I should receive a list of kittens

这两个例子非常简单，读者完全可以理解。在实际项目中，业务人员基本上会提出类似问题（当然，一般是使用中文）。按照提出的需求，后续可以写测试方法来解决 Given、When 和 Then 语句提到的问题。由于当前 DEVOPS 十分流行，因此应该考虑尽可能使用"自动化一切"的理念来完成。

本书介绍的是 Go 语言微服务，所以测试框架也会选择一款 Go 语言开发的工具。Cucumber 模式的实现在 Go 语言中确实有一款，就是 GoDog，地址为 https://github.com/DATA-DOG/godog。

在本书提供的源码中，已经实现了 GoDog 的使用代码，读者可以在源码的 features/search.feature 文件内看到测试描述：

```
microservice-go-testing/features/search.feature
1.  @search
2.  Feature: As a user when I call the search endpoint, I would like to receive
       a list of kittens
3.
4.    Scenario: Invalid query
5.      Given I have no search criteria
6.      When I call the search endpoint
7.      Then I should receive a bad request message
8.
9.    Scenario: Valid query
10.     Given I have a valid search criteria
11.     When I call the search endpoint
12.     Then I should receive a list of kittens
```

可是测试代码该如何写呢？对此，GoDog 提供了比较好用的方法，读者可以通过 godog 命令获取其建议的测试代码，比如在 feature 文件路径下执行 godog 命令，可以看到如下输出：

```
func iHaveNoSearchCriteria() error {

    return godog.ErrPending

}

func iCallTheSearchEndpoint() error {

    return godog.ErrPending

}

func iShouldReceiveABadRequestMessage() error {

    return godog.ErrPending

}

func iHaveAValidSearchCriteria() error {
```

```
    return godog.ErrPending

}

func iShouldReceiveAListOfKittens() error {

    return godog.ErrPending

}

func FeatureContext(s *godog.Suite) {

    s.Step(`^I have no search criteria$`, iHaveNoSearchCriteria)

    s.Step(`^I call the search endpoint$`, iCallTheSearchEndpoint)

    s.Step(`^I should receive a bad request message$`, iShouldReceiveABadRequestMessage)

    s.Step(`^I have a valid search criteria$`, iHaveAValidSearchCriteria)

    s.Step(`^I should receive a list of kittens$`, iShouldReceiveAListOfKittens)

}
```

根据上面的提示，完成如下测试代码：

microservice-go-testing/features/search_test.go
```
1.  package features
2.
3.  import (
4.      "bytes"
5.      "fmt"
6.      "io/ioutil"
7.      "net/http"
8.      "os"
9.      "os/exec"
10.     "syscall"
11.     "time"
12.
13.     "github.com/DATA-DOG/godog"
14.     "microservice-go-testing/data"
15. )
16.
17. var criteria interface{}
18. var response *http.Response
19. var err error
20.
21. func iHaveNoSearchCriteria() error {
22.     if criteria != nil {
23.         return fmt.Errorf("Criteria should be nil")
24.     }
25.
26.     return nil
27. }
28.
```

```
29. func iCallTheSearchEndpoint() error {
30.     var request []byte
31.
32.     if criteria != nil {
33.         request = []byte(criteria.(string))
34.     }
35.
36.     response, err = http.Post("http://localhost:8323", "application/json",
            bytes.NewReader(request))
37.     return err
38. }
39.
40. func iShouldReceiveABadRequestMessage() error {
41.     if response.StatusCode != http.StatusBadRequest {
42.         return fmt.Errorf("Should have recieved a bad response")
43.     }
44.
45.     return nil
46. }
47.
48. func iHaveAValidSearchCriteria() error {
49.     criteria = `{ "query": "Fat Freddy's Cat" }`
50.
51.     return nil
52. }
53.
54. func iShouldReceiveAListOfKittens() error {
55.     var body []byte
56.     body, err := ioutil.ReadAll(response.Body)
57.
58.     if len(body) < 1 || err != nil {
59.         return fmt.Errorf("Should have received a list of kittens")
60.     }
61.
62.     return nil
63. }
64.
65. func FeatureContext(s *godog.Suite) {
66.     s.Step(`^I have no search criteria$`, iHaveNoSearchCriteria)
67.     s.Step(`^I call the search endpoint$`, iCallTheSearchEndpoint)
68.     s.Step(`^I should receive a bad request message$`, iShouldReceiveABad
            RequestMessage)
69.     s.Step(`^I have a valid search criteria$`, iHaveAValidSearchCriteria)
70.     s.Step(`^I should receive a list of kittens$`, iShouldReceiveAListOfKittens)
71.
72.     s.BeforeScenario(func(interface{}) {
73.         clearDB()
74.         setupData()
75.         startServer()
76.     })
77.
78.     s.AfterScenario(func(interface{}, error) {
79.         server.Process.Signal(syscall.SIGINT)
80.     })
81.
```

```
82.        waitForDB()
83. }
84.
85. var server *exec.Cmd
86. var store *data.MongoStore
87.
88. func startServer() {
89.        server = exec.Command("go", "build", "../main.go")
90.        server.Run()
91.
92.        server = exec.Command("./main")
93.        go server.Run()
94.
95.        time.Sleep(3 * time.Second)
96.        fmt.Printf("Server running with pid: %v", server.Process.Pid)
97. }
98.
99. func waitForDB() {
100.       var err error
101.
102.       serverURI := "localhost"
103.       if os.Getenv("DOCKER_IP") != "" {
104.           serverURI = os.Getenv("DOCKER_IP")
105.       }
106.
107.       for i := 0; i < 10; i++ {
108.           store, err = data.NewMongoStore(serverURI)
109.           if err == nil {
110.               break
111.           }
112.
113.           time.Sleep(1 * time.Second)
114.       }
115. }
116.
117. func clearDB() {
118.       store.DeleteAllKittens()
119. }
120.
121. func setupData() {
122.       store.InsertKittens(
123.           []data.Kitten{
124.               data.Kitten{
125.                   Id:     "1",
126.                   Name:   "Felix",
127.                   Weight: 12.3,
128.               },
129.               data.Kitten{
130.                   Id:     "2",
131.                   Name:   "Fat Freddy's Cat",
132.                   Weight: 20.0,
133.               },
134.               data.Kitten{
135.                   Id:     "3",
136.                   Name:   "Garfield",
```

```
137.               Weight: 35.0,
138.          },
139.       })
140. }
```

完成这些代码后，若需要执行 Cucumber 测试，就需要启动服务。所以，在测试代码中单独写了与启动服务相关的代码，即第 88 行至第 97 行。

另外，注意第 72 行的 BeforeScenario，其作用是在一个测试场景开始前就执行某些方法，在本例当中是启动服务。

其实这段代码里面有一些是 mongodb 相关的，在 16.5 节会使用这些代码，此处不做过多介绍。

这时候再来执行 Cucumber 测试，输出结果如下：

```
Feature: As a user when I call the search endpoint, I would like to receive a
    list of kittens

  Server running with pid: 91535

    Scenario: Invalid query                          # search.feature:4

     Given I have no search criteria          # search_test.
        go:17 -> github.com/ScottAI/building-microservices-go-testing/
        features.iHaveNoSearchCriteria

     When I call the search endpoint          # search_test.
        go:25 -> github.com/ScottAI/building-microservices-go-testing/
        features.iCallTheSearchEndpoint

     Then I should receive a bad request message # search_test.go:32 ->
        github.com/ScottAI/building-microservices-go-testing/features.iShould
        ReceiveABadRequestMessage

  Server running with pid: 91615

    Scenario: Valid query                            # search.feature:9

     Given I have a valid search criteria     # search_test.go:40 -> github.
        com/ScottAI/building-microservices-go-testing/features.
        iHaveAValidSearchCriteria

     Do not have a valid criteria

     When I call the search endpoint

     Then I should receive a list of kittens

--- Failed scenarios:

    search.feature:10

2 scenarios (1 passed, 1 failed)
```

```
6 steps (3 passed, 1 failed, 2 skipped)

6.010954682s

make: *** [cucumber] Error 1
```

运行提前准备的测试，发现有一个通过了，另一个失败了。

微服务的特点是一个服务可能需要其他服务的配合，或者说一个服务往往会调用其他服务，所以下面会介绍如何使用 Docker Compose 进行测试。

16.5　使用 Docker Compose 测试

Docker 的详细介绍会在第 17 章进行，读者也可以先学习下一章，然后再返回来学习本节。

前面介绍的只是具体技能，往往还不能应用于真正的微服务环境。比如上面的数据存储示例，很有可能不是存在于内存中，而是存在于数据库中。这时测试就需要使用另一个数据库环境，而比较便捷的方法就是使用 docker-compose，下面的 docker-compose.yml 文件指示了一些参数：

```
version: '2'

services:

mongodb:

image: mongo

ports:

- 27017:27017
```

当执行 docker-compose up 命令的时候，会在本地下载 mongodb 的镜像并且会运行一个实例。

接着使用前面的示例，基于 mongodb 来重新完成以下对 Store 接口的实现。示例中是对 mongodb 的数据操作，而不是原来的内存当中针对 slice 的操作。

对 mongodb 的一些操作，可以看如下代码：

```
microservice-go-testing/data/mongostore.go
1.  package data
2.
3.  import "labix.org/v2/mgo"
4.
5.  // MongoStore is a MongoDB data store which implements the Store interface
6.  type MongoStore struct {
7.      session *mgo.Session
8.  }
```

```
9.
10. // NewMongoStore creates an instance of MongoStore with the given
        connection string
11. func NewMongoStore(connection string) (*MongoStore, error) {
12.     session, err := mgo.Dial(connection)
13.     if err != nil {
14.         return nil, err
15.     }
16.
17.     return &MongoStore{session: session}, nil
18. }
19.
20. // Search returns Kittens from the MongoDB instance which have the name name
21. func (m *MongoStore) Search(name string) []Kitten {
22.     s := m.session.Clone()
23.     defer s.Close()
24.
25.     var results []Kitten
26.     c := s.DB("kittenserver").C("kittens")
27.     err := c.Find(Kitten{Name: name}).All(&results)
28.     if err != nil {
29.         return nil
30.     }
31.
32.     return results
33. }
34.
35. // DeleteAllKittens deletes all the kittens from the datastore
36. func (m *MongoStore) DeleteAllKittens() {
37.     s := m.session.Clone()
38.     defer s.Close()
39.
40.     s.DB("kittenserver").C("kittens").DropCollection()
41. }
42.
43. // InsertKittens inserts a slice of kittens into the datastore
44. func (m *MongoStore) InsertKittens(kittens []Kitten) {
45.
46.     s := m.session.Clone()
47.     defer s.Close()
48.
49.     s.DB("kittenserver").C("kittens").Insert(kittens)
50. }
```

其中的第 35 行至第 50 行不是 Store 接口包含的方法，DeleteAllKittens 和 InsertKittens 这两个是功能测试需要的方法。

回顾上一节给出的 features/search_test.go 的代码，其中第 99 行至第 115 行的 waitForDB 方法，用于创建 mongodb 的实例并且等待启动完成。此外，它还在 BeforeScenario 设置了一些功能，用于清除数据库数据，而后的 setupData 方法用于测试数据。

要测试代码，需要先运行 docker-compose，测试完成后再停止 docker-compose。这些过程应该使用 Makefile，这是一种非常棒的构建机制。定义了 Makefile 文件以后，可以使用 make 命令运行。

在 Makefile 文件内，开发人员可以这样写：

```
cucumber:

    docker-compose up -d

    cd features && godog ./

    docker-compose stop
```

然后执行如下命令：

```
$make cucumber

docker-compose up -d

mongodb_1 is up-to-date

cd features && godog ./

Feature: As a user when I call the search endpoint, I would like to receive a
    list of kittens

Server running with pid: 88200

  Scenario: Invalid query # search.feature:4

    Given I have no search criteria # search_test.go:21 -> github.com/
        ScottAI/microservices-go-testing/features.iHaveNoSearchCriteria

    When I call the search endpoint # search_test.go:29 -> github.com/
        ScottAI/microservices-go-testing/features.iCallTheSearchEndpoint

    Then I should receive a bad request message # search_test.go:40 ->
        github.com/ScottAI/microservices-go-testing/features.iShouldReceiveAB
        adRequestMessage

Server running with pid: 88468

  Scenario: Valid query # search.feature:9

    Given I have a valid search criteria # search_test.go:48 -> github.com/
        ScottAI/microservices-go-testing/features.iHaveAValidSearchCriteria

    When I call the search endpoint # search_test.go:29 -> github.com/
        ScottAI/microservices-go-testing/features.iCallTheSearchEndpoint

    Then I should receive a list of kittens # search_test.go:54 -> github.
        com/ScottAI/microservices-go-testing/features.iShouldReceiveAListOfKittens

2 scenarios (2 passed)

6 steps (6 passed)
```

```
7.028664s

docker-compose stop

Stopping chapter4_mongodb_1 ... done
```

这种测试方法就比较完善了，在开发中多使用最后这种方式。

16.6　小结

本章介绍了微服务的测试，不管是单元测试、行为驱动开发还是使用 Docker Compose 进行测试，都是在开发过程当中会使用的。特别是 Docker Compose 这种方式，在涉及数据的时候经常用。

本章的内容更加偏向于基于微服务的测试，专注介绍了有微服务特色的测试，有些基础知识在第 6 章已经介绍过，就没有重复，比如性能和基准测试、代码覆盖率等，对于这些测试请参考第 6 章的内容。

微服务运行环境：Docker

Docker 的出现是当今微服务迅速发展的主要因素之一，它也是微服务开发必须熟悉的工具。

Docker 的英文意思是码头工人，可以想见，Docker 要做的就是要像码头工人处理集装箱一样来处理应用程序。对于 Docker 的历史，本书不会做过多介绍。

Docker 是一个容器引擎，开发人员可以通过它打包自己的应用程序，并移植到其他机器上运行。

17.1　Docker 介绍

本节会介绍 Docker 一些比较基础的概念，以帮助读者对 Docker 建立一个整体的印象，进而学以致用。

17.1.1　Docker 引擎

Docker 引擎（Docker engine）是 Docker 最重要的概念，也是整个 Docker 的核心。Docker 的运行时环境、网络和安全都是由 Docker 引擎负责的。Docker 引擎可以被安装在物理机或虚拟机上，并且支持 Mac OS、Linux 和 Windows 等操作系统。

包括 Docker 引擎在内的整个 Docker 应用都是用 Go 语言开发的。

其实 Docker 引擎正是 Docker 与传统 VirtualBox 等虚拟机区别的关键所在，下面以 Docker 官方图和传统的虚拟机架构图进行对比说明，如图 17-1 和图 17-2 所示。

图 17-1　Docker 所处层级

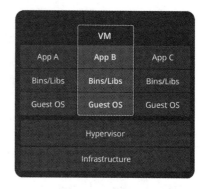

图 17-2　虚拟机架构图

图 17-1 是 Docker 的架构图，图 17-2 是传统的虚拟机架构图。两者最明显的差别是传统的虚拟机是提供操作系统的，而 Docker 自身不带操作系统，这也是传统的虚拟机往往很大的原因。

那么为什么 Docker 可以不提供 OS 呢?

因为 Docker 使用了宿主机的 OS 内核。比如 Linux，其内核系统启动后，再去挂载文件系统和用户空间支持等应用，而 Docker 引擎则是把 Docker 的镜像作为类似文件系统的单独包挂载到 OS 内核。这样做极大地提高了效率，同时也具备了隔离性。

Docker engine 包括三部分，一是 Docker CLI，或者说 Client，用于与 Server 端进行交互。二是 REST API，通过 REST API 的方式与 Docker Server 进行交互，可以是远程的，也可以通过其他语言的程序调用。三是 Server，即服务器端，服务器端是指守护进程（docker daemon）运行的可以接收、处理相关指令的服务，同时也可管理镜像和容器的生命周期。

17.1.2　守护进程

守护进程（Docker daemon）用于监听 Docker 的 API 请求，并且管理镜像、容器、网络和数据卷的后台进程。它可以与其他后台进程通信，也可以管理 Docker 的服务。

说明　之所以把 Docker daemon 作为单独的一节，是因为现在大量的资料对 Docker engine 和 Docker daemon 概念的解释有些混淆，上面的解释选自 Docker 官方文档。

17.1.3　镜像及容器

镜像（image）、容器（container）是 Docker 中最重要的两个概念。

镜像是一个包含了代码、运行时环境、依赖包和设置信息的包，它是独立的、轻量的、可执行的。镜像一旦生成，就不会改变，这对于在实战当中发布代码非常有帮助，可以保证测试过的代码不会改变。

容器是镜像运行时的实例。容器有独立的运行环境和文件系统，容器彼此之间也是无法使用 TCP 或 UDP 等进行通信的。

　　因为镜像设计类似于 OS 的文件系统，所以其体积也需要压缩，这也是为什么 Docker 的镜像是分层设计的。开发人员可以基于其他的镜像构建新的镜像，且在自己的镜像下操作不会影响上一层镜像。所以在构建镜像的时候要注意，仅包含自己需要的依赖就可以，多余的东西全部移除。

　　容器作为镜像的运行实例，其本质是一个拥有独立文件系统、命名空间的独立包。Docker 参考了集装箱的思想，集装箱用标准化的容器来运载货物，而 Docker 容器则是用来"运载"软件的，Docker 容器的操作也是标准化的。

　　关于镜像和容器的具体操作，会在本章的后续进行详细的介绍。

17.1.4　仓库

　　镜像是通过仓库（Registry）进行保存的，这很像 git 的用法。仓库分为公共和私有两种，公共的仓库称为 Docker Hub（模式上很像 Git Hub）。用户可以在 Docker Hub 注册自己的账号，分享并保存自己的镜像。

　　用户也可以在 Docker Hub 保存自己的私有镜像，一般公司会使用自己私有的仓库，这样可以让私有仓库受到公司防火墙的保护。

17.1.5　数据卷

　　数据卷（Volumes）是绕过 Union File System（也可以理解为绕过容器）而制定的特殊目录，它主要是为数据持久化和共享而设计的。数据卷由 Docker 管理，按照官方的介绍，数据卷有如下的优点：

- ❑ 非常便于备份。
- ❑ 可以通过 Docker Cli 或者 API 管理数据卷。
- ❑ 数据卷可以在 Linux 和 Windows 的 Container 上工作。
- ❑ 在多个容器之间通过数据卷共享数据更为安全。
- ❑ 更新镜像不会影响数据卷。
- ❑ 即便容器被删除，数据卷仍然存在。

数据卷是比较常用的数据持久化的方式之一，后面还会介绍另外一种常用方式。

🎯 说明　Union File System（联合文件系统）是 Linux、Unix 用到的文件系统，该文件系统可以把多个分支目录内容联合挂载到同一个目录下，而其实际物理位置是分开的。Docker 镜像也使用了这种机制，它的特点之一就是 copy-on-write（写时复制），也就是说，不修改的文件就直接共享，谁改了就复制一份，这是镜像底层使用的技术之一。

17.2　运行第一个 Docker 容器

上一节的理论知识阅读起来难免枯燥，其实可以从 17.2 节开始练习，遇到不好理解的概念再回去翻阅相关解释。本节就让我们完成 Docker 的第一个容器运行吧。

17.2.1　Docker 安装

Docker 的安装就像 Go 语言开发的其他程序一样简单，找到对应的版本下载安装就可以，读者可以参考如下链接找到自己电脑对应的版本 https://docs.docker.com/engine/installation/。

> 说明　读者在学习本章时，可以选择 Windows、Mac、Linux 等系统安装并且练习，不过后面的微服务实战会在 CentOS 系统进行。请不要有顾虑，在 Windows 或 Mac 学好了 Docker，到了 Linux 一样可以使用。

17.2.2　HelloWorld 程序示例

为了验证 Docker 是否安装正确，同时为了熟悉 Docker 的使用，我们来用 Docker 完成 HelloWorld 程序。

可以通过运行 hello-world 镜像来测试，先执行如下的命令：

```
1.  $ docker run --rm hello-world
```

docker run 命令后面的 --rm 参数是告诉 Docker，当该容器运行结束时删除该容器及其占有的所有资源。如果能确定不再需要该容器，加上 --rm 参数可以使系统保持整洁，避免太多的临时容器占用空间。

该命令执行完成后，容器就运行了，可以看到如下的提示信息。正如前面的解释，容器就是镜像运行的实例。

```
1.  Unable to find image 'hello-world:latest' locally
2.  latest: Pulling from library/hello-world
3.  1b930d010525: Pull complete
4.  Digest: sha256:6540fc08ee6e6b7b63468dc3317e3303aae178cb8a45ed3123180328bcc1d20f
5.  Status: Downloaded newer image for hello-world:latest
6.
7.  Hello from Docker!
8.  This message shows that your installation appears to be working correctly.
```

第 1 行至第 5 行，可以根据提示信息看到，本地没有这个镜像，然后 Docker 开始拉取这个镜像。这里利用了 Docker 的仓库机制，开发人员可以从 https://hub.docker.com/ 仓库下载别人分享的镜像，同时也可以分享自己制作的镜像。hello-world 镜像是 Docker 团队制作的，下载完成后就开始运行。

第 7 行显示了该 Docker 镜像运行后打印的信息，可以看到，Docker 镜像可以很简单，简单到只打印一行信息，当然也可以很复杂，复杂如我们自己开发的程序。

 说明 当在命令中没有明确写出镜像的 tag（可以称为版本）时，默认的是 latest，如第 1 行所示。

至此，Docker 容器版的"HelloWorld"就完成了，是不是太简单了？下面是一个复杂点的示例，进一步给出更为详细的解释。

17.2.3 运行复杂一点的容器

本节启动一个容器，并且在里面打开一个 shell 用来显示命令输入框。

首先，执行下面的命令：

```
1.  $ docker run -it --rm alpine:latest sh
2.  Unable to find image 'alpine:latest' locally
3.  latest: Pulling from library/alpine
4.  050382585609: Pull complete
5.  Digest: sha256:6a92cd1fcdc8d8cdec60f33dda4db2cb1fcdcacf3410a8e05b3741f44a9b5998
6.  Status: Downloaded newer image for alpine:latest
7.  / #
```

第 1 行，alpine 是一个轻量级的 Linux 镜像，一般在运行 Go 程序时可以选择该镜像。在该命令中加上了 -it 参数，it 是词组 interactive terminal 的首字母缩写，此参数可以把在控制台输入的命令映射到容器内。命令后面的 sh 是容器启动后第一个执行的命令。

从第 7 行可以看到，此处可以输入命令，假如输入 ls 则会显示：

```
bin     dev     etc     home    lib     media   mnt     opt     proc    root    run
sbin    srv     sys     tmp     usr     var
```

这里列出了容器内的文件。

通过前面的演示，看到了 alpine 内的根目录。当然可以在容器内做一些改变，可是不要忘记，镜像是不可变的，一旦容器停止运行，一切都会还原如初，你的所有改变都会丢失。这一点各位读者一定要牢记，不要把 Docker 当成虚拟机。当然，Docker 有方案来解决数据持久化的问题，后面会介绍。而现在，继续看这个例子。

打开另一个终端窗口，并且输入如下命令：

```
1.  $ docker ps
2.  CONTAINER ID IMAGE COMMAND CREATED STATUS PORTS NAMES
3.  7f34c1888227 alpine:latest "sh" 18 minutes ago
    Up 18 minutes flamboyant_hypatia
```

第 1 行，docker ps 命令向 Docker engine 发起查询所有容器的请求，默认只显示正在运行的容器，本例中只显示了 alpine 镜像对应的容器。如果想查询所有的容器，包括停止但是没有删除的容器，那么在本命令的后面加上 -a 参数就可以。

接下来再回到前面的终端窗口，执行如下命令：

```
1.  $ touch test.txt
2.  $ ls
3.  bin     etc     lib     mnt     proc    run     srv     test.txt  usr
4.  dev     home    media   opt     root    sbin    sys     tmp       var
5.  / #
```

第 1 行，先创建一个 test.txt 文件。

第 2 行，通过 ls 命令来查看在容器内是否已经存在该文件了。

第 3 行，从 ls 命令的结果可以看到，test.txt 文件已经存在。

接下来，使用 exit 命令离开当前容器。然后在第二个终端窗口内执行如下命令：

```
1.  $ docker ps
2.  CONTAINER ID    IMAGE    COMMAND    CREATED    STATUS    PORTS          NAMES
3.  $ docker ps -a
4.  CONTAINER ID    IMAGE    COMMAND    CREATED    STATUS    PORTS          NAMES
```

可见分别使用 docker ps 和 docker ps -a 命令都找不到刚才的容器。这是因为在启动容器的时候，加上了 --rm 参数，退出的时候会删除容器。

假如再运行一个容器，会在根目录下看到 test.txt 吗？

肯定是不会的，读者可以按照上面的方法自行启动一个容器并在根目录下执行 ls 命令查看。

不过这个例子还不够严谨。请读者再启动一个新的容器，使用该命令：docker run -it alpine:latest sh，也就是说不使用 --rm 参数。然后如法炮制地创建 test.txt → exit → 启动容器，你会发现，test.txt 还是找不到。

请读者一定记住：容器是镜像的不可变实例，数据卷默认是不持久的。

不过，如果启动容器的时候不加 --rm 参数，那个停止的容器则会一直存在，即便如此这个继续存在的意义已经基本没有了。

> 🐢注意 使用容器的时候一定要记得删除，最好使用 --rm，或者使用 docker rm <CONTAINER ID> 命令手动删除，否则会造成比较严重的磁盘空间浪费。当然，停止但没有被删除的容器是可以被重新启动的，但是在生产环境中不应该这么做，在镜像不变的情况下还是推荐每次都添加 --rm 参数。

如果把停止的容器重新启动，原来创建的文件还会存在吗？答案是肯定的，读者可以自行试验。

最后再介绍一个知识点。如果机器上已经存在大量已停止的容器，是否要使用 docker rm <CONTAINER ID> 一个一个地删除？当然不用，可以使用如下命令：

```
docker rm -v $(docker ps -a -q)
```

上面的命令可以一次性删除所有停止的容器。

17.3　Docker 数据持久化

上一节已经看到了镜像的不可变特性。可是使用 Docker 肯定是要在里面开发自己的代码或者进行相关的配置，也就是说肯定会有新数据产生，既然不能在容器内存储，那该如何存储呢？

Docker 提供两种数据持久化的方式——bind mount 和 volume（如图 17-3 所示）。使用这两种技术可以达到持久化的效果，也就是说不管镜像升级还是容器被删除，创建的数据都可保留下来。

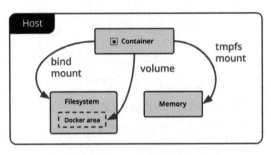

图 17-3　Docker 数据持久化

17.3.1　数据卷

对于数据卷（volume），Docker 专门提供了 volume 子命令进行操作，下面来看一下对应的子命令：

```
docker volume create        // 创建数据卷
docker volume inspect       // 显示数据卷的详细信息
docker volume ls            // 列出所有的数据卷
docker volume prune         // 删除所有未使用的 volume，加上 -f 参数为强制删除
docker volume rm            // 删除一个或多个指定的 volume，加上 -f 参数为强制删除
```

下面使用上面的命令完成一个示例：

```
1.  $ docker volume create my-vol
2.  my-vol
3.  $ docker volume ls
4.  local               my-vol
5.  $ docker volume inspect my-vol
6.  [
7.      {
8.          "CreatedAt": "2019-08-02T10:54:29Z",
9.          "Driver": "local",
10.         "Labels": {},
11.         "Mountpoint": "/var/lib/docker/volumes/my-vol/_data",
12.         "Name": "my-vol",
13.         "Options": {},
14.         "Scope": "local"
```

```
15.    }
16. ]
17. $ docker volume rm my-vol
18. my-vol
```

第 1 行，创建一个名称为 my-vol 的数据卷。

第 3 行，显示当前的数据卷，可以看到刚才创建的数据卷已经显示出来了。

第 5 行至第 16 行，查询一下数据卷的详细信息。里面包括了创建时间、Driver、Labels 等数据，Driver 为 local 说明该数据卷在宿主机本地。要重点关注一下第 11 行，这行表示数据卷的挂载点，默认为 /var/lib/docker/volumes 路径下，每一个数据卷都会有自己的对应文件夹。

第 17 行，删除刚创建的数据卷。

> 💡 说明　docker volume prune 命令会删除所有没有被挂载的数据卷，读者可以自己试验，除了 -f 参数，其还有 --filter，用于过滤。

创建的数据卷需要挂载到容器上，实现该功能有两个参数可以选择：-v 和 --mount。以前 -v 用于单个容器，而 --mount 用于 Docker swarm，不过现在 --mount 也可以用于单个容器。

官方建议优先选择使用 --mount，当然使用 -v 也是可以的，两者用法的主要区别是 -v 使用 "："分割源和目标，而 --mount 是把每个具体参数作为索引来处理。

还是以 alpine 容器为例，在启动容器的同时指定对应的数据卷。

```
1.  $ docker run -it --mount source=my-vol2,target=/my-vol2 --name voltest --rm
        alpine:latest sh
2.  / # ls
3.  bin     dev     etc     home     lib     media     mnt     my-vol2  opt
        proc    root    run     sbin     srv     sys       tmp     usr      var
4.  / #
```

第 1 行，注意 --mount 的用法，后面的 source 和 target 是用逗号隔开的，可以在后面放多个数据卷。同时要注意并没有提前创建数据卷 my-vol2，在直接挂载程序时才自动创建。--name 的作用是给容器取名字，便于操作。

第 2 行，执行 ls，可以在后面看到 my-vol2 文件夹已经被创建了。

继续这个示例，在 my-vol2 文件夹下创建一个文件，然后重新启动一个容器也挂载这个数据卷，看看创建的文件是否还在。

```
1.  / # cd my-vol2/
2.  /my-vol2 # touch test.txt
3.  /my-vol2 # exit
4.  $ docker run -it --mount source=my-vol2,target=/my-vol2 --name voltest2
        --rm alpine:latest sh
5.  / # ls
6.  bin       dev       etc       home     lib     media     mnt       my-vol2
```

```
           opt    proc   root   run    sbin   srv    sys    tmp    usr    var
7.  / # cd my-vol2/
8.  /my-vol2 # ls
9.  test.txt
```

第 1 行至第 3 行，在 my-vol2 文件夹下创建文件 test.txt，因为数据卷 my-vol2 和该文件夹是映射关系，所以推测该文件会被存储到 my-vol2 数据卷中。然后使用 exit 命令退出当前容器。

第 4 行至第 9 行，重新启动一个新的容器，也挂载 my-vol2 数据卷，启动以后查看确实有 test.txt 文件，可见持久化是成功的。

退出以后查看一下 my-vol2 数据卷是否还在。

```
1.  $ docker volume inspect my-vol2
2.  [
3.      {
4.          "CreatedAt": "2019-08-02T11:16:50Z",
5.          "Driver": "local",
6.          "Labels": null,
7.          "Mountpoint": "/var/lib/docker/volumes/my-vol2/_data",
8.          "Name": "my-vol2",
9.          "Options": null,
10.         "Scope": "local"
11.     }
12. ]
```

可以看到确实还在。

 说明 本节的示例都是使用的 --mount 方式，如果读者有兴趣，可以到 Docker 官方文档中查阅 -v 的用法。另外关于如何在不同的 Docker 容器之间共享数据卷也请查询官方文档。

17.3.2　bind mount

绑定挂载（bind mount）是经常用到的比较传统的方式，其主要作用就是将宿主机与容器内的目录做一个绑定。Go 语言开发者一定要了解这种方式，这是开发环境用得最多的方式。代码基本是写在本地的，然后通过绑定挂载本地目录的方式映射到 Docker 容器。

这种方式在生产环境是非常少用的，因为 Mac OS 和 Windows 的路径不同，这就导致命令不能写在 Dockerfile 中，Dockerfile 后面会具体讲。

绑定挂载本地目录的方式和数据卷非常像，可以选择 -v 或者 --mount 方式，本节采用官方建议的 --mount 方式。绑定挂载本地目录和数据卷的区别是：数据卷完全由 Docker 进行管理，而绑定挂载本地目录则是完成了本地目录和 Docker 容器的映射，所以直接在本地目录的操作也会影响 Docker 容器的数据。

还是用 alpine 镜像来举例，启动一个容器，并且挂载代码的本地文件路径：

```
1.  $ docker run -it --mount type=bind,source=/Users/go/src/book/chapter0,
        target=/local-map --rm alpine:latest sh
2.  / # ls -a
3.  ... dockerenv   dev          home         local-map     mnt
        proc        run          srv          tmp           var
4.  ... bin         etc          lib          media         opt
        root        sbin         sys          usr
5.  / # cd local-map
6.  /local-map # ls -a
7.  ... sample.go
```

第 1 行，注意 --mount 后面新增了 type=bind 参数，这是与数据卷的最大差别，source 后面是本地文件路径，读者可以把路径放在此处。如果指定的本地路径不存在，系统会自动创建。

第 2 行至第 3 行，用 ls -a 命令，可以看到 local-map 文件夹，这是启动容器时 target 指定的文件夹名称。Docker 内如果不存在指定的路径，则会自动创建。

第 4 行至第 7 行，可以看到在 local-map 文件夹下有本地 chapter0 文件夹下的文件 sample.go。

这种方式非常适合基于 Docker 进行程序开发时使用。

说明　如果启动容器时通过 target 指定的容器内的路径已经存在内容，会使用本地的内容覆盖掉原来的内容。

17.4　Docker 网络

Docker 之所以在当今如此火爆，很大程度上也是因为 Docker 容器可以方便地互相联网，也可以与外网连接起来。无论是在 Linux、Mac 还是在 Windows 上，开发人员都可以直接用 Docker 来管理。

现在，Docker 专门提供了网络子命令集，而且对于网络模块有单独的子系统。本书不会对技术细节展开讨论，但是会介绍用法。

本节会先介绍 Docker 的五种网络驱动模式，然后介绍外网访问容器、容器互联和 DNS 配置的方法。

17.4.1　桥接驱动及自定义 bridge

桥接（bridge）驱动模式是 Docker 默认的驱动模式，但是，如果使用多个容器，一般不会使用默认的 bridge 驱动模式，而是会自定义桥接模式。

以下是 Docker 官方针对 bridge 驱动模式给出的解释：

自定义的 bridge 驱动在连接到本网络的 Docker 容器之间默认开放所有端口，而对外的端口则是默认全部关闭的。默认的 bridge 驱动网络则是所有连接过来的容器需要指定对等的同样端口进行通信，然后再把这些端口对外暴露。显然，默认方式非常不灵活，假设有这样两个容器，一个开放 3306 端口供两个容器间通信，一个对外网开放 80 端口，自定义 bridge 只需要对外开放 80 端口就可以。而默认的方式却需要彼此之间开放 3306 和 80，再对外开放 80，这样就容易造成端口访问时的阻塞。

默认 bridge 驱动模式只能通过 IP 进行彼此间的访问，除非使用了 -link 标示。而用户自定义 bridge 则允许通过名称或别名进行访问。

用户自定义的 bridge 驱动网络允许在容器运行时连接或断开网络；而默认 bridge 网络模式，则必须关闭当前的容器，重新启动的时候再进行网络设置。

注意 在有多个 Docker 容器的情况下，要尽可能地使用用户自定义的 bridge 网络模式。默认 bridge 模式，包括 -link 标示，都尽可能少用。

现在就来具体看一下，如何创建用户自定义的 bridge 网络：

```
1.  $ docker network create -d bridge bridge-net
2.  6d5dba74ed5373e31d7104be296de4dd380d4748440e2cfb944effa17b5314c6
3.  $ docker network ls
4.  NETWORK ID          NAME              DRIVER            SCOPE
5.  2ea2e1b90995        bridge            bridge            local
6.  6d5dba74ed53        bridge-net        bridge            local
7.  3d0a752fc64b        host              host              local
8.  f0d6f14c3407        none              null              local
```

第 1 行，docker network 是 Docker 网络操作的子命令集，网络相关操作都是以这个开头的。执行完成后返回一长串编码，前面的 12 位是网络 ID。-d 参数是设定网络驱动模式，这里是 bridge，其实可以不写，默认也是 bridge。

第 3 行，执行 Docker 网络查看命令。

第 6 行，可以看到创建的 bridge-net 网络。其他的三个是系统创建的，先忽略掉。

接下来，启动两个容器，并且都接入 bridge-net 网络中，测试能否互相通信：

```
1.  $ docker run -it --name alpine1 --network bridge-net --rm alpine:latest sh
2.  / #
```

这条命令的作用是先启动一个名称为 alpine1 的容器，然后通过 -network 标示连接到 bridge-net 网络。

注意 如果启动容器时不使用 -network 标示，则容器会连接默认创建的 bridge 驱动。

接下来，新开一个终端窗口：

```
1.  $ docker run -it --name alpine2 --network bridge-net --rm alpine:latest sh
2.  / #
```

又启动了一个名称为 alpine2 的容器，并接入网络。再打开一个终端窗口看一下 bridge-net 网络的信息：

```
1.  $ docker network inspect bridge-net
2.  [
3.      {
4.          "Name": "bridge-net",
5.          "Id": "6d5dba74ed5373e31d7104be296de4dd380d4748440e2cfb944effa17b5314c6",
6.          "Created": "2019-08-04T15:02:01.5623202Z",
7.          "Scope": "local",
8.          "Driver": "bridge",
9.          "EnableIPv6": false,
10.         "IPAM": {
11.             "Driver": "default",
12.             "Options": {},
13.             "Config": [
14.                 {
15.                     "Subnet": "172.18.0.0/16",
16.                     "Gateway": "172.18.0.1"
17.                 }
18.             ]
19.         },
20.         "Internal": false,
21.         "Attachable": false,
22.         "Ingress": false,
23.         "ConfigFrom": {
24.             "Network": ""
25.         },
26.         "ConfigOnly": false,
27.         "Containers": {
28.             "3716dd6f65a4be2926a16cdb9eefe9635abbe3006823d03792a745f42cf1c867": {
29.                 "Name": "alpine2",
30.                 "EndpointID": "ad796df211292fa1548a9d02ff340137908f636e36
                        257e2c1303ec9d0279018d",
31.                 "MacAddress": "02:42:ac:12:00:03",
32.                 "IPv4Address": "172.18.0.3/16",
33.                 "IPv6Address": ""
34.             },
35.             "d4911957574768639358cfe4c372c4f7eda0efb50652cfe4bf549b3737e6cee2": {
36.                 "Name": "alpine1",
37.                 "EndpointID": "55f087cf94709f1c7dae203fdfcf2e99412344a4f0
                        21804ed9bef46f1fecf96f",
38.                 "MacAddress": "02:42:ac:12:00:02",
39.                 "IPv4Address": "172.18.0.2/16",
40.                 "IPv6Address": ""
41.             }
42.         },
43.         "Options": {},
44.         "Labels": {}
45.     }
46. ]
```

第 1 行，查看 bridge-net 网络信息。

第 27 行至第 42 行，这里显示的是接入网络的容器，通过 name 项可以看到分别是

alpine1 和 alpine2。

接下来，还要测试 alpine1 和 alpine2 两个容器是否可以通信，先回到 alpine1 的第一个终端窗口，执行如下命令：

```
1.  / # ping alpine2
2.  PING alpine2 (172.18.0.3): 56 data bytes
3.  64 bytes from 172.18.0.3: seq=0 ttl=64 time=0.160 ms
4.  64 bytes from 172.18.0.3: seq=1 ttl=64 time=0.125 ms
5.  64 bytes from 172.18.0.3: seq=2 ttl=64 time=0.130 ms
```

可以看到，是可以 ping 通 alpine2 的，证明网络没有问题。

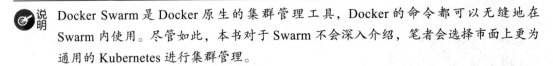

注意 对于多容器之间的通信，建议读者重点参考后面的 Docker Compose（容器编排）部分，本节还是侧重理解，实战中还是容器编排用得更多。

17.4.2　Host 模式、Overlay 模式及 None 模式

上一节详细介绍了 bridge 驱动模式，特别是自定义的 bridge 驱动模式，本节会介绍另外三种模式，但是不会重复官方文档。

主机（Host）模式是指容器和宿主机之间共用同样的 IP 地址和端口，但是文件系统、进程等还是隔离的。

Host 模式仅支持 Linux 系统，不支持 Mac OS 和 Windows 系统。

通过 Host 模式也可以完成 Docker 容器之间的跨主机交互。总体来看，Host 模式是使用最简单并且性能最好的模式，不过该模式不利于自定义网络配置和管理，且所有主机的容器会使用相同的 ip。所以，Docker 还提供了另外一种方式，就是 Overlay 驱动模式。这种模式在跨主机通信方面是最出色的。

为什么 Overlay 驱动模式是跨容器数据通信的重要模式呢？因为 Overlay 网络在不需要改变现有网络设施的情况下，通过自己的通信协议封装了新的报文格式，这样数据在传到类似 Overlay 虚拟网关的节点后就会先解析新封装报文，找到真正的地址端口再次转发。这比 VLAN 的方式要优秀，在 VLAN 方式中，如果想让容器之间通信就需要有两层 VLAN，所以需要新的网络设备接入，对于大型的微服务，两层 VLAN 会变得非常复杂。

而且，Docker Swarm 对 Overlay 网络也提供了非常好的支持，最开始 Overlay 主要就是为 Docker Swarm 通信而设计的。

说明 Docker Swarm 是 Docker 原生的集群管理工具，Docker 的命令都可以无缝地在 Swarm 内使用。尽管如此，本书对于 Swarm 不会深入介绍，笔者会选择市面上更为通用的 Kubernetes 进行集群管理。

初始化 Swarm 或者将 Docker 加入已有 Swarm 时，会在 Docker 主机创建两个新网络。

一个名为 ingress 的 Overlay 网络，用于处理与 Swarm 服务相关的控制和数据交互。如果在创建 Swarm 时没有连接到用户自定义的 Overlay 网络，则新建的 Swarm 会默认连接到 ingress 网络。

另一个是名为 docker_gwbridge 的 bridge 驱动模式网络，该网络用于 Swarm 集群内 Docker 容器的彼此互联。

虽然单独的 Docker 容器和 Docker Swarm 都可以加入 Overlay 网络，不过在具体操作上还是有所不同的。但是 Docker Swarm 操作和 Docker 操作的差异并不大，对于具体操作不再做介绍，毕竟集群管理选择的是 Kubernetes，有兴趣的读者请自行补充。

最后来看一下 None 模式，Docker 默认可以支持三种网络，bridge、Host 和 None。None 模式不会为 Docker 容器分配任何 IP，也不能访问外部网络及其他容器。该模式具有回环地址，一般运行批处理作业时可以选择该网络。

17.5　小结

本章介绍了 Docker，应该说正是 Docker 的普及和火爆才让微服务有了如此大的发展。本章是从开发工程师的角度对 Docker 进行介绍的，可能运维工程师或者 DevOps 工程师需要掌握更多的 Docker 知识。不过笔者认为开发工程师熟练掌握本章的 Docker 知识就够了。

建议读者在自己机器上练习本章使用的 Docker 命令，力争熟练掌握。

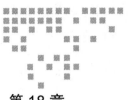

第 18 章

Go 语言基于 ES-CQRS 的微服务实践

在使用 DDD 模式进行微服务开发的时候，会发现聚合的事件在整个应用中非常重要，微服务在运行中需要不停地使用事件的通信触发各种动作。事件一般是通过消息传递的，怎样才保证事件都被成功地发布或者监听呢？如果对于每个状态都记录事件的状态，就会把应用变得非常复杂，所以可以考虑使用事件溯源（Event Sourcing）。

除了事件溯源以外，本章还会介绍命令查询职责分离（Command Query Responsibility Segregation，CQRS），以及在 Go 语言中的一个具体实现示例。

18.1　理论介绍

在使用事件溯源和命令查询职责分离之前，先把其理论内容介绍一下，以帮助读者理解两种模式的概念和优缺点。

18.1.1　事件溯源

事件溯源非常好理解，指的是将每次的事件都记录下来，而不是去记录对象的状态。比如新建、修改等都会作为事件记录下来，当需要最新的状态时，通过事件的堆叠来计算最新的状态。

在传统的 CRUD 模型中需要不停地保存最新的状态，也就是说数据库保存的始终是数据的最新状态。而事件溯源则与传统的 CRUD 不同，它只存储事件，存储对象从开始到消亡的所有事件。事件溯源在技术上与 CRUD 也非常不同：CRUD 的数据库内的记录可以修改、删除；事件溯源只能追加事件，不能对已经添加的事件进行修改。

按照事件溯源的模式进行架构设计，就是事件驱动架构（Event Driven Architecture，

EDA)。EDA 整个系统都是以事件通信为基础的，非常符合前面介绍的 DDD 模式。

在了解了 Event Sourcing 的基本内容以后，可以总结出这些模式的优点：

❏ 因为记录了对象的所有事件，所以可以查看任意一个时间点的对象状态。

❏ 以事件的形式进行写入操作，容易实现高并发，性能好，基本没有死锁。

❏ 可以基于历史事件做更多的数据分析。

第 15 章介绍的 DDD 模式会让整个软件系统松耦合，而且需要通过事件通信进行协同工作，而事件溯源的模式正好能与 DDD 模式比较好地配合。

事件溯源的方式会让整个应用的事件通信增加，查询的时候会导致整个应用的查询性能很差，这时就需要介绍 ES 模式的好搭档——CQRS，简单地理解就是读写分离，具体的请参考下一节。

18.1.2　命令查询职责分离

命令查询职责分离（CQRS）最早来自 Betrand Meyer 写的 *Object-Oriented Software Construction* 一书，指的是命令查询分离（Command Query Separation, CQS）。其基本思想是任何一个对象的方法都可以分为以下两大类。

❏ 命令（Command）：不返回任何结果（void），但会改变对象的状态。

❏ 查询（Query）：返回结果，但是不会改变对象的状态，对系统没有副作用。

先来看 ES-CQRS 的经典架构图（如图 18-1 所示）。

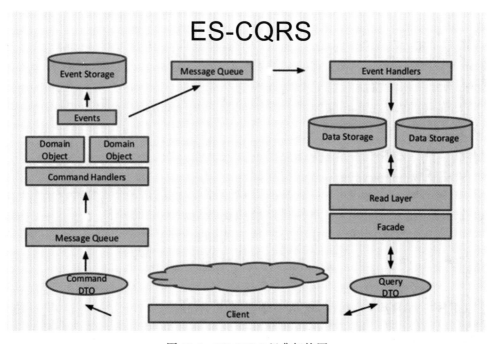

图 18-1　ES-CQRS 经典架构图

CQRS 体现了读写分离的思想，写操作对应一个命令（command），读操作对应一个查询（query）。一个命令代表一种动作意图，代表命令系统做什么动作，而且命令的执行结果通常不需要返回；一个查询表示向系统查询数据并返回。另外一个重要的概念就是事件，事件表示领域中聚合根的状态发生变化后产生的事件，基本对应 DDD 中的领域事件。

CQRS 的核心出发点就是把系统分为读和写两部分，从而方便分别进行优化。采用CQRS 架构的一个隐含问题是：查询到的数据可能不是最新的，很可能有短暂（可能几个毫秒）的延迟。换言之，在 CQRS 架构下，如果在高并发的情况下修改数据，比如秒杀场景，用户界面上看到的数据总是旧的。秒杀提交订单前看到库存还大于零，但是当提交订单时，系统提示你要买的商品卖完了。这就说明，在这种高并发修改同一资源的情况下，看到的数据往往不是实时的。

单纯来看 CQRS 的架构，如图 18-2 所示。

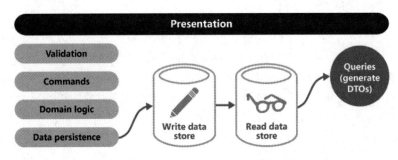

图 18-2　CQRS 在数据库层的读写分离

在图 18-2 中，CQRS 的 CUD（Create、Update、Delete）相关的操作都是通过 Write data store 的数据库进行的，而查询操作都是通过 Read data store 进行的，可以理解为 Read data store 是另一个库的副本。

CQRS 的优点总结如下：

❑ 分工明确，便于系统的扩展。

❑ 可以提高系统的性能，在大型系统中便于模块化开发，避免 CUD 的操作影响 Query 性能。

❑ 数据完整、逻辑清晰，可以方便地查询哪些命令导致系统的哪些状态发生了变化。

❑ 这种架构能够更好地完成事件驱动（Event-Driven）模式的需求。

在介绍完 ES-CQRS 的理论知识以后，接下来通过一个示例展现如何通过 Go 语言实现ES-CQRS 模式。

18.2　ES-CQRS 在 Go 语言中的实现示例

上一节已经介绍了 ES-CQRS 的理论，本节结合 Go 语言讲解一个简单示例的实现。在实现的过程中，请注意与传统的 CRUD 模式进行对比。

本节用到的源码可以在 GitHub 上找到：https://github.com/ScottAI/go-sample-es-cqrs

18.2.1　需求

待办事项（Todo）应用非常简单，本节就实现一个 Todo，不过会遵循 CQRS 将写入和读取两个操作分开，分开后的两个操作称为命令（Command）和查询（Query）。

事件溯源重点解决的就是持久化状态，ES 的持久化状态不是简单的持久化最新状态，它会存储所有出现过的状态（等同于记录每一个事件）。

现在来看一下 Todo 应用的需求：

❑ 用户可以创建 / 编辑 / 删除任务项。

❑ 任务项是一个简短的文字描述，同时带有是否完成的状态。

❑ 用户可以在系统内查看所有的任务列表。

18.2.2　分析与设计

如果按照 CRUD 的方式开发这个简单的小项目，那么可以将项目结构设计为图 18-3。

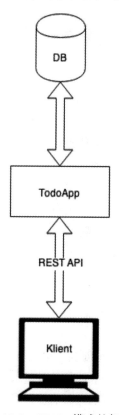

图 18-3　CRUD 模式的架构

根据 CRUD 模式，可以梳理出要开发的内容。新建相关的开发内容如下：

1）开发 POST 的 API "/todo"，客户端可以通过该接口创建任务。

2）从接口 "/todo" 获取请求以后，解析数据并且传输到 DAO 层。

3）DAO 层将数据存储到数据库。

4）接口再将存储后的数据以 JSON 格式的方式返回给客户端。

更新相关的开发内容如下：

1）开发 PUT 类型 API "/todo/{id}"，更新待办项。

2）从接口 "/todo/{id}" 处接收请求以后，解析数据，并且把数据传给 DAO 层。

3）DAO 负责把数据更新到数据库。

4）接口再把最新的数据以 JSON 格式传给客户端。

删除相关的开发内容如下：

1）"/todo/{id}"，DELETE 类型的 API。

2）从接口 "/todo/{id}" 处接收请求，获取要删除的任务项的 ID，然后传给 DAO。

3）DAO 层负责从数据库删除该数据。

4）把删除的任务以 JSON 格式返回给客户端。

查询相关的开发内容如下：

1）"/todo/{id}"，GET 类型，获取单个任务数据。

2）从接口 "/todo/{id}" 处获取请求后，得到 ID，并传给 DAO。

3）DAO 根据 ID 查询任务。

4）接口层把数据封装成 JSON 格式并返回给客户端。

之所以按照传统的 CRUD 模式梳理一遍，也是为了帮助读者深入理解需求。思考一下，如果按照 ES-CQRS 模式进行开发，开发任务该如何划分呢？

采用 ES-CQRS 的方式实现这个需求，可以按照图 18-4 所示的架构进行。

与前面的 CRUD 模式对比，可以看到两个架构的区别非常明显，不过两个架构都可以完成需求。该框架添加了 WebSocket 功能，作为本架构的额外功能（不是必需的），该功能可以让客户端订阅事件，以便在客户端视图中进行类实时的数据更新。

下面从 ES-CQRS 模式的角度分析一下开发任务。

写数据（新建 / 更新 / 删除）相关的开发内容如下：

1）"/cmd"，POST 格式。

2）接收请求后，把数据解析为命令信息格式，并且把命令传递给命令处理器（command handler）。

3）命令处理器根据命令的类型创建 TodoItemCreatedEvent、TodoRemovedEvent 和 TodoUpdateEvent 这三个事件中的一个事件，并且进行持久化存储。

4）EventBus 发布这个事件给所有的监听者。

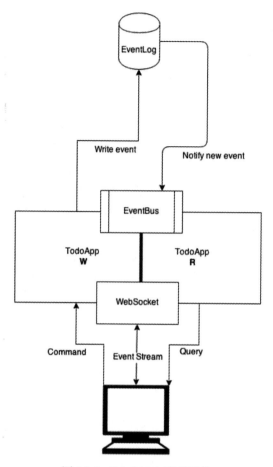

图 18-4　ES-CQRS 实现架构

读数据相关的开发内容如下：

1）将事件通知给 TodoProjection 并进行处理。

❑ TodoItemCreatedEvent：创建一个新的 JSON 文件（会以 uuid 的方式进行命名），该事件的数据会存储在该文件内。同时，该事件的数据也会存储在整体 todo 收集器 all.json 内。

❑ TodoRemovedEvent：删除静态文件，同时从 all.json 中删除该事件数据。

❑ TodoUpdateEvent：替换相应的 JSON 文件，同时也从 all.json 中替换。

2）向 WebSocket 通知该事件，并将事件发布到所有在监听的客户端。

3）"/todo/adbces9-287v-7834-983hhhdje.json"，GET 方式 API，获取单个任务，应用直接把对应的 JSON 文件返回。

4）"/todo/all.json"，GET 方式 API，获取所有待办事项列表，把静态文件 all.json 返回。

前面的 CRUD 模式与 ES 应用架构最大的区别是 ES 的数据源是事件日志（event-log），

事件日志（event-log）是所有发生过的事件的记录，所有事件都有一个整体排序，日志不可以被修改，只可以被追加。这种模式也称为事件驱动（event-driven）模式，这种模式的读取和写数据是异步/非阻塞的。与 ES 不同的是，CRUD 模式需要一个数据库，作为整个应用的底层。

每次启动 ES 应用时，都会从头至尾地读取事件日志，并且通过事件总线（event-bus）把所有事件发布给监听者，每个事件都会对应地在一个 JSON 文件内新增一条记录。在应用启动后，会逐行读取文件，并且把数据从 JSON 格式转换到事件模型，然后通过事件总线发布事件。

或许有读者会想，当事件非常多的时候，每次都进行解析和发布会耗费太多时间。但是，实际上这不是一个问题。在事件日志中记录的事件非常小，如果再使用二进制的方式存储就会更小。另外，在 ES 架构中，事件溯源有一个概念叫做镜像。如果出现了处理事件日志缓慢，并且事件日志增长太快的问题，就应该重启这个应用。然后可以简单地创建一个镜像，并且告诉程序从某个指定的点开始读取事件日志。

因为在事件日志上记录的是所有的事件，所以完全可以查看某一时间长度，如一个月以前的系统状态。还有很多事情都可以非常方便地完成，比如"系统内有多少个任务被删除"。如果要在一个关系型数据库内完成这个工作，需要单独创建存储数据状态的表，然后根据事件反推以前的镜像，这种方式显然非常复杂。

把 CRUD 模式和 ES 模式进行对比，会发现不管读数据还是写数据，CRUD 都会采用相似的方式；但是 ES 模式的读会更快，而写则要慢一点。当然，很多 ES 支持者认为 ES 的写操作要比 CRUD 的写操作快，因为 ES 采用的是异步/非阻塞的架构，读和写是可以并行的。

在 CRUD 模式中，把数据发送给客户端之前的处理也并不复杂。CRUD 模式是把数据库的数据转换到系统内的模型中，然后再转换为 JSON。虽然每次都要从数据库查询，但是因为数据库的功能非常全面，各种排序、搜索都非常方便，所以整体工作实现比较便捷。

在 ES 应用中，其实也可以把数据存储到传统数据库中，传统数据库可以提供很多功能（比如：排序、索引等）。诚然，传统数据库的动态功能可以帮助开发人员方便地生成需要的 JSON 文件。可是如果数据集非常大，最好还是使用某种数据库或搜索引擎来存储视图。

ES 的另一个优点是灵活，在 ES 应用中开发人员可以更容易地把程序分成几部分。例如，系统的一部分没有复杂的视图要求（比如：排序、过滤、索引），则可以存储为 JSON 格式的文件。而系统的有些部分可能有大数据集，所以最好使用搜索引擎。另外，ES 可以方便地切分，因此 ES 的可扩展性非常好。

18.2.3 核心实现

上一节介绍了 Todo 应用的分析与设计，本节会从工程实现的层面进行介绍。当然，因为这个项目的实际代码比较多，考虑到篇幅问题，书中不会介绍详细代码，只会介绍到功能层面。读者可以从 https://github.com/ScottAI/go-sample-es-cqrs 找到项目的完整代码。

　　ES-CQRS 模式在处理高负载的项目时才能更好地体现优势。整体技术架构按照可扩展的模式设计，最终的技术架构设计如图 18-5 所示。

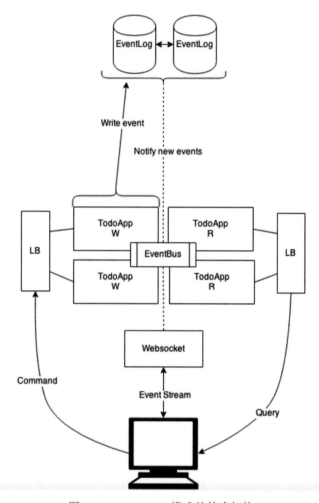

图 18-5　ES-CQRS 模式的技术架构

　　从图 18-5 可以看出，系统备份了事件日志，并且是把该备份库作为主要的应用数据库。通过事件总线（EventBus）在应用程序和 WebSocket 服务器之间进行某种通信，并且应用程序的读和写都分别运行了两个实例。两个实例通过一个负载均衡（LB）进行统一的调度，其实，从严格意义上来讲，这四个实例使用一个负载均衡就可以了。

　　在扩展方面，系统架构设计具有非常好的灵活性，如果要新增读取密集型应用程序，只需要扩展应用程序的读取端即可。另外，如果将应用程序拆分为更小的单位，则更容易单独扩展系统那些更小的单位。

技术架构设计完以后，可以进行代码实现了，这里虽然不会进行代码的讲解，但是会介绍一下整个项目的分包情况，如下所示：

```
--go-sample-es-cqrs
----handler
----initial
----todo
----ws
----internal
------common
------event
------jsstore
----static
------api
--------todo
------app
----main.go
```

handler 包其实是命令的处理函数，里面定义了处理命令的相关接口、命令和接口绑定及注册的功能。命令（command）其实都是通过该包进行处理的。

initial 包里面则存放了需要初始化的变量，该包会在启动的时候通过 init 方法初始化。

todo 包以一种投影的方式，根据命令进行数据的存储、更新、查找等操作。todo 包还定义了自己要用到的模型，是前端展示和存储的业务标准。

ws 包提供 ws 通信功能，ws 功能会绑定在 "/ws/" 路径上，该路径相关的通信是通过 WebSocket 方式进行的。客户端的一些动作，会通过该方式通知后端。

internal 包是整个项目代码最多、功能最复杂的包，在里面又分了 common、event、jsstore 这三个包。因为这三个包都是只有这个项目才会用到，所以放到了 internal 包内，代表内部使用。common 包定义了 WebSocket 通信用到的格式；event 包内是事件总线相关功能的实现；jsstore 包内是存储、解析和查询 JSON 格式数据的包。

另外一个就是 static 包，里面有静态页面，也有 JSON 的保存路径。

关于具体的介绍请读者直接阅读源码。

说明 第一部分和第二部分对 Go 语言进行了深入的介绍，所以本章只是介绍理论和技术架构，默认读者已经掌握了前两部分的内容并且可以独立阅读本章源码。

代码启动以后，运行的界面如图 18-6 所示。

图 18-6　Go 语言 ES-CQRS 代码运行后的界面

18.3　小结

本章介绍了 ES-CQRS，从理论到实践都进行了阐述。事件溯源在微服务开发中是必须理解的理论基础，读者会发现很多场景都是使用这一理念进行开发的。本章提到但是没有详细介绍的事件驱动（Event-Driven）也与本理念接近，或者说事件驱动更为宽泛，而事件溯源是更接近实现的概念。

作为 ES 的补充，本章还介绍了 CQRS，这两者往往是相提并论的。

在学习完成本章后，读者应该可以完全理解 ES 和 CQRS 的概念，并且可以使用 Go 语言实现这种模式。

微服务实战

在介绍了微服务理论知识后，从本部分开始将介绍微服务实战知识。与其他的实战不同，微服务的实战非常难写。因为微服务是一种风格，而且 Go 语言中不像 Java 语言有一个类似 Spring boot 的框架一统"江湖"，不能完全基于框架进行介绍。

所以本部分还是会介绍一些偏向于实战的理论知识，比如安全、持续交付等，并且会选择 Go kit 框架进行实战介绍。

本部分会借助大量的第三方框架或包，希望读者能够多阅读源码。

Chapter 19 第 19 章

生产环境的微服务安全

在某些方面，微服务更容易出现漏洞，所以微服务安全是微服务生产环境最被关注的问题。本章的主要目的是介绍可以用来提高 Go 语言代码安全性的一些举措。除了具体举措以外，广泛探讨安全知识及策略更有意义，所以本章还会介绍一些理论知识。

所谓微服务安全，其实指的是信息或数据安全，仅仅在部分细节，比如容器安全上涉及一些。所以，本章会比较全面地介绍安全知识。

19.1 加密和签名

当研究保证数据安全性的方法时，无论是静态保护还是传输中的保护，大都是以加密方式进行的。

为了从根本上理解安全，必须首先了解密码学的工作原理，本书当然不会介绍数学层面的密码学，而是会介绍工程层面的密码学。密码学的核心是密钥，开发人员需要知道哪些密钥可以自由分发以及哪些密钥需要保护。

密码学是使用数学来加密和解密数据的科学。密码学能够存储敏感信息或在不安全的网络（如 Internet 等网络）上传输敏感信息，从而使除预期收件人之外的任何人都无法读取。

——Network Associates，Inc

19.1.1 对称密钥加密

对称密钥加密也称为私密密钥加密或常规加密，即数据的加密和解密使用同一个密钥。为了使远程端能够解密此信息，远程端必须首先具有密钥，并且必须安全地存储此密钥，因为一台服务器的单个泄露将导致共享此密钥的所有服务器遭到泄露。这种方式还可能使密钥管理变得更加复杂，因为当需要更改密钥并且需要经常对其进行更改时，那么就需要在此范围内的多个加密服务器上推广此更改。

19.1.2　公钥密码

惠特菲尔德·迪菲（Whitfield Diffie）和马丁·赫尔曼（Martin Hellman）在 1975 年引入了公钥加密技术，以解决双方都需要知道密钥的对称加密的缺点。实际上，他们并不是第一个发明这种方法的人。该加密方法是由英国特勤局比他们早几年开发的。

公钥加密使用一对密钥进行加密，这种加密方式的另一个称呼是非对称加密。公钥用于加密信息，而私钥只能用于解密。通过公开渠道是无法获取私钥的，而公钥通常会发布到全世界。

公钥加密还使我们能够使用数字签名。数字签名的工作原理是使用私钥加密消息，然后传输已签名的消息。如果可以使用公用密钥解密邮件，则该邮件必须源自私钥持有者。基于加密消息的计算时间和有效负载的增加，为了节省时间可以创建消息的单向 Hash，然后使用私钥对此进行加密。接收者使用公钥解密 Hash，如果可从消息中生成相同的 Hash，那么，该消息可以被视为来自可信赖的来源。

19.1.3　X.509 数字证书

公钥的一个问题是，收件人的密钥必须确认是在正确的收件人手里。如果密钥是通过公共网络传输的，则中间总是有受攻击的可能。攻击者可能会冒充受信任接收者的身份来伪造公共密钥，并用密钥替换它。这实际上意味着被认为已安全传输的消息可以被第三方恶意解密和读取。

为避免这些问题，可以使用数字证书确定公钥是否可信。

数字证书包含如下三部分内容：

- ❏ 一个公钥。
- ❏ 证书信息，例如所有者的姓名或 ID。
- ❏ 一个或多个数字签名。

使证书值得信赖的是数字签名。该证书由受信任的第三方或证书颁发机构（CA）签名，以担保被授予者的身份，并确保被授予者的公共密钥属于被授予者。任何人都可以创建 CA 根证书并签署，对于非公共访问系统（例如微服务间通信）的情况，这是很常见的做法。但是，对于公共证书，就需要通过 CA 来签署证书。之所以需要 CA 签署，是因为 CA 将确保你的真实身份；目前，最受欢迎的 CA 是 Comodo、Symantec（赛门铁克）和 GoDaddy。很多时候，在浏览器中看到不安全提示的原因不仅是因为你使用的是安全通信 https，还在于浏览器已经针对与之捆绑的 100 个左右的受信任第三方验证了证书的签名。

19.1.4　TLS/SSL

SSL 是两个系统之间安全传输数据的通用术语，是 Mozilla 早在 1995 年开发的，目前已不推荐使用该标准。其已由 TLS 1.2 取代，TLS 1.2 于 2008 年 8 月发布。尽管 SSL 3.0 在技术上仍然可以正常使用，但由于容易受到漏洞攻击而于 2015 年 6 月被弃用。由 Google 安全研究小组在 2014 年发现的漏洞攻击是由攻击者向服务器发出多个请求而产生的；对这些数据进行分析和使用，使他们能够解密传输中的数据。平均而言，仅需进行 256 个 SSL 3.0 调用即可解密 1 个字节的信息。这意味着该漏洞已经存在了 18 年之后才被公开披露。你可能会问，为什么在更强大的 TLS 1.0 发布 15 年后人们仍在使用 SSL 3.0？原因是某些浏览器和服务器不支持 TLS 1.0，因此在使用时允许回退到 SSL 3.0 标准，该回退将降低到较低的加密级别。即使在发现之时几乎没有人在使用 SSL 3.0，但回退仍然存在于协议中，因此可被黑客利用。解决方案非常简单：禁止在服务器中配置低于 TLS 1.0 的任何加密协议。

我们有 TLS 和 SSL 的历史记录，但是如何确保数据安全呢？

TLS 使用对称加密，其中客户端和服务器都具有用于加密和解密的密钥。在签名的相关章节，已经介绍了对称加密和密钥分配问题。TLS 通过在握手的第一部分中使用非对称加密来解决此问题。客户端从服务器获取包含公钥的证书，并生成一个随机数；它使用公钥加密此随机数，并将其发送回服务器。现在双方都拥有随机数，他们将使用它来生成对称密钥，该对称密钥用于通过传输对数据进行加密和解密。

在介绍完理论后，接下来从外部安全和应用安全两个层面介绍工程层面的措施。

19.2　外部安全

外部安全（指应用程序的外部）是确保系统安全的第一道防线，通常由第 2 层或第 3 层防火墙、DDoS 保护、Web 应用程序防火墙以及其他软件和硬件组成。在攻击者破坏应用程序之前，他们必须首先经过这些硬件和软件层，这不是应用程序代码的一部分，而是应用程序中许多可能共享基础结构的组件层。

保护服务外围通常是一项由操作组成的任务，但是作为开发人员，需要了解流程和风险，因为它大大增强了应用程序代码的安全能力。在本节中，将研究保证外部安全性的常见方法，以及防止黑客利用系统的一些方法。

19.2.1　防火墙

防火墙一般位于整个安全防护的第 2 层和第 3 层。第 2 层更常用于路由，它仅用于处理 MAC 地址而不是 IP 地址，第 3 层则支持处理 IP 地址。传统上，第 2 层是唯一真正不增加延迟的方法，因为它的执行速度与导线传输速度大致相同。随着处理能力和内存的增加，第 3 层现在的应用更为广泛。通常，边缘防火墙（通常是系统的第一个入口点）会成为第 3 层。那么这给我们带来了什么呢？首先，它在边缘阻止了不必要的流量，限制了外部访问的端口，访问不开放端口的流量被阻止在防火墙外，也就没有机会对应用源进行攻击。除此之外，它还允许通过自定义限制外部对某些端口的访问。例如，如果正在运行服务器，则很可能需要接收某种形式的远程访问，例如 SSH。2015 年发布的 Heartbleed 漏洞利用了 OpenSSH 中的漏洞，而直接暴露于 Internet 的 SSH 服务器很容易受到此攻击。有效地使用防火墙将意味着诸如 SSH 之类的专用端口将被锁定到一个 IP 地址或 IP 范围，该范围可以是 VPN、办公室 IP 或公共 IP。这样可以大大降低被攻击的可能性，因此，当运行的是可能受 Heartbleed 攻击的 OpenSSH 版本时，必须将服务放在防火墙保护之内。

19.2.2　页面应用的防火墙

Web 应用程序防火墙（WAF）被配置为系统中的第二道或第三道防线。要了解什么是 WAF，先看一下开放 Web 应用程序安全性项目（OWASP）中的定义：

> Web 应用程序防火墙（WAF）是 HTTP 应用程序的防火墙。它对 HTTP 会话应用了一组规则。这些规则涵盖了常见的攻击，例如跨站点脚本（XSS）和 SQL 注入。
>
> 代理保护客户端时，WAF 保护服务器。部署 WAF 可以保护特定的 Web 应用程序或 Web 应用程序集。WAF 可被视为反向代理。
>
> WAF 可以采用设备、服务器插件或过滤器的形式，并且可以针对应用程序进行自定义。执行此定制的工作可能很重要，并且需要在修改应用程序时进行维护。

OWASP 是一个非常有用的资源，并且实际上已经为 ModSecurity 提供了一个核心规则集，可以防止诸如 SQL 注入 XSS、Shellshock 之类的攻击。至少，设置 WAF（例如 ModSecurity 和 OWASP CRS）应该是最低要求。虽然将其托管在 Docker 容器中相对烦琐，但这可能构成第二层防火墙之后的又一道防线。

此外，还有另一种选择，使用一些 CDN 公司提供托管的 WAF。这是网络边缘的保护，并且由于诸如 Cloudflare 等企业将专业性内容进行封装并对外提供简便的操作界面，让用户无须担心配置。实际上，Cloudflare 支持 OWASP CRS（https://www.modsecurity.org/crs/）。

19.2.3　API 网关

除了 WAF 之外，APIGateway（网关）也是一种有用的工具。公共 API Gateway 可以被发布到其后端服务，同时公共 API Gateway 还可以起到其他作用（如在边缘进行令牌验证以及输入验证和转换）。当使用代理时，位于防火墙后面的攻击者可以执行他们无权执行的命令，因此，我们研究了加密 Web 令牌的可能性。问题在于，用于解密这些令牌的私钥需要在多个后端服务之间分配。这使得管理密钥的难度远远超过了令牌本身的难度。API 网关是唯一可以解密消息的层，因此可以简化这种情况。其他服务使用公钥来验证签名。API

网关通常实现许多其他一线功能，例如但不限于以下功能：

- ❑ 请求验证。
- ❑ 授权书。
- ❑ 限速。
- ❑ 日志记录。
- ❑ 闪存。
- ❑ 请求和响应转换。

WAF 和 API Gateway 之间存在交叉的元素。但是，这两者应被视为基础架构中两个截然不同的部分。关于 API Gateway 的提供者，这似乎是一个发展中的领域，AWS 拥有高级的 API Gateway，如果读者已购买 AWS 的 PaaS 环境，则可以尝试使用它，也可以独立部署。Kong（https://getkong.org/）、Tyk（https://tyk.io/）、Apigee（https://apigee.com/api-management/#/homepage）、Mashery（https：//www.mashery.com/）和 Mulesoft 的 Anypoint 平台（https://www.mulesoft.com/）都是该领域的领导者。当然，可以构建由 Nginx 或 HAProxy 支持的自定义的 API Gateway。但是，建议先深入了解其中一个特定平台，然后再构建自己的平台。

19.2.4 DDoS 保护

2016 年 10 月 21 日，Mirai 僵尸网络针对 DYN 的 DNS 服务器进行攻击，造成了大规模互联网中断（熊猫病毒）。Mirai 漏洞利用了熊猫病毒生产的 IP 摄像机和 DVR 的漏洞，攻击者没有进攻具体某一台主机，而是决定拆除互联网基础设施的联网功能，摧毁了美国东西海岸大部分地区的网络。他们利用仅 60 个用户名和密码来尝试更新易受攻击设备的固件。一旦安装了恶意软件，即可通过僵尸网络控制该设备。接下来就会告诉僵尸程序对 DYN 域名服务器发起 DNS 攻击。

Mirai 的代码已在线公布，可以通过 Google 网站轻松地找到它。它是如此简单，代码的很大一部分也是用 Go 语言编写的，因此可读性很强。

Akamai 发布的一份报告指出，2019 年所有攻击的 98.34% 是面向基础架构的，只有 1.66% 的攻击是针对应用层的。在这 98.34% 的受攻击用户中，只要稍稍注意网络安全就可以避免许多问题。下面看看最大的威胁都是什么类型的。

DDoS 攻击的类型如下：

- ❑ UDP 片段。
- ❑ DNS 放大攻击。
- ❑ NTP 放大攻击。
- ❑ Chargen 攻击，建立连接后不停地向服务器发送字符信息。
- ❑ UDP 流量攻击。
- ❑ SYN 拒绝服务攻击。

❑ SSDP 反射放大攻击。

❑ ACK 分布式拒绝服务攻击。

本节介绍了应用程序外部安全，接下来介绍下应用程序的安全。

19.3 应用安全

了解了加密的工作方式以及基础架构受攻击的某些方式后，现在来了解应用安全。DDoS 攻击可能会在一天内为您带来一些不便，但往往不会有更大的破坏。可是如果黑客越过防火墙进入应用程序服务器，就有可能会造成很大的财务或声誉损失，所以需要更为重视应用安全。对此，要做的第一件事就是使用"不信任原则"。大卫·斯特劳斯（David Strauss）在他的演讲中提到，"不要信任任何访问"（2016 O'Reilly 软件体系结构会议），即便是内网也不应该有用户完全获得对各种后端系统的访问权限。

在同一个会议上，撰写了出色的微服务图书的 Sam Newman，也就应用程序安全性和微服务进行了演讲。Sam 表示，微服务为我们提供了多个边界的功能，尽管这可能是一个好处，但也可能导致问题。他建议使用 ThoughtWorks 所用的微服务安全模型，并遵循以下四个步骤：

❑ 预防（Prevention）。

❑ 检测（Detection）。

❑ 响应（Response）。

❑ 修复（Recovery）。

预防是应该花费最大精力的地方，本节的其余部分将重点放在这方面。这是用于安全通信、授权和身份验证的技术。

检测应用程序日志和 ModSecurity 日志（如果正在使用）相关。在上一章中讨论了一些登录系统的方法，建议也考虑一下检测险恶意图所需的记录类型，而不仅仅是用于发现故障。在计划功能时，它应该是非功能需求的一部分。

响应措施是解决攻击的方式：如果发生事件，则需要立即进行处理。这不仅涉及将攻击者拒之于系统之外，还包括确定采取了什么措施。比如在客户个人信息或信用卡丢失的情况下，与客户联系并就此问题保持开放态度。

考虑一下公司如何进行消防演习。之所以进行演习，就是为了在发生火灾时，每个人都知道该怎么做以及如何迅速做出反应。同样，如果打算练习安全响应流程，则需要确保涉及整个业务。尽管响应的主要举措是技术方面的，但需要在业务级别，包括法律、公关和沟通等部门都参与其中，才能真正发挥作用。

假设基础架构得到了良好的备份和自动化，则恢复过程应该是最简单的步骤。Sam 建议不要冒险使用响应发生前的密钥，应将其销毁，使用新的密钥和密码进行重建，以避免遭到进一步的攻击。

令人困惑的代理问题是，一个系统可以滥用另一个系统所拥有的信任，并执行通常不允许执行的命令。比如有一个在系统内部发放退款的服务，你认为该系统是安全的，因为它是位于防火墙后面的私有 API，但是如果攻击者设法破坏了防火墙怎么办？如果他们能够检测到将带有有效信息的 POST 请求发送到服务器，就会退款到银行或 PayPal 账户，那么他们甚至不需要尝试进一步攻击基础架构来获得其他信息就能达到目的，这种情况并不少见。因此在构建系统时，对外部防御的信任度过高，防火墙后面的任何内容都遵循信任原则是大忌，也就是说，防火墙以内的访问也不可以完全信任，需要确保对访问和操作有完整的审核记录。

19.3.1　攻击者如何绕过防火墙

可能有读者会对为什么服务的内部安全很重要感到困惑，毕竟，在有一个很棒的防火墙的情况下，所有应该被锁定的端口都被锁定了。

事实上，攻击者有多种工具可以绕过安全系统。我们不是在谈论人们试图使用 Internet 上的工具来利用现有漏洞的方法。我们正在谈论的是老练而聪明的黑客，无论出于何种原因，他们都打算对公司造成伤害。

假如使用最新微服务架构模式构建的电子商务平台，应用程序代码正在 Docker 容器中运行，并且正在使用 Kubenetes 在云平台上托管所有的内容。该系统的前端是一个简单的 Node.js 应用程序，该应用程序与各种私有 API 进行通信以提供站点上的许多事务处理功能。该应用程序本身没有数据库，并且容器中没有存储任何机密信息。

接下来继续假设有攻击者对上面的电商平台进行攻击。攻击者在用于前端演示的模板引擎中发现了远程执行代码漏洞。他们发现系统正在 Kubernetes 上运行，并且控件 API 在受感染的容器内可用。他们使用此 API 能够启动网络上的恶意容器，该容器以特权模式运行，启动连接攻击者的远程服务器的反向 SSH 隧道，从而完全绕过防火墙并为他们提供对该容器的根访问权限。他们从此处嗅探网络上的流量，并确定支付网关具有 POST 端点 v1/refunds，通过向该端点发送 JSON 有效负载，可以将大量资金退还给离岸银行账户。

即使防火墙可以保护入站流量，并且仅允许端口 80 和 443 入站，攻击者仍可以利用应用程序内部的漏洞为自己创建后门。

这是一个非常现实的威胁，但值得庆幸的是，Go 语言提供了许多出色的工具来帮助开发人员抵御攻击者。

19.3.2　输入校验

在前面举例的场景中，攻击者使用了远程执行代码漏洞来访问我们的环境。WAF 之后的第一道防线是输入验证，这里设置为验证所有的数据，从而设置界限。输入校验不需要花费大量时间来实施，但它可以用来抵御此类攻击。Go 语言中有一个出色的库可以快速便捷地实现输入校验功能，它是 go-playground 包（https://github.com/go-playground/validator）

的一部分。

下面这段简单的示例代码，演示了校验功能实现起来有多么容易：

```
1.  // Request defines the input structure received by a http handler
2.  type Request struct {
3.    Name   string `json:"name"`
4.    Email string `json:"email" validate:"email"`
5.    URL    string `json:"url" validate:"url"`
6.  }
```

只需要在定义 handler 处理的结构体声明时，使用 validate 即可完成各种输入校验。注意上述代码的第 4、5 行，通过添加 validate 标签，可以为该字段指定许多不同的验证功能，包括电子邮件、URL、IP 地址、最小和最大长度以及事件正则表达式。在同一个字段上也可以有多个验证器。例如，如果想验证输入的是一封电子邮件，并且最小长度为三个，则可以添加以下内容：

```
validate: "email,min=3"
```

验证器按列出的顺序进行处理，因此在检查长度之前，验证功能将检查该字段是否满足电子邮件地址的格式。

使用该程序包进行测试也非常简单，看一下测试 validate 中的示例，可以看到验证实际上只是一个方法调用：

```
1.  func TestErrorWhenRequestEmailNotPresent(t *testing.T) {
2.  validate := validator.New()
3.  request := Request{
4.    URL: "http://nicholasjackson.io",
5.  }
6.
7.  if err := validate.Struct(&request); err == nil {
8.    t.Error("Should have raised an error")
9.  }
10. }
```

以上为最简单的形式，要做的是验证请求的两个方法调用。首先，使用 New 函数在第 2 行中创建一个新的验证器，New 函数返回具有默认值的 validate 的新实例。之后会在第 7 行进行验证。

当然，还应该加强测试技术。测试输入验证范围的一种有效方法是在测试中使用模糊器。这只是扩大了测试的范围，以确保涵盖了所有的边缘情况。潜在的攻击者很可能会使用此技术来测试 API 的边界，那么为什么不利用它们来确保输入正确无误呢？

Go 语言中最流行的模糊器实现之一是出色的软件包 github.com/dvyukov/go-fuzz/go-fuzz。go-fuzz 是以覆盖率为指导实现的模糊器，它使用应用程序的工具化构建版本来公开其代码覆盖率，以确保覆盖最大的代码路径。模糊器生成随机输入，其意图是使应用程序崩溃或产生意外的输出。模糊测试是一个高级主题，不过在具有微服务环境时再使用这个工具并不复杂，本书不再进行代码展示。

注意 本节代码仅在书中提供示例，而不会单独提供 GitHub 源码，读者可以自行测试本节提到的几个 Go 语言工具。

19.3.3 TLS

攻击者利用的另一个漏洞是防火墙后的所有流量均未加密，他们通过嗅探服务之间的流量，可能会发现一种伪造呼叫支付网关以将退款发送到远程银行账户的方法。另一个问题可能是在前端服务和支付服务之间传递了敏感信息，例如银行详细信息或信用卡号。即使没有在系统上存储信用卡号，如果不小心，也可能会将此流量暴露给攻击者。如今，由于服务器可用的处理能力不断提高，因此 TLS 或传输层安全性不用再考虑会增加硬件开销。除此之外，防火墙内部的服务通常具有有限的连接数。因此，为了改善 TLS 握手所浪费的时间，可以在服务中使用持久性可重用连接以最大限度地减少此问题。下面来看看如何在 Go 应用中真正快速地实现 TLS。

在执行任何操作之前，需要生成密钥和证书。传统上使用 openssl 命令生成证书的方法如下：

```
openssl genrsa -aes256 -out key.pem 4096
```

这将生成 PEM 格式的密钥，该密钥使用具有 4096 位大小的 RSA 算法。密钥将使用 aes256 格式进行加密，并提示你输入密码。此外，还需要与该密钥一起使用 X.509 证书。要生成此代码，可以再次执行以下命令：

```
openssl req -new -x509 -sha256 -key key.pem -out certificate.pem -days 365
```

该命令将使用密钥再次以 PEM 格式生成证书，有效期为一年。实际上，不应该为内部服务生成使用寿命如此长的证书，应该尝试尽可能频繁地更换证书。关于此证书要注意的另一件事是，尽管它是有效且安全的，但客户端不会自动信任它。这是因为根是自动生成的，而不是来自受信任的权威，所以通常是内部使用。但是，如果需要使服务面向公众，则需要请受信任的来源来生成证书。

现在，读者知道了如何使用 openssl 命令行工具执行此操作，接下来看看如何使用 Go 加密库实现相同的目的。读者可以在 https://golang.org/src/crypto/tls/generate_cert.go 上找到示例应用程序，它提供了详细使用文档。现在，逐步看一下实现过程。

通过 tls/generate_keys 中的示例可以看到来自 crypto/edcsa 包中的 GenerateKey 方法：

```
1.  func generatePrivateKey() *rsa.PrivateKey {
2.    key, _ := rsa.GenerateKey(rand.Reader, 4096)
3.    return key
4.  }
```

第 2 行 GenerateKey 方法的签名如下：

```
func GenerateKey(rand io.Reader, bits int) (*PrivateKey, error)
```

　　第一个参数是一个 I/O 读取器，它将返回随机数。随机数的生成使用 rand.Reader 方法，该方法是加密强伪随机生成器的全局共享实例。在 Linux 上，它将使用 /dev/urandom ；在 Windows 上，它将使用 CryptGenRandomAPI。第二个参数是要使用的位大小，越大越安全，但会导致加密和解密操作变慢。

　　为了将密钥序列化到文件，需要执行一些不同的操作：

```
1.  func savePrivateKey(key *rsa.PrivateKey, path string, password []byte) error {
2.    b := x509.MarshalPKCS1PrivateKey(key)
3.    var block *pem.Block
4.    var err error
5.    if len(password) > 3 {
6.      block, err = x509.EncryptPEMBlock(rand.Reader, "RSA PRIVATE
7.  KEY", b, password, x509.PEMCipherAES256)
8.      if err != nil {
9.        return fmt.Errorf("Unable to encrypt key: %s", err)
10.     }
11.   } else {
12.     block = &pem.Block{Type: "RSA PRIVATE KEY", Bytes: b}
13.   }
14.   keyOut, err := os.OpenFile(path, os.O_WRONLY|os.O_CREATE|os.O_TRUNC, 0600)
15.   if err != nil {
16.     return fmt.Errorf("failed to open key.pem for writing: %v", err)
17.   }
18.   pem.Encode(keyOut, block)
19.   keyOut.Close()
20.   return nil
21. }
```

　　完成上述步骤后，就创建了字节格式的密钥并且转换成了 PEM 格式，而且还进行了加密。

　　现在有了私钥，可以继续生成证书了。前面已经看到了使用 openssl 命令创建代码非常容易，其实在 Go 中也一样容易：

```
1.  func generateX509Certificate(
2.    key *rsa.PrivateKey,
3.    template *x509.Certificate,
4.    duration time.Duration,
5.    parentKey *rsa.PrivateKey,
6.    parentCert *x509.Certificate) []byte {
7.    notBefore := time.Now()
8.    notAfter := notBefore.Add(duration)
9.    template.NotBefore = notBefore
10.   template.NotAfter = notAfter
11.   serialNumberLimit := new(big.Int).Lsh(big.NewInt(1), 128)
12.   serialNumber, err := rand.Int(rand.Reader, serialNumberLimit)
13.   if err != nil {
14.     panic(fmt.Errorf("failed to generate serial number: %s", err))
15.   }
16.   template.SerialNumber = serialNumber
17.   subjectKey, err := getSubjectKey(key)
18.   if err != nil {
```

```
19.    panic(fmt.Errorf("unable to get subject key: %s", err))
20.  }
21.  template.SubjectKeyId = subjectKey
22.  if parentKey == nil {
23.    parentKey = key
24.  }
25.  if parentCert == nil {
26.    parentCert = template
27.  }
28.  cert, err := x509.CreateCertificate(rand.Reader, template, parentCert,
         &key.PublicKey, parentKey)
29.  if err != nil {
30.    panic(err)
31.  }
32.  return cert
33. }
```

上述代码会将一些参数传递给方法 generateX509Certificate，注意其中有一个 template。因为需要生成不同种类的证书，例如可以签署其他证书以创建信任链的证书，所以需要创建一个 template 以供使用，其中填充了一些默认值。

证书生成的下一个有趣的部分是 SubjectKey，这是信任链正常工作所必须的。如果证书是由另一个证书签名的，则颁发机构的密钥标识符将与父证书的主题密钥标识符匹配：

```
X509v3 Subject Key Identifier:
        5E:18:F9:33:BB:7B:E0:73:70:A5:3B:13:A8:40:38:3E:C9:4C:B4:17
X509v3 Authority Key Identifier:
        keyid:72:38:FD:0F:68:5C:66:77:C0:AF:CB:43:C7:91:4C:5A:DD:DC:4D:D8
```

要生成主题密钥，需要将密钥的公共版本序列化为 DER 格式，然后仅提取密钥部分的字节：

```
1.  func getSubjectKey(key *rsa.PrivateKey) ([]byte, error) {
2.  publicKey, err := x509.MarshalPKIXPublicKey(&key.PublicKey)
3.  if err != nil {
4.    return nil, fmt.Errorf("failed to marshal public key: %s", err)
5.  }
6.  var subPKI subjectPublicKeyInfo
7.  _, err = asn1.Unmarshal(publicKey, &subPKI)
8.  if err != nil {
9.    return nil, fmt.Errorf("failed to unmarshal public key: %s", err)
10.  }
11.  h := sha1.New()
12.  h.Write(subPKI.SubjectPublicKey.Bytes)
13.  return h.Sum(nil), nil
14. }
```

现在有了证书，接下来看如何使用 TLS 保护 Web 服务器的安全。读者应该还记得从标准 http 包中引入的 http.ListenAndServe，该包启动了 http Web 服务器。当然，Go 语言提供了一个同样令人赞叹的软件包，用于创建使用 TLS 保护的 Web 服务器。实际上，它仅比标准的 ListenAndServe 多两个参数：

```
func ListenAndServeTLS(addr, certFile, keyFile string, handler Handler) error
```

为了使用 TLS 保护 Web 服务，需要做的就是将路径传递给我们的证书和相应的私钥，并且服务器在启动时会使用 TLS 服务流。如果使用的是自签名证书，那么在示例中需要为客户端编写一些 CA 相关的代码，否则，当尝试与服务器建立连接时，将收到如下错误消息：

```
2019/03/19 14:29:03 Get https://localhost:8433: x509: certificate signed by
    unknown authority
exit status 1
```

为避免这种情况，需要创建一个新的证书池，并将其传递给客户端的 TLS 设置。默认情况下，Go 程序将使用主机的根 CA 设置，其中不包括我们的自签名证书：

```
1.  roots := x509.NewCertPool()
2.  rootCert, err := ioutil.ReadFile("../generate_keys/root_cert.pem")
3.  if err != nil {
4.   log.Fatal(err)
5.  }
6.  ok := roots.AppendCertsFromPEM(rootCert)
7.  if !ok {
8.    panic("failed to parse root certificate")
9.  }
10. applicationCert, err := ioutil.ReadFile("../generate_keys/application_cert.pem")
11. if err != nil {
12.  log.Fatal(err)
13. }
14. ok = roots.AppendCertsFromPEM(applicationCert)
15.
16. if !ok {
17.
18.  panic("failed to parse root certificate")
19.
20. }
21. tlsConf := &tls.Config{RootCAs: roots}
22. tr := &http.Transport{TLSClientConfig: tlsConf}
23.
24. client := &http.Client{Transport: tr}
```

现在，运行客户端即可毫无问题地连接，并且将看到从服务器正确返回的 Hello World 响应。

19.3.4　在 rest 中进行数据保护

假设系统已连接到用于存储诸如用户账户信息之类的数据库，则攻击者只要能劫持该连接并且进行伪装访问，便能够访问完整的密码数据库。在将数据存储到数据库中时，应该考虑的事情之一就是对数据进行加密。毫无疑问，加密数据比不加密数据的系统消耗要大得多，并且有时可能很难弄清楚应该加密哪些字段或表。

微服务带来的众多好处之一是将系统之间的功能和数据分开了。这可以让确定要加密的数据更容易，不用试图从所有数据存储中挑选出要加密的数据，使用微服务可以做出更简单的决定，先确定在此数据存储中是否有需要加密的数据，如果有，只需对其全部加密即可。在应用程序层而不是数据存储区中执行此加密是有益的，因为应用程序的伸缩性往往好于数据存储区，并且必须考虑缓存可能引入的情况。如果为了减轻数据存储的压力，使用 ElasticCache 或其他技术添加中间缓存层，这有利于增加数据的安全性。如果数据库中的数据已加密，则需要确保将相同级别的加密应用于高速缓存。

先来考虑物理机器的访问，所谓"物理"指的是人的进入。该代码可能在 VM 上运行，但是问题是相同的：经常有公司会为开发人员提供访问数据库以及在生产环境中运行的其他信息源的权限。即使他们没有访问数据库密码的权限，也可能有权访问配置存储或能够通过 SSH 进入应用程序服务器并以这种方式从应用程序中读取配置。有一条称为最小特权的安全原则，这条原则建议账户和服务具有执行其业务功能的最少特权。即使已确保机器对机器的通信安全并且防火墙具有适当的防护措施，攻击者也始终有机会通过后门访问系统。考虑以下情形，公司的非技术人员打开电子邮件或下载某些软件，从而在其笔记本电脑上安装了一些恶意软件。攻击者使用这些恶意软件来访问他们的计算机，然后以他们的计算机作为跳板设法在网络中横向移动。假设现在黑客已登录内网并且已将 VPN 连接到生产环境，他们会设法在含有恶意软件的笔记本上安装密钥记录器，从而使他们能够访问该电脑的密码，因此他们会从磁盘上检索 SSH 密钥。尽管这看起来像是科幻小说，但很有可能。

当然，我们可以保护内部网络的安全，但是避免此类攻击的最佳方法是严格限制对生产环境和数据的访问。永远都不需要设置生产环境和数据的直接访问级别，因为通过在代码中进行可靠性测试，经常会发现当服务出现异常时，生产访问并不能帮助我们。在测试环境中通常能重现几乎所有错误，通过该服务所发出的日志记录和度量标准数据足以诊断任何问题。并不是说不需要在生产现场调试，但值得庆幸的是，很少需要直接在生产环境调试。如今，工具和方法如此之多，以后完全不需要在生产环境直接进行调试了也未可知。

19.3.5　JWT

JSON Web Token（JWT）是用于安全传递用户数据的标准。它是一个非常受欢迎的标准，几乎适用于所有的主要语言和框架，当然也适用于 Go 语言。JWT 有两个主要优势。一种是具有标准格式，这使得 JWT 可以方便地集成到各种框架中。另一个是使用非对称加密，这意味着由于令牌已签名，因此接收方只需要通过签名者的公钥来验证令牌确实来自可信来源，这可以锁定对令牌的访问，然后通过私钥控制对服务器的授权。

JWT 分为三个不同的部分，包括标头、有效负载和签名，它们被编码为 Base64-URL。与 Base64 标准一样，Base64-URL 会将"+"和"/"等字符替换为"-"和"_"，并删除所有填充。这样可以将令牌安全地传输到 URL 中。

令牌看起来像下面的示例：

```
eyJhbGciOiJSUzI1NiIsInR5cCI6IkpXVCJ9.eyJhY2Nlc3NMZXZlbCI6InVzZXIiLCJleHAiOjE
4MDc3MDEyNDYsInVzZXJJRCI6ImFiY3NkMjMyamZqZiJ9.iQxUbQuEy4Jh4oTkkz0OPGvS86xOWJ
jdzxHHDBeAolv0982pXKPBMWskSJDF3F8zd8a8nMIlQ5m9tzePoJWe_E5B9PRJEvYAUuSp6bGm7-
```

IQEum8EzHq2tMvYtPl9uzXgOU4C_pIjZh5CjFUeZLk5tWKwOOo8pW4NUSxsV2ZRQ_CGfIrB
qEQgKRodeLTcQ4wJkLBILBzmAqTVl-5sLgBEoZ76C_gcvS6l5HAwEAhmiCqtDMX46o8pA72
Oa6NiVRsgxrhrKX9rDUBdJAxNwFAwCjTv6su0jTZvkYD80Li9aXiMuM9NX7q5gncbEhfko_
byTYryLsmmaUSXNBlnvC_nQ

令牌的三个不同部分是标头、有效负载和签名。标头声明了编码对象的类型和密码签名的算法：

```
{
    "alg": "RS256",
    "typ": "JWT"
}
```

第二个对象是有效负载，其中包含与令牌有关声明的详细信息：

```
{
    "userID": "abcsd232fjfj",
    "accessLevel": "user"
}
```

最后，第三部分是签名，它是一个可选元素，解码状态的示例如下：

Tm
<a=<kNX[d\1k$H_3w5C7NAIR1b

                                    Hy
1Tyη5D]Ehuq0&B s
V_{@! 39Tl5t17@(X.♁F5~ H_6+&\[1m%

JWT 中的每个元素都是 Base64-URL 编码的（https://en.wikipedia.org/wiki/Base64#URL_applications）；以二进制形式表示的签名是消息的 SHA256 算法，格式如下：

```
Base64URL(header).Base64URL(payload)
```

签名的格式可以是使用共享密钥的对称算法（HS256）或使用公钥和私钥的不对称算法（RS256）。对于 JWT，最好的选择是非对称选项，因为对于需要认证 JWT 的服务而言，它仅需要密钥的公共部分。

19.3.6　大消息的非对称加密

前面已经讨论过非对称加密的问题是它只能用于相对较小的消息。但是，不必处理密钥分发的好处远胜于对称加密。这个问题有一个通用的解决方案，该解决方案是创建一个随机密钥并对称加密消息，然后非对称加密密钥，并将这两个部分分配给接收者。只有私钥的持有者才能解密对称密钥，并且只有对称密钥被解密后，接收方才能解密主消息：

```
1.  // EncryptLargeMessageWithPublicKey encrypts the given message by randomly generating
2.  // a cipher.
3.  // Returns the ciphertext for the given message base64 encoded and the key
4.  // used to encypt the message which is encrypted with the public key
5.  func EncryptLargeMessageWithPublicKey(message string) (ciphertext string,
        cipherkey string, err error) {
```

```
6.    key := utils.GenerateRandomString(16) // 16, 24, 32 keysize, random
          string is 2 bytes per char so 16 chars returns  bytes
7.    cipherData, err := symetric.EncryptData([]byte(message), []byte(key))
8.    if err != nil {
9.      return "", "", err
10.   }
11.   cipherkey, err = EncryptMessageWithPublicKey(key)
12.   if err != nil {
13.     return "", "", err
14.   }
15.   return base64.StdEncoding.EncodeToString(cipherData), cipherkey, nil
16. }
```

这段加密的代码不再详细解释，读者应该可以自行解读。解密非常简单：

```
1.  // DecryptLargeMessageWithPrivateKey decrypts the given base64 encoded message by
2.  // decrypting the base64 encoded key with the rsa private key and then using
3.  // the result to decrupt the ciphertext
4.  func DecryptLargeMessageWithPrivateKey(message, key string) (string, error) {
5.    keystring, err := DecryptMessageWithPrivateKey(key)
6.    if err != nil {
7.      return "", fmt.Errorf("Unable to decrypt key with private key: %s", err)
8.    }
9.    messageData, err := base64.StdEncoding.DecodeString(message)
10.   if err != nil {
11.     return "", err
12.   }
13.  data, err := symetric.DecryptData(messageData, []byte(keystring))
14.  return string(data), err
15. }
```

本节对应用层面的加密方式和基础的理论就介绍这么多，接下来了解运维的安全。

19.4 运维安全

保证系统安全的一个重要因素是确保在生产环境中的程序及时使用所有最新的安全补丁。该方法需要应用于应用程序代码以及服务器的操作系统和应用程序中，并且如果使用的是 Docker，还需要确保容器是最新的，以确保漏洞最少。

19.4.1 修补容器

确保容器安全的最简单方法之一就是定期构建和部署它们。通常，如果一项服务没有频繁地改动或升级，则可能在生产环境中连续几个月都没有重新构建。由于此问题，可能在修补诸如 OpenSSL 之类的主机级应用程序库时，因为容器提供的应用程序隔离性，错误地将具有极易受攻击性的二进制文件下载到容器。因此，需要考虑让容器保持最新状态，也就是说要定期构建并部署它们，即使应用程序代码未更改也是如此。如果在 Dockerfile 中也使用了容器，则该容器也要被构建和更新。

Docker Hub、quay.io 和其他几个软件作为服务注册中心，能够在链接的容器发生更改时自动重建容器。如果要构建基于 golang：latest 的映像，则可以在将上游镜像推送到注册表时自动触发生成。还可以运行自动安全扫描，该程序将检查镜像中的层并扫描任何 CVE 漏洞。它会发现漏洞存在于哪一层，据笔者的经验，漏洞经常被发现位于基础层中，例如 Ubuntu 或 Debian 中。

19.4.2　软件更新

在主机和 Docker 镜像中修补软件可以帮助开发人员修补在 OpenSSL 中发现的 Heartbleed 等漏洞。修补软件更新相对简单，可以将主机配置为自动更新。另一种选择是确保基础结构是自动化的，以便自动销毁原来的一些版本并重构新版本。

19.4.3　修补应用程序代码

与上一节容器更新的方式相同，还必须更新应用程序代码以确保始终拥有最新的版本。通常，会采用一种将应用程序依赖项锁定到版本的方法，Go 语言在其 1.5 版本中引入了供应商支持，此功能仍在社区中不断发展。Go 语言推出这个功能是鼓励社区针对最新的软件包构建应用程序代码，并尽早解决因 API 更改而引起的任何问题。如果确定要使用供应商销售（也建议大家使用供应商），那么我们应该运行一个每晚进行的构建，它会将所有库更新为最新版本。每晚构建的版本如果测试通过，是可以部署到生产环境的，尽管这看上去有些过于频繁，可这就是微服务的优势，能够快速迭代。如果测试失败，则进行下一轮的修改也会更为简单。

19.4.4　日志

如果已经保护了密码并实现了不错的安全性，工程师们仍然需要知道何时受到威胁。安全问题的分析是离不开日志的，日志记录作为安全策略的一部分，非常有用。假如有人试图强行登录应用程序，当需要对这种威胁做出反应时，跟踪高级别的身份验证错误以及源 IP 可能会很有用。攻击者的 IP 地址可能会被防火墙阻止。

所以，日志是安全运维中必须要使用的方式。不过对日志的具体介绍会放在下一章。

19.5　小结

在本章中，了解了服务可能会受到入侵者的攻击，如果对加密的工作原理以及 Go 语言提供的标准软件包有一定的了解，则可以实施一些措施来确保服务安全。当然，要完全保护系统免受攻击者的骚扰，基本是不能的。但是，将本章中介绍的简单技术作为标准工作习惯，这样可能防止绝大多数的安全问题。实施这些技术不会拉长开发周期。但是，它将确保足够安全。

日志和监控

日志和监控不是特别复杂的主题。但是，它们是生产环境所必须关注的，不管是不是微服务类型的系统都不能忽略这两者的重要性。通过日志和监控获取的数据对于理解服务的运行状态至关重要，这些数据可以帮助我们对服务进行微调以提供最佳性能。

考虑以下示例：首次启动服务时，有一个站点返回了一组数据。最初，此服务以 20 毫秒的响应时间迅速响应；但是，随着数据的增多，速度降低到 200 毫秒。要解决此问题首先就是要了解速度下降的原因。如果是电子商务类业务，则处理请求或页面加载所需的时间与客户购买商品的可能性之间存在直接的关联。

确定速度的传统方法之一是从项目外部看待事物，使用诸如 Google Analytics 之类的工具，并根据最终用户的体验来衡量页面的加载速度。

如果是在单体应用中，结合 Google Analytics 之类的工具，然后再加上工程师的经验推测，会相对简单。构建单体应用程序时，因为网络中的性能消耗比较少，直接追踪代码基本可以找到问题原因，甚至很多时候工程师都可以猜测大概的原因，总之不需要花费很多精力就可以定位问题。应用服务器可能会将一些指标输出到日志文件，单体应用程序仅有一个数据存储，因此查找起来还算方便。

微服务的问题发现则完全不一样，微服务不止一个应用程序，可能有 1000 个，也不止一个数据存储，可能有 1000 个数据存储，以及数十种其他相关服务，例如云存储队列和消息路由器。假如采用与单体应用相同的方法进行猜测和测试，在微服务中如此定位问题会让工程师们焦头烂额。所以，即便是有了 Google Analytics 之类的工具，还是很难发现具体问题。

另外，使用 Google Analytics 无法准确确定该网站在加载时是否变慢。并且，在遇到网络中断时，外网的探测肯定就无法工作了。如果由于后端服务器没有响应而导致页面无法加载，则不会触发向 Google Analytics 发送数据的 JavaScript。

　　还有，有些时候后端只有 API 而没有网页，所以不能完全指望 Google Analytics。并不是说不应该使用 Google Analytics，而是应该将它作为运营工具的一部分与其他工具结合使用。

　　可通过如下三类输出来诊断应用程序的问题。

❑ 指标：这些是诸如时间序列数据（例如，事务或单个组件计时）之类的内容。

❑ 基于文本的日志：基于文本的记录是真正的老式日志，它们由 Nginx 之类的工具或应用程序软件中的文本日志工具生成。

❑ 异常：异常可能会属于前两个类别。不过这里还是单独作为一个类别介绍，因为异常在数据分析中实在是太重要了。

　　本章的源代码可以在 GitHub 上找到，网址为 https://github.com/ScottAI/logandmonitor。

20.1　日志最佳实践

下面梳理一下项目当中日志处理的最佳方案，用于确定日志记录策略。

❑ 将应用程序日志记录视为必须要进行的任务，特别是等级高的日志更不能遗漏。

❑ 始终要对日志记录进行检测，因为分布式系统的问题不容易被发现。

❑ 始终记录任何可能的性能问题。

❑ 如果可能，始终记录足够的上下文，以完整了解日志事件发生的情况。

❑ 将机器视为最终用户，而不是人类。创建日志管理解决方案可以解释的记录，因为很少会有人直接看日志记录。

❑ 趋势比数据更能说明问题，分析日志一定要借助趋势分析的方法。

❑ 日志不能代替性能分析，反之亦然。

❑ 慢飞比不飞好，因此，争论的焦点不是是否进行检测，而是检测多少。

　　其中有一点需要进一步解释，即"日志不能代替性能分析，反之亦然"。尽管应用程序可能具有高级别的日志记录和监视功能，但仍应运行预发布过程来对应用程序代码进行性能分析。即使研究了 Go 语言探查器之类的工具，并且还使用基准工具进行了一些基本的性能测试。但是，对于生产服务，还是应该采取更彻底的方法，虽然深入研究性能测试已经超出了本书的范围，但是仍建议阅读 Bayo Erinle 写的《使用 JMeter 3 进行性能测试》，以了解有关此主题的更多信息。

20.2　指标

　　一般而言，指标是日常操作中最有用的日志记录形式。指标非常有用，往往是由数据按照特定的统计方式计算而来，其主要目的是度量问题。指标可以被绘制到时间序列仪表板上，然后开发人员可以在仪表板上快速地根据条件设置警报，处理和收集数据的成本非常低。

无论存储的是什么内容，都可以通过特定统计方式或公式对数据进行计算，从而得到指标，这种计算会让数据量减少。完整地存储指标的所有历史数据不会对数据存储造成压力，开发人员能够以此方便地查看指标历史数据或者进行指标的趋势分析，并保留历史明细数据，而无须存储 PB 级的数据。

20.2.1　指标数据类型

用简单的数字（例如请求时间和计数）表示数据时，这些数据才有意义。指标有多精细取决于项目需求。通常，构建微服务时，会从诸如处理程序的请求时间、成功和失败的计数等最重要的指标开始，如果使用的是数据存储，那么也会包括与存储的请求直接相关的统计。随着服务的发展以及性能测试结果的变化，可以不断添加新项目，以帮助诊断服务的性能问题。

指标的数据类型通常选择最简单的整型，在分析时可以基于基础指标重新进行计算和加工，从而生成更为复杂的分析型指标。

20.2.2　命名约定

定义命名约定非常重要，因为一旦开始收集数据，就会有需要分析的地方。一般而言，关键的不是为单个服务定义一个约定，而是为整个系统定义一个有用的约定。

例如，当描述与服务超时有关的问题时，需要考虑如下这些因素。

❑ 主机服务器上的 CPU 消耗。
❑ 内存消耗。
❑ 网络延迟。
❑ 慢速数据存储查询。
❑ 由上述任何因素引起的下游服务延迟。

日志的命名直接使用文字描述是不合理的，一般会按照规范进行分类，例如：

```
environment.host.service.group.segment.outcome
```

上述代码说明如下。

❑ environment：工作环境；例如生产、测试环境。
❑ host：运行应用程序的服务器的主机名。
❑ service：服务名称。
❑ group：顶级分组，比如对于 API 的分组。
❑ segment：组的子级别信息，通常是指 API 实例中处理程序的名称。
❑ outcome：操作的结果，可能是已经调用过的 API 成功执行，或者可以选择使用 HTTP 状态代码。

每个场景可以使用点来逐级细化描述，比如，以下是描述处理成功和 MySQL 查询时间点的示例：

```
prod.server1.kittenserver.handlers.list.ok

prod.server1.kittenserver.mysql.select_kittens.timing
```

如果监视解决方案除了事件名称之外还支持标签，那么应该为环境和主机使用标签，这将使查询数据存储更加容易。例如，如果有一个处理程序，其中列出了在生产服务器上运行的程序，那么可以选择添加以下事件，以在调用该处理程序时发出该事件：

```
func (h *list) ServeHTTP(rw http.ResponseWriter, r *http.Request) {
    event := startTimingEvent("kittens.handlers.list.timing", ["production",
        "192.168.2.2"])
    defer event.Complete()
    dispatchIncrementEvent("kittens.handlers.list.called", ["production",
        "192.168.2.2"])

...

    if err != nil {
    dispatchIncrementEvent("kittens.handlers.list.failed", ["production",
        192.168.2.2"])
    return
    }
    dispatchIncrementEvent("kittens.handlers.list.success", ["production",
        192.168.2.2"])
}
```

这是一个伪代码，但是可以看到在此处处理程序分派了三个事件：

❑ 第一个事件是要发送一些时间信息。

❑ 第二个事件是要发送一个递增计数，它用于声明已调用处理的程序。

❑ 第三个事件是检查操作是否成功。如果不成功，则增加处理程序失败的指标；如果成功，将增加成功指标。

以这种方式命名指标可以在细粒度的级别上绘制仪表盘，或者可以编写更高级别的查询。例如，开发人员可能对整个服务而不是仅一个端点的失败请求总数感兴趣。使用这种命名约定，可以使用通配符进行查询。为了查询此服务的所有失败请求，可以编写一个类似以下代码的指标：

```
kittens.handlers.*.failed
```

如果对所有服务处理程序的所有失败请求都感兴趣，则可以编写以下查询：

```
*.handlers.*.failed
```

度量标准是必须具有一致的命名约定。在构建服务时要将此添加到前期设计中，并将其作为公司范围的标准实施，而不仅限于团队级别。

关于指标统计，可以使用 Alex Cesaro（https://github.com/alexcesaro/statsd）的开源软件包。

20.2.3 存储和查询

存储和查询度量标准数据有多个选择。可以进行自我托管，也可以选择软件即服务（SaaS）方式，具体取决于公司的规模和数据的安全性要求。

对于软件即服务方式，建议查看 Datadog。要将指标发送到 Datadog，有两种选择：一种是直接与 API 通信；另一种是将 Datadog 收集器作为群集内的容器运行。Datadog 收集器允许将 StatsD 用作数据格式，并且支持标准 StatsD 不支持的几个不错的扩展，例如能够向度量标准中添加其他标签或元数据。标记允许通过用户定义的标记对数据进行分类，这可以保持度量标准名称特定于它们所监视的内容，而不必添加环境信息。

尽管开发人员可能希望将 SaaS 服务用于生产数据，但是能够在本地运行服务器，对于进行本地开发始终很有用。能够进行自我托管的后端数据存储有很多选项，例如 Graphite、Prometheus、InfluxDB 和 ElasticSearch。在图形化方面，Grafana 处于领先地位。

本章的代码已经在 GitHub 提供，地址为 https://github.com/ScottAI/logandmonitor。具体代码书中不做过多介绍，为示例代码服务增加一个 Docker Compose 堆栈，这样就可以完成使用 Docker Compose 和 Grafana 设置 Prometheus 的简单步骤。

如果查看 Docker Compose 文件，可以看到以下三个条目：

❑ StatsD。

❑ Grafana。

❑ Prometheus。

StatsD 本身不是服务器，而是 statsD 导出器。这暴露了一个站点，Prometheus 可以使用该站点来收集统计信息。与将指标推送到 Graphite 不同，Prometheus 会提取统计信息。Prometheus 是用于收集数据的数据库服务器。Grafana 是用来绘制数据图形的工具。

如果查看位于源存储库根目录的 Docker Compose 文件 docker-compose.yml，将看到 Prometheus 部分需要如下这些特殊的配置：

```
prometheus:
    image: prom/prometheus
    links:
        - statsd
    volumes:
        - ./prometheus.yml:/etc/prometheus/prometheus.yml
    ports:
        - 9090:9090
```

通过以下命令可安装包含 Prometheus 配置的卷。

```
global:
    scrape_interval:        15s
scrape_configs:
    - job_name: 'statsd'
      static_configs:
        - targets: ['statsd:9102']
```

```
- job_name: 'prometheus'
  static_configs:
    - targets: ['localhost:9090']
```

此配置的第一部分设置了从源系统中获取数据的时间间隔以及将对其进行评估的时间间隔。间隔的默认值为一分钟。此示例将间隔缩小了，这样可以在向服务器发出请求后立即看到指标更新。但是，实际上，它对实时数据并不真正"感兴趣"。下一部分是 scrape 配置，这些是定义要导入 Prometheus 的数据的设置。第一个元素是 statsD 收集器，将其指向在 docker-compose 文件中定义的收集器。当使用两个容器之间的链接时，可以在配置中使用链接名称。下一个元素是 Prometheus 性能指标的配置，不必启用它。指标至关重要，因此监视指标数据库的运行状况将很有意义。

20.2.4　Grafana

为了显示这些指标，可以使用 Grafana。如果使用 make runserver 命令启动容器并等待服务器启动，那么就可以对端点执行一些数据卷以开始使用数据填充系统：

```
curl [docker host ip]:8091/helloworld -d '{"name": "Nic"}'
```

接下来登录 Grafana，看看收集的数据。将浏览器指向 [docker host ip] : 3000，应该会看到一个登录屏幕。默认的用户名和密码为 admin，如图 20-1 所示。

图 20-1　Grafana 登录界面

登录后，要做的第一件事就是配置数据源。不幸的是，似乎没有办法使用配置文件自动设置它。如果需要在本地计算机之外的环境中进行配置，则需要有一个 API。可以通过以下 API 地址进行数据源获取 http://docs.grafana.org/http_api/data_source/。

数据源的配置相对简单，选择 Prometheus 作为数据类型，然后填写连接详细信息。注意，需要确保选择的是代理而不是直接代理。代理从 Grafana 服务器发出数据调用，直接代理将使用浏览器。完成之后，为 Prometheus 服务器添加默认的仪表板，如图 20-2 所示。

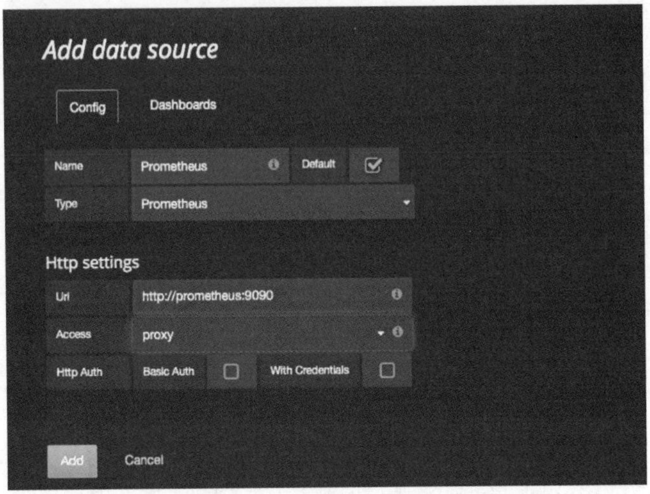

图 20-2　Grafana 增加数据源

如果单击"Dashboards"（仪表盘）选项卡，将看到能够导入预先创建的仪表板。这很有用，但这里要做的是从服务器创建自己的仪表板。点击仪表板链接，然后选择新的仪表板，可以看到仪表板创建页面。接下来，就可以创建自己的图形界面了。在底部面板中，可以添加要显示的指标，如果已经知道仪表板的名称，那么要做的就是在框中输入表达式，如图 20-3 所示。

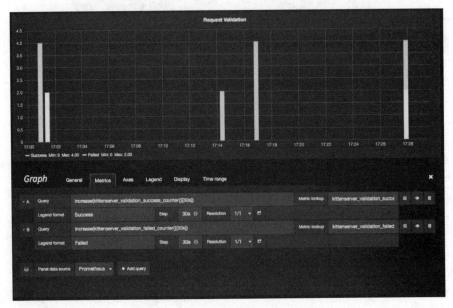

图 20-3　Grafana 仪表盘设计界面

指标查询使开发人员能够根据名称的一部分来搜索指标。如果在此框中输入 "kittens"，则来自 API 的所有已用 "kittens" 标记的指标都会显示在该框中。现在，选择验证成功指标。默认情况下，该指标在给定时间间隔内报告该指标的所有时间计数。这也是我们能看到图 20-3 的原因。如果我们希望看到一个漂亮的条形图，显示给定时间段内的成功计数，那么可以使用表达式对数据进行分组：

```
increase(kittenserver_helloworld_success_counter{}[30s])
```

此表达式会将数据分组到 30 秒的存储中，并返回当前存储桶与前一个存储桶之间的差。实际上新生成了一张图表，该图表显示了每 30 秒的成功次数。为了显示信息，最好使用条形图，可以在显示选项卡中更改此选项。将步长设置更改为与在增量表达式中设置的持续时间相同的时间间隔，这将使图表看起来更具可读性。现在添加第二个查询，用以查询 hello world 处理程序的时间。这次不需要将数据聚合到存储桶中，因为可以将其按原样显示在图表上。时序指标显示三行，即平均值（四分位数，0.5）、前 10%（四分位数，0.9）和前 1%（四分位数，0.99）。通常，我们希望看到这些行紧密地分组，这些数值表明服务调用几乎没有变化。但是由于代码中第 149 行的存在如下，即使一次又一次执行相同的操作，在图形中也看不到：

```
time.Sleep(time.Duration(rand.Intn(200)) * time.Millisecond)
```

由于示例代码给出的程序运行得太快，部分数据因为小于 1 毫秒而无法测量，因此笔者添加了一些随机等待以使图有更多数据，如图 20-4 所示。

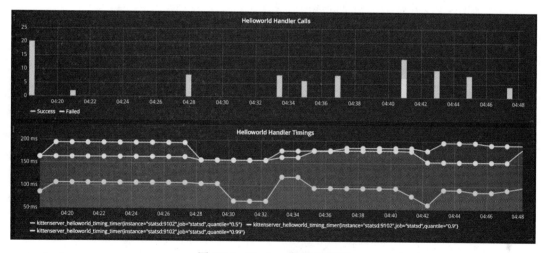

图 20-4　Grafana 仪表盘示例

这是简单指标应用示例。要记录更详细的信息，需要使用可靠的日志文件。值得庆幸的是，还有诸如 ElasticSearch 和 Kibana 之类的工具，让日志收集更为便捷。

20.3 日志记录

使用高度分散的容器时,可能一个项目需要 100 个容器来运行应用程序实例,每个容器的日志都单独存放。这意味着,如果需要分析日志文件,则将对数百个文件执行此操作。另外,基于 Docker 的应用程序应该是无状态的,并且调度程序可能会在多个主机之间移动这些容器。这增加了额外的管理复杂度。为了避免麻烦,解决此问题的最佳方法是不要直接将日志写入磁盘。通过分布式日志记录存储区(例如 ELK)或 SaaS 平台(例如 Logmatic 或 Loggly)可以解决此问题,它们对系统的运行状况有更好的洞察力。

关于成本,很可能会发现 SaaS 提供商提供的服务比自己运行和维护 ELK 的成本更低。但是,往往因为安全需求可能并不总是允许选择 SaaS。在查看日志记录时,存储也是一个有趣的问题。很多项目仅将日志数据存储较短的时间,例如 30 天,这对于故障排除很有用,且无须花费维护历史数据的成本。对于历史数据,最好使用一个可以廉价地存储几年的日志数据的指标平台。

20.3.1 具有关联 ID 的分布式跟踪

在本书前面的章节中,曾经介绍了请求中的 X-Request-ID 信息,该信息允许用相同的 ID 标记单个请求的所有服务调用,以便日后查询它们。在调试请求时,这是一个非常重要的概念,因为它可以通过查看请求树和传递给它们的参数来极大地辅助理解服务为什么会出现故障或行为异常。查看本章 GitHub 示例代码中的文件 handlers/correlation.go 会发现可以很简单地实现在多个服务间识别同一个请求:

```go
func (c *correlationHandler) ServeHTTP(rw http.ResponseWriter, r *http.Request) {

  if r.Header.Get("X-Request-ID") == "" {

    r.Header.Set("X-Request-ID", uuid.New().String())

  }
  c.next.ServeHTTP(rw, r)

}
```

如果希望使用中间件模式实现该处理程序,需要做的就是包装实际的处理程序,示例如下:

```go
http.Handle("/helloworld", handlers.NewCorrelationHandler(validation))
```

现在,每次对 /helloworld 端点发出请求时,X-Request-ID 都会以随机 UUID 的形式附加到请求上(如果尚未存在)。这是一种将分布式跟踪添加到应用程序中的非常简单的方法。Zipkin 就是一种旨在解决延迟问题的分布式跟踪系统,该系统非常流行(网址:http://zipkin.io)。此外还有 DataDog、NewRelic 和 AWS X-Ray 等工具,建议读者花一些时间熟悉它们的功能,项目上线后会需要用到它们。

20.3.2　ElasticSearch、Logstash 和 Kibana

在记录详细数据时，ElasticSearch、Logstash 和 Kibana（ELK）几乎是行业标准。传统情况下，会将所有流输出和日志文件的输出都存储在中央存储里，然后可以使用图形界面工具 Kibana 进行查询。

Docker Compose 文件中 ELK 的配置如下：

```
elasticsearch:
    image: elasticsearch:2.4.2
    ports:
        - 9200:9200
        - 9300:9300
    environment:
        ES_JAVA_OPTS: "-Xms1g -Xmx1g"
kibana:
    image: kibana:4.6.3
    ports:
        - 5601:5601
    environment:
        - ELASTICSEARCH_URL=http://elasticsearch:9200
    links:
        - elasticsearch
logstash:
    image: logstash
    command: -f /etc/logstash/conf.d/
    ports:
        - 5000:5000
    volumes:
        - ./logstash.conf:/etc/logstash/conf.d/logstash.conf
    links:
        - elasticsearch
```

ElasticSearch 是用于记录数据的数据存储程序，Kibana 是用于查询此数据的应用程序，Logstash 可用于从应用程序日志中读取数据并将其存储在 ElasticSearch 中，除了几个环境变量外，唯一需要配置的是 Logstash：

```
input {
    tcp {
        port => 5000
        codec => "json"
        type => "json"
    }
}

## Add your filters / logstash plugins configuration he
output {
    elasticsearch {
        hosts => "elasticsearch:9200"
    }
}
```

输入配置可以直接通过 TCP 将日志发送到 Logstash 服务器。这节省了写入磁盘后

Logstash 读取这些文件的时间。通常情况下，TCP 可能会更快，但是磁盘 I/O 并非没有消耗，并且顺序写入日志文件引起的争用可能导致应用程序变慢。根据风险偏好，可以选择使用 UDP 作为日志的传输方式，它比 TCP 还要快。但是，这种速度的代价是工程师们将无法确认是否已收到数据，并且可能会丢失一些日志信息。

　　通常，除非需要对日志进行安全审核，否则使用 UDP 传输日志应该是首选。在这种情况下，始终可以为不同的日志类型配置多个输入。Logstash 能够处理日志的许多常见输出格式，并将其转换为 JSON 格式，可以由 ElasticSearch 通过索引进行加速。由于示例应用程序区域中的日志已经采用 JSON 格式，因此 Logstash 不会应用任何转换。在输出部分，定义了数据存储。此外，像 Prometheus 配置一样，Logstash 还可以使用 Docker 提供的链接地址作为 URI，Logstash 的配置方法见链接 https://www.elastic.co/guide/en/logstash/current/configuration.html。

20.3.3　Kibana

　　可以通过容器来运行 kibana，首先启动容器，然后向 ElasticSearch 发送一些数据：
```
curl $(docker-machine ip):8091/helloworld -d '{"name": "Nic"}'
```
　　现在将浏览器指向 http://192.168.165.129:5601（地址请读者根据自己的项目情况调整）。应该可以看到新设置的第一个屏幕是提示在 ElasticSearch 中创建新索引。继续使用默认值创建它，将看到 ElasticSearch 可以从日志中索引得到的字段列表，如图 20-5 所示。

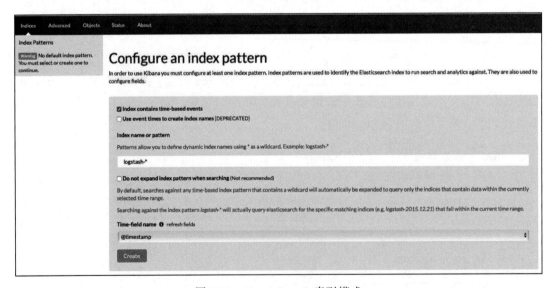

图 20-5　ElasticSearch 索引模式

　　如果有必要，可以更改这些设置。但是，通常建议使用默认设置。Kibana 屏幕相对简单，切换到"Discover"（发现）选项卡，能够查看一些已收集的日志，如图 20-6 所示。

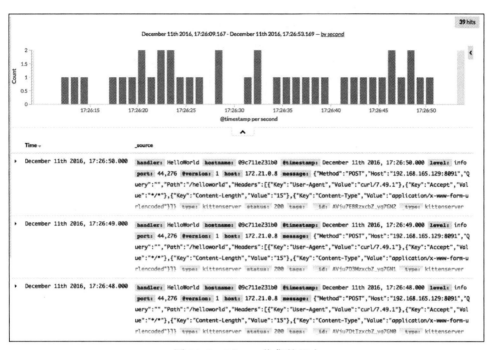

图 20-6 Kibana 收集的日志

展开其中一项将更详细地显示索引字段，如图 20-7 所示。

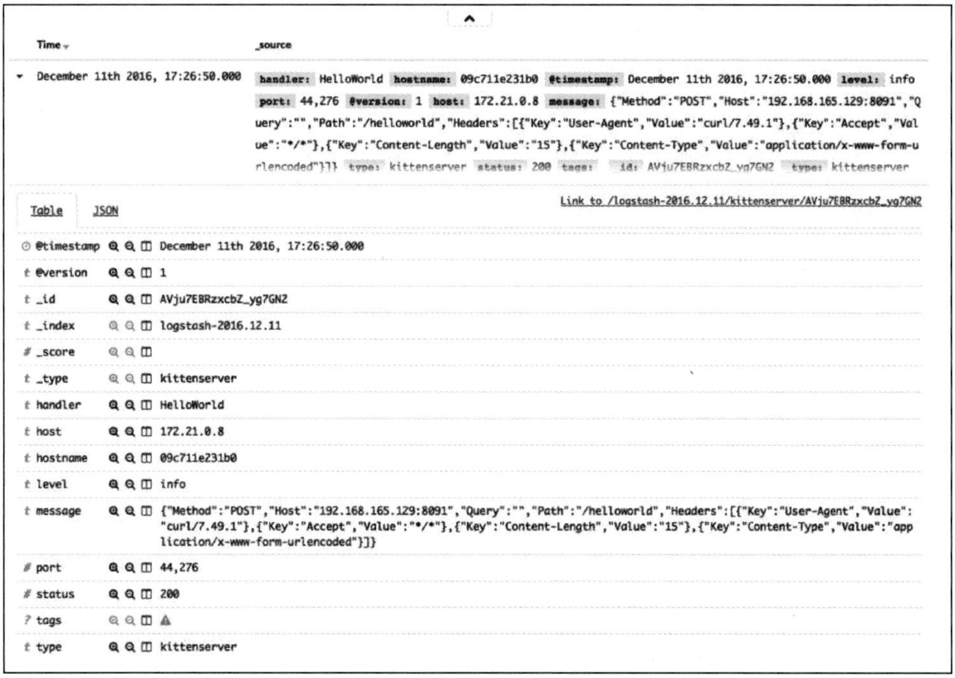

图 20-7 Kibana 日志详细字段

要通过这些字段之一过滤日志，可以在窗口顶部的搜索栏中设置过滤器。搜索条件是必须以 Lucene 格式编写，要按状态代码过滤列表，可以输入以下查询：

```
status: 200
```

这将筛选出状态数值为 200 的数据。搜索索引的字段相对简单，大部分数据已添加到消息字段中，并以 JSON 字符串的形式存储：

```
status:200 and message:/.*"Method":"POST"/
```

要过滤列表仅显示 POST 操作，可以使用包含 REGEX 搜索的查询，如图 20-8 所示。

图 20-8　Kibana 搜索条件的设置

更多具体的使用示例，请读者参考在 httputil/request.go 中提供的示例代码。

20.4　异常

Go 语言的一大优点是具有错误必先处理模式，也就是说必须先处理错误，而不是将错误抛到顶部并呈现给用户。这样做的好处是了解问题并在问题发生时解决问题。

Go 语言有两种处理意外错误的好方法，足以跟踪开发人员希望在 Web 应用程序中发现的一些错误。这两个方法就是：

❏ panic。

❏ recover。

内置的紧急功能（panic）可停止当前 goroutine 的正常执行。所有延迟的功能都以正常方式运行，然后终止程序：

```
func panic(v interface{})
```

recover 函数允许应用程序管理出现问题的 goroutine 的行为。在延迟函数中被调用时，recover 会停止执行紧急情况，并返回传递给紧急情况调用的错误：

```
func recover() interface{}
```

如果处理程序由于某种原因而出现紧急情况，HTTP 服务器将恢复此紧急情况并将输出写入 std 错误。如果是在本地运行该应用程序，当然可以恢复紧急情况，但是若将应用程序分布在许多远程服务器上，就不允许存在管理错误了。由于已经登录到 ELK 设置，因此可以编写一个简单的处理程序来进行错误管理，该处理程序将包装主处理程序，并允许捕获任何紧急情况且将其转发给记录器：

```
1.  func (p *panicHandler) ServeHTTP(rw http.ResponseWriter, r *http.Request) {
2.    defer func() {
```

```
3.    if err := recover(); err != nil {
4.    p.logger.WithFields(
5.    logrus.Fields{
6.        "handler": "panic",
7.        "status":  http.StatusInternalServerError,
8.        "method":  r.Method,
9.        "path":    r.URL.Path,
10.       "query":   r.URL.RawQuery,
11.       },
12.   ).Error(fmt.Sprintf("Error: %v\n%s", err, debug.Stack()))
13.   rw.WriteHeader(http.StatusInternalServerError)
14.   }
15.   }()
16.   p.next.ServeHTTP(rw, r)
17. }
```

这段代码相对简单。在第 2 行中，推迟了 recover 方法。运行此命令时，如果出现错误消息，即表明发生了紧急情况，就要记录此消息。像前面的示例一样，将字段添加到日志条目中，以便 ElasticSearch 可以为这些字段建立索引，但是这里没有记录请求 id，而是编写了错误消息。该消息很可能没有足够的上下文供工程师调试应用程序，因此要获取上下文，得调用 debug.Stack()：

```
func Stack() []byte
```

堆栈是运行时 / 调试程序包的一部分，它用于返回调用它的 goroutine 的格式化堆栈跟踪。可以通过运行本章的示例代码并通过命令 curl bang 端点来进行测试：

```
curl -i [docker host ip]:8091/bang
```

在查询 Kibana 时将其与错误消息一起写入 ElasticSearch。对于此消息，将看到捕获的详细信息，如图 20-9 所示。

图 20-9　error 消息捕获

最后，将状态代码 500 返回给客户端，里面没有消息正文。

该消息应提供足够的上下文，以了解问题所在的位置。但是，导致异常的输入将丢失，因此，如果无法重现错误，则可能需要向服务中添加更多工具并重新运行。

作为服务应用程序生命周期的一部分，应始终努力保存异常记录，这将大大增强出现问题时的反应能力。在实际项目中，经常会看到异常跟踪器记录了太多问题，团队失去了清理它们的信心并停止尝试。所以，当出现新的异常时，一定要及时分析解决，这样才是项目迭代最健康的模式。

20.5 小结

日志记录和监视是一个重要的主题，可以根据自己的特定用例和环境进行定制，使用软件即服务（例如 Datadog 或 Logmatic）是快速启动和运行日志及监控服务的极好方法，它可与 OpsGenie 或 PagerDuty 集成警报，这样在出现问题时就能立即接收警报。

本章的内容重在理解，运行随书提供的 GitHub 源码可加深理解。

第21章 *Chapter 21*

持 续 交 付

关于微服务实战，已经介绍了如何构建弹性系统以及如何确保其安全性，此外，还介绍了微服务的日志和监控。本章要介绍实战环境中另一个非常重要的内容——持续交付。

在本章中，会讨论以下内容：

- ❏ 持续交付。
- ❏ 容器编排。
- ❏ 稳定的基础设施。
- ❏ 整体概貌。
- ❏ 应用范例。

21.1　持续交付简介

持续交付是指持续良好地构建和部署代码的过程。目的是尽可能高效地将代码从开发转移到生产。

在传统或瀑布式的工作流程中，应用的每个发布版都是围绕主要功能的更新或新增而进行的。大型企业每季度发版一次也很常见。查看采用这种策略的原因时，经常会提到风险和努力。开发人员常常对软件信心不足，因为始终有风险发生的可能。发布需要付出很多努力，因为质量保证和发布软件都需要进行大量手动操作。如果缺少令人满意的测试套件或无法自动运行测试套件，许多测试工作都需要手动处理。到目前为止，在本书中并未对此进行过多讨论，本章就主要讨论这些内容。

如果可以减少部署代码所涉及的风险和精力，会更频繁地部署应用的新版本吗？如果每次完成次要功能或每次修复错误（一天几次）都部署应用的新版本会怎么样？在持续部署中这都不是问题。

21.1.1　手动部署

手动部署经常是有问题的，即使有一支出色的团队，最终也可能会出错。团队越大，知识越分散，对综合文档的需求也就越大。在一个小型团队中，资源受到限制，并且部署所需的时间可能会干扰构建出色的代码。此外，当执行该过程的人员生病或休假时，部署工作也不得不推迟。

下面整理出手动部署可能会出现问题的环节：

❑ 文档需要全面且始终保持最新。

❑ 很大程度地依赖于手动测试。

❑ 有状态不同的应用程序服务器。

随着系统复杂性的增加，整个系统需要使用更多的模块，并且部署代码所需的步骤也会随之增加。由于需要按固定顺序执行部署步骤，因此该部署过程很快就会成为负担。比如，需要将更新部署到应用程序，那么该应用程序及其依赖项也要安装在应用程序服务器的所有实例上。

如果是数据库需要更新，则需要在新旧应用程序之间进行清晰的切换。即使使用的是Docker 容器，此过程也可能充满问题。随着应用程序复杂性的增加，部署该应用程序所需的文档也会随之增加，而这通常是一个薄弱环节。以个人经验来看，文档的更新和维护都需要时间，越是临近终止日期越会手忙脚乱。

部署完应用程序代码后，还需要测试应用程序的功能。如果应用程序是手动部署的，通常会假定该应用程序也经过了手动测试。测试人员将需要执行一个测试计划（假设有一个测试计划），以检查系统是否处于可运行状态。如果系统无法正常运行，要么需要逆转该过程以回滚到先前的状态，要么需要做出决定以对应用程序进行修补，然后再次执行标准的构建和部署周期。如果进入程序发布阶段，整个团队都将认为发布是安全的。但是，如果此过程的某个步骤是在深夜发生的，那么很可能发生的就是虽然该修补程序已部署，但是并未更新任何文档或流程。最糟糕的是，与尝试对应用程序代码进行热修复之前相比，应用程序处于更糟糕的状态。在非工作时间，事件通常也由一线响应来执行，执行该操作的通常是基础架构团队。假设不使用持续部署，那么也不会遵循开发人员的做法。另外，进行部署所需的时间呢？这个过程的动机和精神生产力成本又如何？我们是否曾因将应用程序代码部署到生产环境中的不确定性而感到压力？

持续交付消除了上述的风险和问题，接下来看一下持续交付的好处。

21.1.2　持续交付的好处

持续交付的概念是找出并计划前一节梳理出的问题，并在前期花费精力来解决它们。在持续交付过程中，所有涉及的步骤都需要自动化，这样可以使各操作保持一致，并且是一个自动记录的过程。不再需要专门的人工参与，而移除人工参与的其他好处是：由于流程的自动化，质量得以提高。一旦有了自动化，提高了部署的质量和速度，就可以升级并开始持续部署。持续交付的好处是：

- ❑ 发行版很小且不那么复杂。
- ❑ master 和 feature 分支之间的差异较小。
- ❑ 可以更方便地监视部署后的情况。
- ❑ 回滚可能更容易。
- ❑ 可更快地提供商业价值。

这种方式会以较小的规模部署代码，且不必再等待主要功能的完成，而是可以频繁地小块提交更新并部署。这样做的主要好处是，master 分支与 feature 分支之间的差异较小，并且在分支之间合并代码所花费的时间更少。较小的更改还会锁定较少的区域来监视部署后的工作，这样一来，如果出现问题，更容易将更改回滚到已知的工作状态。最重要的是，它能够更快地验证商业价值。无论是错误形式还是新功能形式，都可以让客户更早地使用此功能。

21.1.3 持续交付面面观

持续交付有几个重要方面，其中大部分对于流程的成功至关重要。在本节中，将研究这些方面的内容，然后研究如何实现它们以构建自己的持续交付应用。

持续交付的重要方面如下：

- ❑ 重现性和一致性。
- ❑ 痕迹存储。
- ❑ 测试自动化。
- ❑ 自动化集成测试。
- ❑ 基础架构即代码。
- ❑ 安全扫描。
- ❑ 静态代码分析。
- ❑ 冒烟测试。
- ❑ 端到端测试。
- ❑ 监视 – 跟踪指标中的部署。

1. 重现性和一致性

重现性要求在同一位研究人员或其他独立工作的人员要对实验或研究进行完整分析时，可对特定场景和现象进行重现。在项目中，需要提供这种可重现性。如果要持续交付，那么需要整理构建过程，并确保最小化或管理对软件和其他元素的依赖性。

持续交付另一个重要的方面是构建的一致性。交付中不能花时间修复损坏的版本或手动部署软件，因此必须像对待生产代码一样对待它们。如果构建中断，则需要停止生产线并立即对其进行修复，了解构建中断的原因，且在必要时引入新的防护措施或流程，以免再次发生。

2. 痕迹存储

当实现任何形式的持续集成时，由于构建过程频繁且多变，因此需要把日志存储起来，也就是痕迹的存储。痕迹的范围从二进制到测试的日志输出都有，需要考虑如何存储这些数据。幸运的是，云计算对此问题有很多方案，一种解决方案是诸如 AWS S3 之类的云存储，它以低廉的价格大量提供。许多软件即服务的 CI 服务提供商（例如 Travis 和 CircleCI）在系统中也内置了此功能。因此，几乎不需要做任何事情就可以直接使用持续部署服务。

3. 测试自动化

测试自动化是必不可少的，为了确保所构建应用程序的完整性，必须在 CI 平台上运行单元测试。测试自动化迫使开发人员考虑使用简单且可重复的设置，这需要最小化依赖关系，并且仅应检查代码的行为和完整性。在此步骤中，避免进行集成测试，该测试应在运行 go test 命令的情况下实施。

4. 自动化集成测试

验证代码与任何其他依赖项（例如数据库或下游服务）之间的集成是必需的。错误配置很容易发生，尤其是在涉及数据库语句时。集成测试的环境要比单元测试复杂，并且需要能够多次在可复制的环境中运行这些测试。在这种情况下，Docker 是一个极好的工具，可以利用 Docker 能在多个环境中运行的能力来实现。在构建服务器上执行集成测试之前，可在本地环境中配置和调试集成测试。同样，单元测试是成功构建的大门。这些测试如果失败，则无法进行部署。

5. 基础架构即代码

在自动化构建和部署的过程中，此步骤至关重要。理想情况下，不应将代码部署到复杂混乱的环境中，因为这会增加污染风险，例如错误地供应了依赖关系。但是，如果必须要部署，则应重建环境，重建环境的开销要小于解决代码污染的付出。

6. 安全扫描

如果可能，应将安全扫描集成到 goroutine 中，以便尽早发现错误。无论服务是否面向外部，对其进行扫描都可以确保攻击者使用的攻击媒介尽早被限制。前面已经提到了模糊测试，执行此任务所花费的时间成本比较高，并且可能不适合包含在 goroutine 内部。但是，有可能将安全性扫描的各个方面包括在整个部署流程中，且不会减慢部署速度。

7. 静态代码分析

静态代码分析是一种非常有效的方法，可以消除应用程序中的错误和漏洞。例如，开

发人员会经常在自己的 IDE 中运行诸如 govet 和 gofmt 之类的工具，用以进行代码分析来
发现错误和漏洞。保存源代码后，lint 会运行并识别源代码中的问题。运行这些应用程序很
重要，程序总是能够更快地执行检测。除了节省时间外，还可以通过运行静态代码分析来
检测 SQL 语句和代码质量问题。这些附加工具通常并未包含在 IDE 的工作流程中，因此必
须要在 CI 上运行它们以检测可能遗漏的任何问题。

8. 冒烟测试

冒烟测试是确定部署是否成功的方式。运行一个测试，实现从简单的 curl 到更复杂的
编码测试，以检查正在运行的应用程序中的各个集成点。

9. 端到端测试

端到端测试是对正在运行的系统的全面检查，通常会按照用户流程测试各个部分。这
些测试通常是针对应用程序的全局测试，而不是针对服务的本地测试，并且是基于 BDD 的
工具（例如：Cucumber）自动进行的。是否将端到端测试作为部署的必要条件，取决于公
司的风险偏好。如果确实做了单元测试，且集成测试和冒烟测试具有足够的覆盖范围，可
以使工程师们放心，或者所涉及的服务对于核心用户不是必需的，那么可以考虑不做端到
端测试。但是，如果所涉及的功能是核心过程的一部分，那么端到端测试就是必不可少的。
即使当端到端测试作为网关运行时，如果任何配置进行了更改（例如升级到生产阶段），建
议在声明部署成功之前再次运行端到端测试。

10. 监控

部署后，当出现问题时，不应该依靠用户来通知维护团队，这就是需要应用程序监控
的原因，它可以自动通知系统。当超过错误阈值时，监视器将触发并警告该问题，这使他
们有机会回滚上一次部署或解决问题。

21.1.4　持续交付的过程

前面已经讨论了持续交付的重要性，还研究了持续交付系统的组成部分，持续交付在
Go 语言中具体如何进行呢？现在来看一下过程：

1）构建。
2）测试。
3）打包。
4）整合测试。
5）基准测试。
6）安全测试。
7）供应生产。
8）冒烟测试。
9）监控。

构建过程是开发人员在本地计算机上启动并运行应用的重点，需要从一开始就考虑跨平台和跨系统的构建。跨系统构建的意思是，虽然是在 Mac 上开发的，但有可能不在 Mac 上构建发行产品。实际上，这种行为很普遍。总之，最好是在纯洁的环境中使用，该环境不会受到其他污染的影响。

每个新的功能在代码管理系统中都应该有对应的一个分支，每个分支都应该有一个构建。每次将应用程序代码推送到源存储库时，即使该代码几乎不在生产环境中，也应触发构建。优良的做法是永远不要让构建处于崩溃状态，这包括分支构建。应该在出现问题时及时进行处理，延迟问题处理会威胁到部署能力，尽管可能不打算在 sprint 结束之前部署到生产环境中，但是必须考虑可能发生的不可预见的问题，例如更改配置或修复 bug。如果构建过程处于中断状态，则将无法处理紧迫的问题，并且可能会延迟部署的计划。

除了每当推送到分支机构时自动触发构建之外，另一个关键点是每晚运行一次构建。分支的每晚构建，应在构建和测试之前与 master 分支重新构建时同批完成。执行此步骤的原因是要给潜在的合并冲突早期警告。

第 17 章已详细介绍了 Docker，现在知道，应该将 Docker 引入构建过程。Docker 通过其对容器的不变性为开发人员提供了纯净的环境，以确保可重现性。因为要从头开始构建每个环境，所以不能依靠预先存在的状态，这会导致开发环境和构建环境之间存在差异。环境污染似乎是一件微不足道的事情，但是如果一个应用程序正在使用安装在计算机上的依赖项，而另一个应用程序使用了不同的版本，那么会浪费很多时间来调试一个破碎的版本。

21.2　容器编排的选项和基础架构

容器的编排在第 17 章已经做了介绍，本章对具体实施的工具选项进行简单的介绍。非常幸运的是，如今有许多应用程序提供了编排功能，这些应用程序分为两类：托管（例如，AWS ECS 之类的 PaaS 解决方案）和非托管（例如，诸如 Kubenetes 之类的开源调度程序），用于管理服务器和调度程序应用。

选哪种编排方式取决于所需的规模和应用程序的复杂程度。如果是一家初创企业或刚刚开始涉足微服务领域，那么像 Elastic Beanstalk 这样的终端就足够了。如果打算进行大规模迁移，那么最好使用成熟的调度程序。即使正在计划进行大规模迁移，通过使用 Docker 将应用程序容器化，也具有这种灵活性，从简单开始逐步解决复杂性。下面将研究业务流程和基础结构即代码的概念如何完成此任务。永远都不应忽视前期设计和长期思考的重要性，但也不应因此而延缓进度。

前面已经介绍了 Docker 容器是镜像的、不可变的，那么，Docker 服务器运行的硬件又是如何的呢？不变的基础设施为工程师们带来了相同的好处——拥有一个已知的状态，并且该状态在整个环境中是一致的。传统情况下，该软件将在应用程序服务器上进行升级，但是此过程通常会出现问题。有时，软件更新过程不会按计划进行，从而使操作员面临艰巨的任务，即试图将其回退。还将遇到以下情况：应用程序服务器处于不同的状态，需要使用不同的流程来升级它们中的每一个。如果只有两个应用程序服务器，更新过程可能没问题，但是如果有 200 个应用程序服务器怎么办？团队的知识转移成本过高，会导致团队需要花费很多精力维护文档以升级每个应用程序。如果是裸机服务器，通常没有其他方法可以解决这个问题。通过虚拟化可以部分地解决多应用程序的多状态管理，因为它能够创建包含部分配置的基础镜像，然后可以在数十分钟内配置新实例。

有了云，抽象的层次变得更高了，甚至不必担心虚拟化层，因为有能力在几秒钟内启动计算资源。虽然云解决了硬件过程，但是供应应用程序的过程又是如何的呢？仍然需要编写文档并保持最新状态吗？当然不需要这么做，可以通过工具整理基础架构和应用程序供应。以代码代替文档，由于它是代码，因此可以使用标准版本控制系统（例如 Git）对其进行版本控制。此外，还有很多工具可供选择，例如 Chef、Puppet、Ansible 和 Terraform。在本章中，将介绍 Terraform，它除了是最先进的工具和最易于使用的工具之外，还体现了不变性的所有原理。

21.3　Terraform

Terraform（https://terraform.io）是 HashiCorp（https://hashicorp.com）的应用程序，它可以为多个应用程序和云提供商提供基础运营结构。它允许使用 HCL 语言格式编写编码的基础结构。它体现了已经讨论过的可重现性和一致性概念，也可看出它们对于持续部署来说至关重要。

Terraform 作为应用程序是一个功能强大的工具，下面将介绍具体如何使用它。

在本节中，将仔细研究共享的基础架构和服务，从而更加深入地了解 Terraform 的概念。先来看一下 GitHub 存储库中的示例代码，地址为 https://github.com/ScottAI/terraformexample。

共享基础结构包含的组件如图 21-1 所示。

基础结构各组件的解释如下。

❑ VPC（Virtual Private Cloud）：虚拟云，它允许连接到它的所有应用程序彼此进行通信，而无须通过公共互联网。

❑ S3 Bucket：远程存储。

❑ Elastic Beanstalk：对于将运行 NATS.io 消息传递系统的 Elastic Beanstalk 应用程序，可以将其划分为两个等同于数据中心的可用性区域，多个区域提供了冗余断电支持。

❑ Internal ALB：在将其他应用程序添加到 VPC 时，要与 NATS.io 服务器通信，这时要使用内部应用程序负载平衡器（Internal ALB），内部应用程序负载平衡器具有与外部负载平衡器相同的功能，但仅连接到 VPC 的应用程序可以访问，不允许来自公共 Internet 的连接。

❑ InternetGateway：如果需要应用程序能够对其他 Internet 服务进行出站呼叫，则需要连接 Internet 网关。为了安全起见，默认情况下，VPC 没有出站连接。

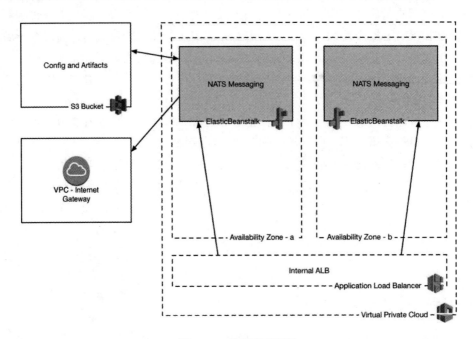

图 21-1　共享基础架构

现在，了解了需要创建的组件，接下来看一下可以创建它们的 Terraform 配置。

21.3.1　提供者

Terraform 包括提供者。提供者（Provider）负责理解 API 交互和公开所选平台的资源。下面将介绍 AWS（阿里云是否可以笔者没有试，读者可以自行了解）的提供程序配置。

在以下代码中，provider 块允许使用凭证配置 Terraform 并设置一个 AWS 区域：

```
provider "aws" {
    access_key = "XXXXXXXXXXX"
    secret_key = "XXXXXXXXXXX"
    region = "us-west-1"
}
```

Terraform 中的块通常会遵循上述模式。HCL 不是 JSON，但是，它可以与 JSON 互操作。HCL 的设计初衷是在机器格式和人类可读格式之间找到平衡。在这个特定的 provider 程序中，可以配置一些不同的参数。这其中至少必须设置 access_key、secret_key 和 region。这些变量的解释如下。

❑ access_key：AWS 访问密钥。必需的参数。但是，也可以通过设置 AWS_ACCESS_KEY_ID 环境变量来提供它。

❑ secret_key：AWS 密钥。必需的参数。但是也可以通过设置 AWS_SECRET_ACCESS_
KEY 环境变量来提供它。

❑ region：AWS 区域，必需的参数。但是也可以通过设置 AWS_DEFAULT_REGION
环境变量来提供它。

所有必需的变量都可以用环境变量替换，一般来说不想将 AWS 的机密提交给 GitHub，
因为如果它们泄露，很可能会有人恶意地使用资源。如果使用环境变量，则可以将它们安
全地注入 CI 服务中，以便在工作中可以使用它们。查看 provider 块 provider.tf，可以看到
它不包含任何设置：

```
provider "aws" { }
```

另外，在此文件中，读者还应注意到有一个名为 terraform 的块。此配置块可以将
Terraform 状态存储在 S3 Bucket 中：

```
terraform {
  backend "s3" {
    bucket = "nicjackson-terraform-state"
    key    = "chapter21-main.tfstate"
    region = "eu-west-1"
  }
}
```

状态是 terraform 块用来理解为模块创建资源的方式的。每次更改配置并运行任何
Terraform 计划时，Terraform 都会检查状态文件是否存在差异，以确定需要删除、更新或创
建的内容。关于远程状态的特别说明是，永远不要将其再次提交到 Git 上。远程状态包含了
基础结构的有关信息，包括潜在的机密信息，这些是不可泄露的信息。因此，可以使用远
程状态，而不是将状态保留在本地磁盘上。Terraform 会将状态文件保存到远程后端，例如
S3 上。甚至可以对某些后端实施锁定，以确保仅运行一次配置。在配置中，使用的是 AWS
S3 后端，该后端具有以下属性。

❑ bucket：存储状态的 S3 Bucket 的名称。S3 Bucket 是全局命名的，不会为用户账户
单独命名空间。因此，此值必须是在整个 AWS 内唯一的。

❑ key：这是存储状态的 Bucket（存储桶）对象的键，它是存储桶特有的。只要此键是
唯一的，就可以将存储桶用于多个 Terraform 配置。

❑ region：S3 存储桶的区域。

21.3.2 Terraform 配置入口点

应用程序的主要入口点是 terraform.tf 文件，该文件的文件名没有硬性规定。Terraform
是基于图的，它可遍历目录中所有以 .tf 结尾的文件，并建立依赖关系图。这样做是为了了
解创建资源的顺序。

如果看一下这个文件，就会发现它是由模块组成的。模块是 Terraform 创建基础结构代
码的可重用部分，或只是为了便于阅读而在逻辑上分开事物的一种方式。它们与 Go 语言中

的软件包概念非常相似，示例如下：

```
module "vpc" {
    source = "./vpc"
    namespace = "bog-chapter11"
}
module "s3" {
    source = "./s3"
    application_name = "chapter11"
}
module "nats" {
    source = "./nats"
    application_name        = "nats"
    application_description = "Nats.io server"
    application_environment = "dev"
    deployment_bucket    = "${module.s3.deployment_bucket}"
    deployment_bucket_id = "${module.s3.deployment_bucket_id}"
    application_version = "1.1"
    docker_image       = "nats"
    docker_tag         = "latest"
    elb_scheme   = "internal"
    health_check = "/varz"
    vpc_id  = "${module.vpc.id}"
    subnets = ["${module.vpc.subnets}"]
}
```

接下来更深入地了解一下 VPC 模块。

21.3.3　VPC 模块

VPC 模块用于在 AWS 内创建专用网络，这样一来，就不需要将 NATS 服务器暴露给外界了，该专用网络仅允许连接到该网络的资源对其进行访问，VPC 模块的定义如以下代码所示：

```
module "vpc" {
    source = "./vpc"
    namespace = "bog-chapter21"
}
```

source 属性用于指明模块的位置，Terraform 支持以下来源：

❑ Local file paths。

❑ GitHub。

❑ Bitbucket。

❑ Generic Git, Mercurial repositories。

❑ HTTP URLs。

❑ S3 Buckets。

在 source 属性之后，可以配置自定义属性，这些属性对应模块中的变量。变量是模块的必需占位符，当它们不存在时，Terraform 在尝试运行它们时会提示。

vpc / variables.tf 文件包含以下内容：

```
variable "namespace" {
    description = "The namespace for our module, will be prefixed to all resources."
}

variable "vpc_cidr_block" {
    description = "The top-level CIDR block for the VPC."
    default  = "10.1.0.0/16"
}

variable "cidr_blocks" {
    description = "The CIDR blocks to create the workstations in."
    default   = ["10.1.1.0/24", "10.1.2.0/24"]
}
```

变量的配置与提供程序的配置非常相似，它遵循以下语法：

```
variable "[name]" {
    [config]
}
```

变量具有以下三个可能的配置选项。

❑ type：可选属性，用于设置变量的类型。有效值为字符串、列表和映射。如果没有给出值，则假定类型为字符串。

❑ default：可选属性，用于设置变量的默认值。

❑ description：可选属性，用于为变量分配人性化的描述。此属性的主要目的是记录 Terraform 配置。

变量可以在 terraform.tfvars 文件中显式声明，就像在存储库根目录中一样：

```
namespace = "chapter10-bog"
```

还可以通过在变量名前添加 TF_VAR_ 来设置环境变量：

```
export TF_VAR_namespace=chapter10-bog
```

另外，可以运行 terraform 命令配置应用程序的名称空间，并分配给网络的 IP 地址块：

```
terraform plan -var namespace=chapter10-bog
```

查看包含 VPC 块的文件，可以看到它的用法。

vpc/vpc.tf 文件包含以下内容：

```
# Create a VPC to launch our instances into
resource "aws_vpc" "default" {
    cidr_block          = "${var.vpc_cidr_block}"
    enable_dns_hostnames = true
    tags {
        "Name" = "${var.namespace}"
    }
}
```

资源块是 Terraform 语法，它可在 AWS 中定义资源，并具有以下语法：

```
resource "[resource_type]" "[resource_id]" {
    [config]
}
```

Terraform 中的资源会映射到 AWS 开发工具包中 API 调用所需的对象上。如果查看 cidr_block 属性，将会看到我们正在使用 Terraform 插值语法引用该变量：

```
cidr_block = "${var.vpc_cidr_block}"
```

插值语法是 Terraform 内部的一种元编程语言。它操作变量和资源输出，并使用 $ {[interpolation]} 语法进行定义。可以使用变量集合，集合以 var 为前缀，并且会引用 vpc_cidr_block 变量。当 Terraform 运行 $ {var.vpc_cidr_block} 时，它将被变量文件中的 10.1.0.0/16 值替换。

在 AWS 中创建具有外部互联网访问权限的 VPC 需要用以下四个部分。

❑ aws_vpc：实例的专用网络。

❑ aws_internet_gateway：连接到 VPC 的网关，它允许 Internet 访问。

❑ aws_route：映射到网关的路由表条目。

❑ aws_subnet：实例启动到的子网，开发人员应为每个可用性区域创建一个子网。

这种复杂性并不是来源于 Terraform 而是 AWS。这与其他云提供商的复杂性非常相似，不过这是不可避免的。

VPC 设置的下一步是配置 Internet 网关：

```
#create
#an internet gateway to give our subnet access to the o#utside world
resource "aws_internet_gateway" "default" {
    vpc_id = "${aws_vpc.default.id}"
    tags {
        "Name" = "${var.namespace}"
    }
}
```

在此块中，需要设置 vpc_id 块，该块需要引用在上一个块中创建的 VPC。即使尚未创建参考，也可以再次使用 Terraform 插值语法来查找该参考。aws_vpc.default.id 引用具有以下形式，该形式在 Terraform 的所有资源中通用：

```
[resource].[name].[attribute]
```

当在 Terraform 中引用另一个块时，它还能发现依赖关系，需要在该块之前创建引用的块。这样，Terraform 能够组织可以并行设置的资源以及具有确切顺序的资源。创建图时，不需要自己声明订单，它会自动建立订单。

下一个块会为 VPC 设置路由表，从而允许对公共 Internet 的出站访问：

```
# Grant the VPC Internet access on its main route table
resource "aws_route" "internet_access" {
    route_table_id = "${aws_vpc.default.main_route_table_id}"
    destination_cidr_block = "0.0.0.0/0"
    gateway_id     = "${aws_internet_gateway.default.id}"
}
```

下面更详细地看一下该块中的属性。

❑ route_table_id：路由表的引用。可以从 aws_vpc 的输出属性 main_route_table_id 中获得它。

❑ destination_cidr_block：VPC 实例的 IP 范围。本例使用块 0.0.0.0/0，该块允许所有连接的实例。如果需要，可只允许外部访问某些 IP 范围。

❑ gateway_id：这是对先前创建的网关块的引用。

上述块介绍了数据源的新概念。数据源允许从 Terraform 外部存储的或存储在单独 Terraform 配置中的信息里获取或计算数据。数据源可以在 AWS 中查询信息，例如，可以查询账户中可能存在的现有 EC2 实例的列表。还可以查询其他提供程序，例如，在 CloudFlare 中有一个 DNS 条目，可以用到其他云提供程序（例如 Google 或 Azure）中负载均衡器的详细信息或地址。

创建 VPC 时，需要在每个可用区域中创建一个子网，因为这里仅配置了区域，所以尚未设置该区域的可用区域。可以在变量部分显式地配置它们。但是，这样配置会使后续维护比较难。最好的方法是尽可能使用数据块：

```
# Grab the list of availability zones
data "aws_availability_zones" "available" {}
```

配置非常简单，并且遵循通用语法，示例如下：

```
data [resource] "[name]"
```

VPC 设置的最后一部分将使用此信息，以配置子网。这也引入了另一个新的 Terraform 计数功能：

```
# Create a subnet to launch our instances into
resource "aws_subnet" "default" {
    count = "${length(var.cidr_blocks)}"
    vpc_id = "${aws_vpc.default.id}"
availability_zone="${data.aws_availability_zones.available.names[count.index]}"
    cidr_block = "${var.cidr_blocks[count.index]}"
    map_public_ip_on_launch = true
    tags {
        "Name" = "${var.namespace}"
    }
}
```

仔细看一下 count 属性，该属性是一个特殊属性，在设置此属性时会创建若干个资源实例。属性的值还扩展了先前介绍过的长度函数的插值语法：

```
# cidr_blocks = ["10.1.1.0/24", 10.1.2.0/24]
${length(var.cidr_blocks)}
```

cidr_blocks 是一个 Terraform 列表。在 Go 程序中，这将是一个切片，长度将返回列表中的元素数。为了进行比较，来看看如何用 Go 语言编写此代码：

```
cidrBlocks := []string {"10.1.1.0/24", "10.1.2.0/24"}
elements := len(cidrBlocks)
```

Terraform 中的插值语法是一个了不起的功能，可以使用许多内置函数来操纵变量。插值语法的文档可以在以下位置找到 https://www.terraform.io/docs/configuration/interpolation.html。

它还具有使用条件语句的能力。比如，通过判断语句实现计数功能，如果当前环境是生产环境，计数器会被赋值为 0，则 Terraform 会忽略资源的创建。例如，编写如下内容：

```
resource "aws_instance" "web" {
    count = "${var.env == "production" ? 1 : 0}"
}
```

条件句的语法会使用三元运算，这在许多语言中都存在：

```
CONDITION ? TRUEVAL : FALSEVAL
```

当使用 Terraform 计数时，它还会提供一个索引，可以使用该索引从列表中获取正确的元素。如下示例将展示如何在 Availability_zone 属性中使用它：

```
availability_zone = "${data.aws_availability_zones.available.names[count.index]}"
```

count.index 将提供基于 0 的索引，由于 data.aws_availability_zones.available.names 会返回一个列表，因此可以像切片一样访问它。下面看一下 aws_subnet 上的其余属性。

❑ vpc_id：这是 VPC 的 ID，该 ID 是在较早的代码块中创建的。

❑ Availability_zone：子网可用区的名称。

❑ cidr_block：地址的 IP 范围，当在特定的 VPC 和可用区中启动实例时，将为该实例分配 IP 地址。

❑ map_public_ip_on_launch：指示创建实例时是否将公共 IP 地址附加到实例上，这是一个可选参数，它可确定实例除了具有应从 cidr_block 属性分配的私有 IP 地址之外，是否还应具有公共 IP 地址。

21.3.4　输出变量

在 Terraform 中构建模块时，经常需要引用其他模块的属性。模块之间存在明确的分隔，这意味着它们无法直接访问另一个模块资源。例如，在此模块中创建一个 VPC，然后再创建一个 EC2 实例，该实例已附加到此 VPC 中。module2 / terraform.tf 文件包含以下内容：

```
resource "aws_instance" "web" {
# ...
    vpc_id = "${aws_vpc.default.id}"
}
```

前面的示例将导致错误，因为这里试图引用该模块中不存在的变量，即使该变量确实存在于全局 Terraform 配置中也是会出错的。模块就像 Go 包，假如有以下两个包含非导出变量的 Go 软件包，也是可以实现的，其对应的代码实现如下：

```
a/main.go
package a
var notExported = "Some Value"

b/main.go
package b
func doSomething() {
    // invalid reference
    if a.notExported == "Some Value {
        //...
    }
}
```

在 Go 中，当然可以通过大写变量名来导出变量，比如，从 notExported 到 NotExported。为了在 Terraform 中实现相同的目的，可使用如下输出变量：

```
output "id" {
    value = "${aws_vpc.default.id}"
}
output "subnets" {
    value = ["${aws_subnet.default.*.id}"]
}
output "subnet_names" {
    value = ["${aws_subnet.default.*.arn}"]
}
```

现在，语法应该已经开始为你所熟悉：

```
output "[name]" {
    value = "..."
}
```

然后，可以将一个模块的输出用作另一个模块的输入，以下是在 terraform.tf 文件中找到的一个示例：

```
module "nats" {
    source = "./nats"
    application_name = "nats"
    application_description = "Nats.io server"
    application_environment = "dev"
    deployment_bucket = "${module.s3.deployment_bucket}"
    deployment_bucket_id = "${module.s3.deployment_bucket_id}"
    application_version = "1.1"
    docker_image = "nats"
    docker_tag = "latest"
    elb_scheme   = "internal"
    health_check = "/varz"
    vpc_id  = "${module.vpc.id}"
    subnets = ["${module.vpc.subnets}"]
}
```

vpc_id 属性引用了 vpc 模块的输出：

```
vpc_id   = "${module.vpc.id}"
```

前一条语句的语法如下：

```
module.[module name].[output variable]
```

除了保持代码的干净整洁之外，输出变量和模块引用还允许 Terraform 构建其依赖关系图。在这种情况下，因为从 nats 模块引用了 vpc 模块，所以它需要在 nats 模块之前创建 vpc 模块资源。并不是说基础架构很容易编写代码，但是到本示例结束时，它会变得越来越清晰。应用这些概念来创建其他资源变得非常简单，唯一的复杂性是资源的工作方式，而不是创建资源所需的 Terraform 配置。

21.3.5 创建基础架构

要运行 Terraform 并创建基础架构，必须先设置一些环境变量：

```
$ export AWS_SECRET_ID=[your aws secret id]
$ export AWS_SECRET_ACCESS_KEY=[your aws access key]
$ export AWS_DEFAULT_REGION=[aws region to create resource]
```

然后，初始化 Terraform 以引用模块和远程数据存储。通常，仅在第一次克隆存储库或对模块进行更改时才需要执行此步骤：

```
$ terraform init
```

下一步是制订计划。在 Terraform 中使用 plan 命令来确定用 apply 命令创建、更新或删除的资源。它还将在不创建任何资源的情况下检查配置的情况：

```
$ terraform plan -out=main.terraform
```

-out 参数表示将计划保存到 main.terraform 文件中。这是一个可选步骤，但是如果对 plan 的输出运行应用，则可以确保检查和批准 plan 命令的输出后没有任何变化。要创建基础架构，可以运行 apply 命令：

```
$ terraform apply main.terraform
```

apply 命令的第一个参数是计划输出，这是在上一步中创建的。Terraform 现在是在 AWS 中创建资源，这可能需要花费几秒到 30 分钟的时间，具体取决于要创建的资源类型。创建完成后，Terraform 将输出变量（我们在 output.tf 文件中定义的输出变量）写入 stdout。

在主要基础架构项目中，仅介绍了其中一个模块。建议读者通读其余模块，并熟悉 Terraform 代码及其所创建的 AWS 资源。可在 Terraform 网站（https://terraform.io）和 AWS 网站上获得说明文档。

21.4 应用范例

本节示例程序是一个包含三个服务的简单分布式系统。产品、搜索和身份验证这三个主要服务对用来存储状态的数据库有依赖性。为了简单起见，数据库使用 MySQL。但是，在实际的生产环境中，需要为应用选择最合适的数据存储。这三个服务是通过 NATS.io 的消息传递系统连接的，该系统是一个与提供商（provider）无关的系统，如图 21-2 所示。

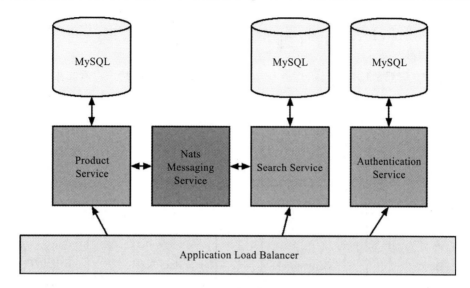

图 21-2 应用架构图

为了配置该系统，将基础结构和源代码分解为几个单独的存储库：

❑ Shared infrastructure and Services（https://github.com/ScottAI/terraformexample），这也是上一章的例子，在本章作为微服务的运行基础结构。

❑ Authentication Service（https://github.com/ScottAI/microservices-auth），权限服务。

❑ Product and Search Service（https://github.com/ScottAI/microservices-search），产品和查询服务。

各个存储库能够以组件分离的方式来对应用程序进行开发、构建和部署。共享基础结构存储库包含用于创建共享网络的 Terraform 配置以及用于创建 NATS.io 服务器的组件，也就是上一节提到的示例。权限服务会创建一个基于 JWT 的身份验证微服务，并包含单独的 Terraform 配置，以将该服务部署到 Elastic Beanstalk 上。产品服务和搜索服务存储库还分别包含微服务和 Terraform 基础结构配置。所有服务都配置为使用 Circle CI 构建和部署。

21.4.1 持续部署的工作流程

本章的后续部分将重点讲解搜索服务，因为构建管道最为复杂。在应用程序示例中，会执行以下步骤来构建管道：

1）编译应用程序。

2）单元测试。

3）性能测试。

4）静态代码分析。

5）集成测试。

6）构建 Docker 镜像。

7）部署应用程序。

8）冒烟测试。

其中许多步骤都是独立的，可以并行运行，因此在编写管道时，它看起来像图 21-3。

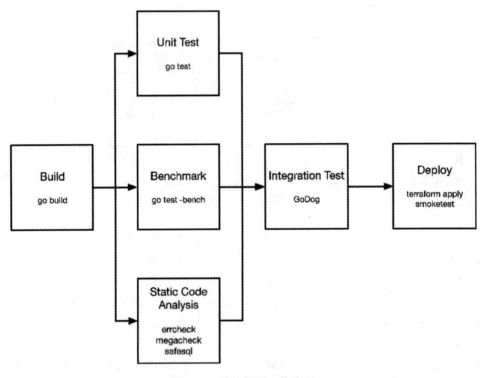

图 21-3　持续部署工作流程

可在 https://github.com/ScottAI/microservices-auth 中查看示例代码。这里使用 Circle CI 构建此应用程序，以上的步骤适用于任何平台。如果查看 circleci/config.yml 文件，则会看到已为该流程设置了配置，其中包括选择要执行构建的 Docker 容器的版本并安装一些初始依赖项。将前面提到的单元测试、性能测试、集成测试等 8 个步骤封装成 8 个作业，组合这些作业后，它们将在工作流中执行。针对每个作业执行以下步骤：

```
defaults: &defaults
    docker:
# CircleCI Go images available at: https://hub.docker.com/r/circleci/golang/
        - image: circleci/golang:1.8
    working_directory: /go/src/ScottAI/microservices-search
    environment:
```

```
        TEST_RESULTS: /tmp/test-results
version: 2
jobs:
    build:
        <<: *defaults
        steps:
            - checkout
            - run:
                name: Install dependencies
                command: |
                    go get github.com/Masterminds/glide
                    glide up
            - run:
                name: Build application for Linux
                command: make build_linux
            - persist_to_workspace:
                root: /go/src/github.com/ScottAI/
                paths:
                    - microservices-search
# ...

workflows:
    version: 2
    build_test_and_deploy:
        jobs:
            - build
            - unit_test:
                requires:
                    - build
            - benchmark:
                requires:
                    - build
            - staticcheck:
                requires:
                    - build
            - integration_test:
                requires:
                    - build
                    - unit_test
                    - benchmark
                    - staticcheck
                    - integration_test
            requires:
- integration_test
```

由于存在明显的依赖性，因此此工作流定义了步骤之间的关系。

为了隔离配置中的依赖关系，并确保用于构建和测试的命令在各个流程之间是一致的，所以将这些命令放置在存储库根目录的 Makefile 中。示例如下：

```
start_stack:
    docker-compose up -d
circleintegration:
    docker build -t circletemp -f ./IntegrationDockerfile .
    docker-compose up -d
```

```
    docker run -network microservicessearch_default -w /go/src/github.
        com/ScottAI/microservices-search/features -e "MYSQL_
        CONNECTION=root:password@tcp(mysql:3306)/kittens" circletemp godog ./
    docker-compose stop
    docker-compose rm -f
integration: start_stack
    cd features && MYSQL_CONNECTION="root:password@tcp(${DOCKER_IP}:3306)/
        kittens" godog ./
    docker-compose stop
    docker-compose rm -f
unit:
    go test -v -race $(shell go list ./... | grep -v /vendor/)
staticcheck:
    staticcheck $(shell go list ./... | grep -v /vendor/)
safesql:
    safesql github.com/ScottAI/microservices-search
benchmark:
    go test -bench=. github.com/ScottAI/microservices-search/handlers
build_linux:
    CGO_ENABLED=0 GOOS=linux go build -o ./search .
build_docker:
    docker build -t ScottAI/search .
run: start_stack
    go run main.go
    docker-compose stop
test: unit benchmark integration
```

21.4.2 构建

上一节介绍了整个流程，本节来仔细介绍一下构建过程。

首先是检出存储库。每个程序作业本身分为多个步骤，其中第一个值得注意的步骤是安装依赖项。Glide 是存储库的软件包管理器，需要安装它来获取对所提供的软件包的更新。还需要一个 go-junit-report 实用程序包。此应用程序使工程师能够将 Go 测试输出转换为 JUnit 格式，Circle 要求使用这些格式来呈现某些仪表板信息。

然后，执行 Glide 以获取所有更新。在此示例中，已将供应商文件夹检入存储库中。但是，没有将软件包固定到某个版本。一般应该设置最低的软件包版本，而不是确切的软件包版本，经常更新软件包可以充分利用开源社区中的常规版本。当然，这样做确实要冒风险，比如程序包中会有一个重大更改，并且这种更改会破坏构建。但是如前所述，最好尽早发现此问题，而不是在承受压力时处理问题。

因为要为生产而构建，所以需要创建一个 Linux 二进制文件，这就是在运行构建之前要设置 GOOS = linux 环境变量的原因。在 Circle CI 上运行构建时，设置环境是多余的，因为此构建就是在基于 Linux 的 Docker 容器中运行的。但是，如果要从开发人员的机器上启用跨平台构建（如果它们不是基于 Linux 的话），这个设置就非常有用。

构建应用程序后，需要保留工作区，以便其他作业可以使用它。在 Circle CI 中，可以使用 persist_to_workspace 实现。但是，此功能是基于管道的工作流程所共有的，在构建完成后可以看到如图 21-4 所示的示意图。

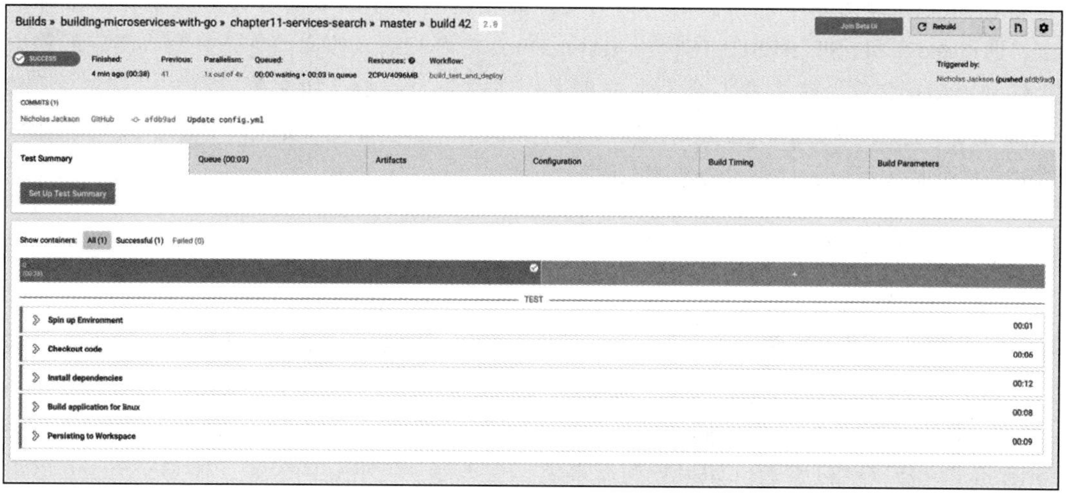

图 21-4 构建正常结束示意图

21.4.3 测试

前面介绍过，持续部署需要一致性，并且如果不断进行部署，需要有一个良好的可靠测试套件，该套件可以替代几乎所有的手动测试。这并不是说完全不需要手动测试，因为探索性测试总是有用的，但是当需要频繁部署时，需要使用更多自动化。即使将手动测试添加到流程中，它也很可能会作为异步流程运行，并以此作为对构建管道的补充。

通过以下配置可以实现单元测试。

```
unit_test:
    <<: *defaults
    steps:
      - attach_workspace:
          at: /go/src/github.com/ScottAI
      - run: mkdir -p $TEST_RESULTS
      - run:
          name: Install dependencies
          command:  go get github.com/jstemmer/go-junit-report
      - run:
          name: Run unit tests
          command: |
            trap "go-junit-report <${TEST_RESULTS}/go-test.out > ${TEST_RESULTS}
                /go-test-report.xml" EXIT
            make unit | tee ${TEST_RESULTS}/go-test.out
      - store_test_results:
          path: /tmp/test-results
```

需要做的第二件事是安装依赖项，Circle CI 要求测试的输出必须为 JUnit 格式才能显示。go-junit-report 包可以获取测试的输出并将其转换为 JUnit 格式。

要运行测试，还要做一些稍有不同的事情，如果仅运行单元测试并将其通过管道传输到 go-junit-report 命令中，那么结果将丢失。以相反的顺序读取命令，运行单元测试并输出，通过 tee $ {TEST_RESULTS} /go-test.out; tee 命令将输入传递给它，并写入指定的输出文件和 stdout 文件，这样就不会丢失输出了。在这个实例中，如果单元测试以状态代码 0（正常情况）退出，则执行 go-junit-report 命令。最后，本例中为 Circle CI 编写了测试结果，以便能够使用 store_test_results 步骤来解释它们。

21.4.4　基准测试

基准测试是 CI 管道的重要功能，开发人员需要了解应用程序性能何时下降。为此，将运行基准测试并使用工具 Benchcmp，该工具可比较两次测试。Benchcmp 的标准版本仅输出两次测试运行之间的差异。尽管可以进行比较，但是如果差异在一定阈值之内，它并不会使 CI 作业无法执行。为了启用此功能，在示例中修改了 Benchcmp 工具并添加了 flag-tollerance = [FLOAT] 参数。如果任何基准测试更改了 +/– 给定的公差，则 Benchcmp 退出并显示状态代码 1，这使开发人员无法完成工作并需要调查为什么会发生此更改。因为要保留以前的基准数据以进行比较，所以可以使用缓存功能来存储最近运行的数据。

21.4.5　静态代码测试

静态代码测试是一种快速有效的方法，可以自动检查源代码中的任何问题。在示例中，将运行两个不同的静态代码测试工具，第一个是 Dominik Honnef 的 megacheck，该工具检查代码中的常见问题，例如标准库的滥用、并发问题等。

其次是 Stripe 团队的 SafeSQL。SafeSQL 用于运行代码，并寻找 SQL 包的用途。然后，它会检查那些可能存在漏洞的对象，例如构造错误的查询，这些漏洞可能会被 SQL 注入打开。

最后，检查代码，包括未处理错误的测试。例如，有一个函数代码如下：

```
func DoSomething() (*Object, error)
```

当调用这样的方法时，错误对象可能会被丢弃并且无法处理：

```
obj,_ := DoSomething()
```

未处理的错误更多地出现在测试中，而不是代码主体中。但是，即使在测试中，由于未处理的行为也可能会引入错误，因此 errcheck 会在代码中运行以查找此类实例，并在发现错误时报告错误，这会导致构建失败：

```
staticcheck:
    <<: *defaults
    steps:
      - attach_workspace:
          at: /go/src/github.com/ScottAI
      - run:
          name: Install dependencies
```

```
        command: |
          go get honnef.co/go/tools/cmd/staticcheck
          go get github.com/stripe/safesql
    - run:
        name: Static language checks
        command: make staticcheck
    - run:
        name: Safe SQL checks
        command: make safesql
    - run:
        name: Check for unhandled errors
        command: make errcheck
```

　　静态检查会调用 megacheck linter，后者是通过运行 staticcheck 来帮助检测错误的静态代码分析工具，Go simple 可以识别源代码区域，应通过更简单的方式重写来改进源代码的区域，而 unuse 则可以识别未使用的常量、类型和功能。第一个检查器旨在发现错误。其余三个与应用程序生命周期的管理有关。

　　干净的代码对于无缺陷的代码至关重要。代码越简单，存在逻辑错误的可能性就越低。为什么？因为简单的代码更易于理解，所以优化可读性是有意义的。静态代码测试不应替代代码审查。但是，这些工具使开发人员可以专注于逻辑缺陷而不是语义，将其集成到持续集成管道中可以充当代码库健全性的"看门人"，检查运行得非常快，笔者认为这是必不可少的步骤。建议读者通过如下地址了解源码：

https://github.com/dominikh/go-tools/tree/master/cmd/megacheck

SafeSQL 这个静态代码测试工具的具体代码及资料，可以参考如下网址：

https://github.com/stripe/safesql

21.4.6　集成测试

　　进行集成测试时，会再次使用 GoDog BDD。但是，当在 Circle CI 上运行命令时，由于 Circle 处理 Docker 安全性的方式要对设置进行一些修改，因此第一步是附加工作空间，包括在上一步中构建的二进制文件。那么也就可以得到依赖项，而这些依赖项只是 GoDog 应用程序。

```
circleintegration:
    docker build -t circletemp -f ./IntegrationDockerfile .
    docker-compose up -d
    docker run -network microservices_default -w /go/src/github.com/ScottAI/
        microservices-search/features -e "MYSQL_CONNECTION=root:password@
        tcp(mysql:3306)/kittens" circletemp godog ./
    docker-compose stop
    docker-compose rm -f
```

　　与在本地计算机上运行时相比，在 CI 上运行的 Makefile 要复杂得多。因为需要复制源代码并将 godog 命令安装到一个容器中，所以该容器将与以 Docker compose 开始的堆栈在同一网络上运行。当在本地运行时，由于有能力连接到网络，因此这不是必需的。Makefile

内容如下：

```
FROM golang:1.8
COPY . /go/src/github.com/ScottAI/microservices-search
RUN go get github.com/DATA-DOG/godog/cmd/godog
```

构建临时容器时，该容器包含当前目录并添加 godog 依赖项。然后，可以通过运行 docker-compose up 和 godog 命令正常启动堆栈。

在部署到生产之前，持续交付的集成测试是必不可少的。还希望能够测试这个 Docker 的映像，以确保启动过程正常运行，此外，还要测试所有部件。

只运行应用程序，这在开发过程中非常有用，它在质量和速度方面提供了令人愉悦的体验。

21.4.7 部署

由于已经测试并打包了所有应用程序的代码构建，因此可以考虑将其部署到生产中了。需要考虑的是，基础架构是不变的，也就是说，不会对基础架构进行更改，而是对其进行替换。例如，有容器调度程序，它仅运行容器。当将更新部署到应用程序二进制文件时，将替换调度程序上的容器，而不刷新其中的应用程序。为了成功地进行持续交付，这方面的设置也需要自动化，需要将基础架构视为代码。

对于应用程序，要将基础结构分为几个单独的部分。比如，有一个主要的基础结构存储库，该存储库创建 VPC，部署使用的 S3 存储桶，并为消息传递平台 NATS.io 创建 Elastic Beanstalk 实例。还可为每个服务提供 Terraform 配置。当 Terraform 替换或破坏已更改的基础结构时，就可以创建一个大型 Terraform 配置。但是，有几个原因使我们不希望这样做。首先，希望能够以分解应用程序代码的方式将基础结构代码分解为小部分。第二是由于 Terraform 的工作方式。为了确保状态的一致性，任何时候都只能针对基础结构代码运行单个操作。Terraform 在运行时会获得一个锁，以确保不会有并发冲突。如果考虑存在许多微服务并且这些服务正在被持续部署，那么拥有一个具有单线程的单一部署就变得很糟糕。如果分解基础结构配置并将其随每个服务本地化，这将不再成为问题。但这种分布式配置的一个问题是，开发人员仍然需要一种访问主存储库中资源信息的方法。在下面的示例中，存储库中创建了主 VPC，需要有详细的信息才能让微服务连接到它。幸运的是，Terraform 使用远程状态的概念进行了令人愉快的管理。

```
terraform {
    backend "s3" {
        bucket = "nicjackson-terraform-state"
        key    = "microservices-main.tfstate"
        region = "eu-west-1"
    }
}
```

可以将主 Terraform 配置为使用远程状态，然后使用远程状态数据元素从搜索

Terraform 的配置中进行访问:

```
data "terraform_remote_state" "main" {
    backend = "s3"
    config {
        bucket = "nicjackson-terraform-state"
        key    = "microservices-main.tfstate"
        region = "eu-west-1"
    }
}
```

构建过程中的所有步骤完成后,系统会自动将其部署到 AWS 上。这样,可以确保始终在每次构建 master 分支的新实例时都会进行部署。

21.4.8 冒烟测试

部署完成后,对应用程序进行冒烟测试是持续交付中必不可少的步骤,开发人员需要确保应用程序正常运行,并且确定在构建和部署步骤中没有出现任何问题。在以下示例中,我们只是在检查是否可以达到运行状况的终结点。但是,冒烟测试可以根据需要调整复杂度。许多组织会进行更多详细的检查,以确认已与部署系统的核心正确且有效地集成。冒烟测试是重新使用 GoDog 集成测试中许多步骤的混合测试,也可以是专项测试。

```
- run:
      name: Smoke test
      command: |
        cd terraform
        curl $(terraform output search_alb)/health
```

在应用程序中,因为站点是公共的,所以可以运行此测试。若不是公共站点,测试会变得更加复杂,需要通过公共站点进行调用来检查集成。

端到端测试的考虑因素之一是需要小心不能污染了生产数据库中的数据。一种补充甚至替代方法是确保系统具有广泛的日志记录和监视。可以设置仪表板和警报,以主动检查用户错误。部署后发生问题时,可以调查问题,并在必要时回滚到状态良好的早期版本。

21.4.9 监控和预警

当应用程序运行时,需要确定应用程序的运行状况和状态。监控是持续部署生命周期中极为重要的步骤。如果正在自动部署,则需要了解应用程序的性能,以及它与以前的版本有何不同。前面已经看到了如何使用 StatsD 向后端(例如 Prometheus)或托管应用程序(例如 Datadog)发出有关服务的数据,如果最近部署的服务器表现出异常行为,会收到警报,然后采取行动来帮助确定问题的根源,在必要时间歇性地回滚或修改警报,因为服务器可能正在做更多的工作。示例如下:

```
# Create a new Datadog timeboard
resource "datadog_timeboard" "search" {
```

```
title       = "Search service Timeboard (created via Terraform)"
description = "created using the Datadog provider in Terraform"
read_only   = true
graph {
    title = "Authentication"
    viz   = "timeseries"
    request {
        q    = "sum:chapter11.auth.jwt.badrequest{*}"
        type = "bars"
        style {
            palette = "warm"
        }
    }
    request {
        q    = "sum:chapter11.auth.jwt.success{*}"
        type = "bars"
    }
}
graph {
    title = "Health Check"
    viz   = "timeseries"
    request {
        q    = "sum:chapter11.auth.health.success{*}"
        type = "bars"
    }
}
}
```

同样，使用基础结构的概念，可以在构建时使用 Terraform 来配置这些监视器。尽管错误对于监视很有用，但不要忘记定时数据也很重要。错误表明出了问题，而通过在服务中巧妙地使用定时信息，可以了解到某些事情将要出错。

假设一切正常，构建成功，那么构建环境中的 UI 会显示所有经过的步骤，如图 21-5所示。

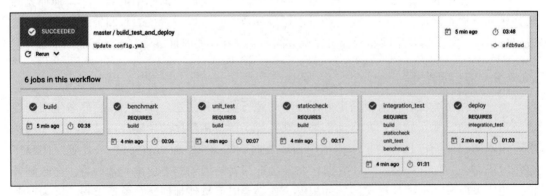

图 21-5 应用实例持续部署完成后的界面

21.5 小结

本章介绍了为应用程序建立持续的集成和部署并不是一项艰巨的任务,实际上,这对于应用程序的健康和成功至关重要。持续部署是建立在前几章介绍的所有概念的基础上的,尽管最后一个示例有些简单,但它具有构建到应用程序中的所有组成部分,以确保开发人员可以花时间开发新功能,而不用关心生产问题或浪费时间重复地部署应用程序代码。像开发的所有知识一样,读者应该实践和测试此过程。在将持续交付发布到生产工作流程之前,需要确保可以解决诸如热修复和回滚发布之类的问题。此工作应在各个团队之间完成。良好实践和有效的部署过程会使开发人员充满信心,当问题(很可能会发生)发生时,可以放心并自信地处理它。

相信学习到这里,读者对成功构建微服务所需的大多数东西有了更多的了解。再次建议多动手实践。

使用 Go kit 框架构建微服务

Go 语言在微服务领域有几个比较成熟的框架，比如 Kite、Micro 和 Go kit 等，这几个框架都非常流行。本章仅选取其中一个——Go kit 进行介绍，示例代码都是基于 Go kit 框架实现的，其他框架读者可以自行了解。

Go kit 是帮助构建分布式应用的微服务框架，相关的信息可以在其官网（https://gokit.io）查看。该框架的主要目标是解决分布式系统中的通用问题，让开发人员可以把精力放在业务逻辑的开发上。

当然，Go kit 不能解决微服务框架的所有问题，整个架构提供的主要方案包括服务发现、运营分析、监控、日志等。本章会通过一个案例来演示 Go kit 的使用方法。

如果是小团队，或者开发的产品或服务较小，可能有人不愿意使用类似 Go kit 的框架，但是 Go kit 对大型团队来说却是一个亮点，它可用来构建具有许多不同服务的实质性系统。Go kit 具有一致的日志记录、检测、分布式跟踪等功能，各个独立小项目的相似性比较高，这意味着运行和维护这样的系统变得非常容易。

在本章中，我们将构建一个微服务示例，并在该微服务内实现安全保护功能。这里要说明的是，为了让读者可以集中精力学习有关构建微服务系统的原理，示例中的业务逻辑非常简单。

具体而言，在本章中，将会学习如下内容：

❑ 使用 Go kit 手动编写微服务代码。

❑ 使用 gRPC 构建服务器和客户端。

❑ 使用 Google 的 protocol buffers 和相关工具以高效的二进制格式描述服务并进行通信。

❑ 通过 Go kit 中的端点编写单个服务实现并通过多种传输协议公开它。

❑ 通过 Go kit 的子包解决许多常见问题。

　❑　中间件的使用。

　❑　将方法调用描述为请求和响应消息。

　❑　进行速率限制以防止服务流量激增。

　❑　其他一些惯用的 Go 提示和技巧。

本章的示例代码见 https://github.com/ScottAI/gokitexample。

22.1　创建服务

　　无论是否在微服务中进行开发，创建服务在细节上都属于某种 Go 方法的调用，通过调用完成工作并返回结果。因此，首先要做的就是定义和实现服务本身。

　　在项目文件夹内，将以下代码添加到新的 service.go 文件中：

```
1.  // Service provides password hashing capabilities.
2.  type Service interface {
3.      Hash(ctx context.Context, password string) (string,   error)
4.      Validate(ctx context.Context, password, hash string)    (bool, error)
5.  }
```

　　这里通过接口定义了服务，还定义了两种方法：Hash 和 Validate。这两种方法都将 context.Context 作为第一个参数，第二个参数是普通的字符串。返回的也是正常的 Go 类型，即字符串、布尔值和错误。

　　设计微服务时，要注意状态的存储位置。通常，它会提供一个专门的方案，比如统一存储在一台远程服务器中，即使在单个文件中实现服务方法并可以访问全局变量，也永远不要使用它们来存储每个请求甚至每个服务的状态。再次强调一下，每个服务可能会在许多物理机器上运行多次，而每台机器都无法访问其他人的全局变量。本着简洁的精神，本例将使用一个空结构（本质上是一种简洁的习惯）来实现服务，巧妙地将方法聚集在一起，以实现一个接口，而无须在对象本身中存储任何状态。在 service.go 中添加以下结构：

```
type vaultService struct{}
```

 说明　如果要实现需要依赖的项（例如数据库连接或配置对象），则可以将它们存储在 struct 中，并在函数体中使用方法接收器。

22.1.1　测试

　　使用 Go 语言，从编写测试代码开始就具有许多优势，这些优势通常最终会提高代码的质量和可维护性。本节将编写一个单元测试，该测试将使用新服务来执行序列化操作（Hash），然后验证密码。下面将创建一个名为 service_test.go 的新文件并添加相应代码：

```
1.  package vault
2.  import (
```

```
3.    "testing"
4.    "golang.org/x/net/context"
5.  )
6.
7.  func TestHasherService(t *testing.T) {
8.    srv := NewService()
9.    ctx := context.Background()
10.   h, err := srv.Hash(ctx, "password")
11.   if err != nil {
12.       t.Errorf("Hash: %s", err)
13.   }
14.   ok, err := srv.Validate(ctx, "password", h)
15.   if err != nil {
16.       t.Errorf("Valid: %s", err)
17.   }
18.   if !ok {
19.       t.Error("expected true from Valid")
20.   }
21.   ok, err = srv.Validate(ctx, "wrong password", h)
22.   if err != nil {
23.       t.Errorf("Valid: %s", err)
24.   }
25.   if ok {
26.       t.Error("expected false from Valid")
27.   }
28. }
```

这里通过 NewService 方法创建了一个新服务，然后使用它来调用 Hash 和 Validate 方法。此外，还测试了一个错误场景，即在输入了错误的密码后，确保 Validate 会返回 false，这对代码安全性很重要。

22.1.2　Go 语言中的构造函数

面向对象语言的构造函数是一种特殊的函数，它创建类的实例，执行任何初始化，并接受必需的参数，例如依赖关系等。通常，这是用这些语言创建对象的唯一方法，但是它通常具有怪异的语法或依赖于命名约定（例如，函数名称与类相同）。

但是，Go 没有构造函数，Go 可以通过普通函数来实现其他面向对象语言的构造函数，所以总体上要简单得多。而且由于函数可以返回参数，因此构造函数将只是返回结构中可用实例的全局函数。Go 语言的简化哲学为语言设计者制定了这类决策。开发人员不必强迫人们学习构造对象的新概念，而只需要学习函数的工作方式，便可以使用它们来实现构造函数。

即使在对象的构造上不做任何特殊的工作（例如初始化字段、验证依赖关系等），有时还是值得添加构造函数的。在本节的案例中，不想通过公开的 vaultService 类型来放大 API，因为公开 Service 接口类型并将其隐藏在构造函数中是实现类似构造函数的一种好方法。

在 vaultService 的结构定义下，添加 NewService 函数：

```
1.  // NewService makes a new Service.
2.  func NewService() Service {
3.    return vaultService{}
4.  }
```

这样操作后，不仅阻止了公开内部信息，而且如果将来确实需要做更多的工作来使用 vaultService，也可以在不更改 API 的情况下做到这一点，这对于 API 设计来说是一个巨大的进步。

22.1.3　使用 bcrypt 进行 Hash 处理并验证密码

在服务中实现的第一个方法是 Hash，该方法用于对密码进行 Hash 处理。然后，将生成的 Hash 值（连同密码）传递到稍后出现的 Validate 方法中，该方法将确认密码是否正确。

服务的重点是确保无须将密码存储在数据库中，因为如果有人能够未经授权访问数据库，则存在安全隐患。取而代之的是，生成可以安全存储的单向 Hash（无法解码），当用户尝试进行身份验证时，可以执行检查以查看密码是否会生成相同的 Hash 值。如果匹配，则密码相同；否则，无法通过验证。

bcrypt 软件包提供了以安全可靠的方式完成此工作的方法。

可以如下向 service.go 里添加 Hash 方法：

```
1.  func (vaultService) Hash(ctx context.Context, password
2.   string) (string, error) {
3.    hash, err :=
4.      bcrypt.GenerateFromPassword([]byte(password),
5.      bcrypt.DefaultCost)
6.    if err != nil {
7.      return "", err
8.    }
9.    return string(hash), nil
10. }
```

首先导入 bcrypt 软件包（golang.org/x/crypto/bcrypt）。本质上，bcrypt 内有 Generate-FromPassword 函数，该函数用于生成 Hash，在没有发生错误的情况下返回输入参数对应的 Hash。

请注意，Hash 方法中的接收方为 vaultService，它不捕获变量，因为无法将状态存储在空结构上。

接下来，添加 Validate 方法：

```
1.  func (vaultService) Validate(ctx context.Context,
2.   password, hash string) (bool, error) {
3.    err := bcrypt.CompareHashAndPassword([]byte(hash),
4.      []byte(password))
5.    if err != nil {
6.      return false, nil
7.    }
8.    return true, nil
9.  }
```

与 Hash 相似，调用 bcrypt.CompareHashAndPassword 以确定（以安全的方式）密码是否正确。如果返回错误，则表示某些地方不对。这里返回 false 表示该密码错误，当密码有效时返回 true。

22.2 使用请求和响应对方法调用进行建模

由于服务将通过各种传输协议公开，因此需要有一种对服务内外的请求和响应进行建模的方法。为此，将为服务接受或返回的每种消息类型添加一个结构。

为了使用户调用 Hash 方法后，会以接受 Hash 密码作为响应，需要在 service.go 中添加以下两个结构：

```
1.  type hashRequest struct {
2.    Password string `json:"password"`
3.  }
4.  type hashResponse struct {
5.    Hash string `json:"hash"`
6.    Err  string `json:"err,omitempty"`
7.  }
```

hashRequest 类型包含了一个字段——密码，hashResponse 具有生成的 Hash 值和 Err 字符串字段。

在继续操作之前，请查看是否可以为 Validate 方法中相同的请求 / 响应对建模。查看 Service 接口中的签名，检查其接受的参数，并考虑它将需要做出什么样的响应。

下面添加一个辅助方法（Go kit 的 http.DecodeRequestFunc 类型），该方法可以将 http.Request 的 JSON 主体解码到 service.go：

```
1.  func decodeHashRequest(ctx context.Context, r
2.   *http.Request) (interface{}, error) {
3.    var req hashRequest
4.    err := json.NewDecoder(r.Body).Decode(&req)
5.    if err != nil {
6.      return nil, err
7.    }
8.    return req, nil
9.  }
```

Go kit 规定了 encodeHashRequest 的签名，因为以后将用其解码 HTTP 请求。在此函数中，仅使用 json.Decoder 将 JSON 解组为 hashRequest 类型。

接下来，为 Validate 方法添加请求、响应结构以及解码帮助器函数：

```
1.  type validateRequest struct {
2.    Password string `json:"password"`
3.    Hash     string `json:"hash"`
4.  }
5.  type validateResponse struct {
6.    Valid bool `json:"valid"`
```

```
7.    Err    string `json:"err,omitempty"`
8.  }
9.  func decodeValidateRequest(ctx context.Context,
10.  r *http.Request) (interface{}, error) {
11.   var req validateRequest
12.   err := json.NewDecoder(r.Body).Decode(&req)
13.   if err != nil {
14.     return nil, err
15.   }
16.   return req, nil
17. }
```

在这里，validateRequest 结构会接受密码和 Hash 字符串，因为签名具有两个输入参数，并且会返回包含有效或错误的布尔数据类型的响应。

需要做的最后一件事是对响应进行编码。在这种情况下，可以编写一个方法来对hashResponse 和 validateResponse 对象进行编码。

将以下代码添加到 service.go 中：

```
1.  func encodeResponse(ctx context.Context,
2.   w http.ResponseWriter, response interface{})
3.  error {
4.    return json.NewEncoder(w).Encode(response)
5.  }
```

encodeResponse 方法只会要求 json.Encoder 完成工作。再次注意，签名是通用的，因为响应类型是 interface {}。

22.2.1　Go kit 中的端点

端点是 Go kit 中的一种特殊功能类型，代表单个 RPC 方法，定义在 endpoint 包中：

```
1.  type Endpoint func(ctx context.Context, request
2.   interface{})
3.  (response interface{}, err error)
```

端点函数接受 context.Context 和 request，并返回响应或错误。请求和响应类型是interface{}，它在构建端点时由实现代码来处理实际类型。

端点之所以强大，是因为它像 http.Handler 和 http.HandlerFunc 一样，可以与通用的中间件包装在一起，以解决构建微服务时出现的众多常见问题，比如日志记录、跟踪、速率限制、错误处理等。

Go kit 解决了各种协议之间的传输问题，并使用端点作为从其代码跳转到代码的通用方法。例如，gRPC 服务器将在端口上侦听，当接收到适当的消息时，它将调用相应的endpoint 函数。Go kit 使得这一切都是透明的，因此只需要使用 Service 接口处理 Go 语言代码即可。

22.2.2 为服务方法设定终点

为了将服务方法转换为 endpoint.Endpoint 函数，需要编写一个函数来处理传入的 hashRequest，调用 Hash 服务方法，根据响应构建并返回适当的 hashResponse 对象。

下面在 service.go 中添加 MakeHashEndpoint 函数：

```
1.  func MakeHashEndpoint(srv Service) endpoint.Endpoint {
2.    return func(ctx context.Context, request interface{})
3.    (interface{}, error) {
4.      req := request.(hashRequest)
5.      v, err := srv.Hash(ctx, req.Password)
6.      if err != nil {
7.        return hashResponse{v, err.Error()}, nil
8.      }
9.      return hashResponse{v, ""}, nil
10.   }
11. }
```

该函数将 Service 作为参数，这意味着可以从 Service 接口的任何实现上生成端点。然后使用类型断言来指定请求参数为 hashRequest 类型。调用 Hash 方法，传入从 hashRequest 获得的上下文和密码。如果一切顺利，将使用从 Hash 方法获得的值构建 hashResponse 并将其返回。

接下来对 Validate 方法做同样的事情：

```
1.  func MakeValidateEndpoint(srv Service) endpoint.Endpoint {
2.    return func(ctx context.Context, request interface{})
3.    (interface{}, error) {
4.      req := request.(validateRequest)
5.      v, err := srv.Validate(ctx, req.Password, req.Hash)
6.      if err != nil {
7.        return validateResponse{false, err.Error()}, nil
8.      }
9.      return validateResponse{v, ""}, nil
10.   }
11. }
```

上述代码与前面的 MakeHashEndpoint 方法实现的功能是相同的，即获取请求并在构建响应之前使用它来调用方法。请注意，绝不应该从 Endpoint 函数返回错误。

22.2.3 不同级别的错误

Go kit 中主要有两种错误类型：传输错误（网络故障、超时、连接断开等）和业务逻辑错误（发出请求和响应的基础结构正确，但是逻辑或数据不正确）。

如果 Hash 方法返回错误，则需要构建 hashResponse，其中包含错误字符串（可通过 Error 方法访问）。这是因为从端点返回的错误旨在指示传输错误，并且可能将 Go kit 配置为由某些中间件重试几次该调用。如果服务方法返回错误，则将其视为业务逻辑错误，并且对于相同的输入将会始终返回相同的错误，因此也不需要重试。这就是要将错误包装到响应中，并将其返回给客户端以便它们可以得到处理的原因。

22.2.4　将端点包装到服务实现中

在 Go kit 中处理端点时，另一个非常有用的技巧是编写 vault.Service 接口的实现，该接口仅会对基础端点进行必要的调用。

下面在 service.go 中添加以下结构：

```
1.  type Endpoints struct {
2.    HashEndpoint     endpoint.Endpoint
3.    ValidateEndpoint endpoint.Endpoint
4.  }
```

为了实现 vault.Service 接口，需要在 Endpoints 结构中添加 Hash 和 Validate 两种方法，这将构建一个请求对象，发出请求，并将结果响应对象解析为要返回的常规参数。

添加以下 Hash 方法：

```
1.  func (e Endpoints) Hash(ctx context.Context, password
2.    string) (string, error) {
3.    req := hashRequest{Password: password}
4.    resp, err := e.HashEndpoint(ctx, req)
5.    if err != nil {
6.      return "", err
7.    }
8.    hashResp := resp.(hashResponse)
9.    if hashResp.Err != "" {
10.     return "", errors.New(hashResp.Err)
11.   }
12.   return hashResp.Hash, nil
13. }
```

用 hashRequest 调用 HashEndpoint，使用 password 参数创建该 Hash 值，然后将常规响应缓存到 hashResponse，并从中返回 Hash 值或错误。

接下来对 Validate 方法执行如下操作：

```
1.  func (e Endpoints) Validate(ctx context.Context, password,
2.    hash string) (bool, error) {
3.    req := validateRequest{Password: password, Hash: hash}
4.    resp, err := e.ValidateEndpoint(ctx, req)
5.    if err != nil {
6.      return false, err
7.    }
8.    validateResp := resp.(validateResponse)
9.    if validateResp.Err != "" {
10.     return false, errors.New(validateResp.Err)
11.   }
12.   return validateResp.Valid, nil
13. }
```

这两种方法能够将已创建的端点视为普通的 Go 方法，这对本章稍后实际使用的服务非常有用。

22.3　使用 Go kit 实现一个 HTTP 服务器

当为端点创建 Hash 和验证的 HTTP 服务器时，Go 工具包的真正价值显而易见。
创建一个名为 server_http.go 的新文件，并添加以下代码：

```
1.  package vault
2.  import (
3.    "net/http"
4.    httptransport "github.com/go-kit/kit/transport/http"
5.    "golang.org/x/net/context"
6.  )
7.  func NewHTTPServer(ctx context.Context, endpoints
8.   Endpoints) http.Handler {
9.    m := http.NewServeMux()
10.   m.Handle("/hash", httptransport.NewServer(
11.     ctx,
12.     endpoints.HashEndpoint,
13.     decodeHashRequest,
14.     encodeResponse,
15.   ))
16.   m.Handle("/validate", httptransport.NewServer(
17.     ctx,
18.     endpoints.ValidateEndpoint,
19.     decodeValidateRequest,
20.     encodeResponse,
21.   ))
22.   return m
23. }
```

需要导入 github.com/go-kit/kit/transport/http 包，因为也导入了 net/http 包，所以为此取一个别名 httptransport。

完成上述操作后，再使用标准库中的 NewServeMux 函数来构建具有简单路由并映射 /hash 和 /validate 路径的 http.Handler 接口。代码第 7 行之所以使用 Endpoints 对象，是因为希望 HTTP 服务器为这些端点提供服务，包括以后将添加的任何中间件。调用 httptransport. NewServer 是获取 Go 工具包的方法，该工具包为每个终结点提供了 HTTP 处理程序。像大多数函数一样，它会传入 context.Context 作为第一个参数，从而形成每个请求的基础上下文，还会传入端点以及先前编写的解码和编码函数，以便服务器知道如何解组和封送 JSON 消息。

22.4　Go kit 中的 gRPC 服务器

使用 Go kit 添加 gPRC 服务器几乎就像添加 JSON/HTTP 服务器一样容易。在代码中（在 pb 文件夹中），可以找到 pb.VaultServer 类型：

```
1.  type VaultServer interface {
2.    Hash(context.Context, *HashRequest)
```

```
3.      (*HashResponse, error)
4.    Validate(context.Context, *ValidateRequest)
5.      (*ValidateResponse, error)
6.  }
```

此类型与 Service 接口非常相似，不同之处只是它采用的是生成的请求和响应类，而不是原始参数。

将以下代码添加到名为 server_grpc.go 的新文件中：

```
1.  package vault
2.  import (
3.    "golang.org/x/net/context"
4.    grpctransport "github.com/go-kit/kit/transport/grpc"
5.  )
6.  type grpcServer struct {
7.    hash      grpctransport.Handler
8.    validate grpctransport.Handler
9.  }
10. func (s *grpcServer) Hash(ctx context.Context,
11.   r *pb.HashRequest) (*pb.HashResponse, error) {
12.   _, resp, err := s.hash.ServeGRPC(ctx, r)
13.   if err != nil {
14.     return nil, err
15.   }
16.   return resp.(*pb.HashResponse), nil
17. }
18. func (s *grpcServer) Validate(ctx context.Context,
19.   r *pb.ValidateRequest) (*pb.ValidateResponse, error) {
20.   _, resp, err := s.validate.ServeGRPC(ctx, r)
21.   if err != nil {
22.     return nil, err
23.   }
24.   return resp.(*pb.ValidateResponse), nil
25. }
```

请注意，这里需要将 github.com/go-kit/kit/transport/grpc 导入为 grpctransport，并导入 pb 软件包。

grpcServer 结构包含了每个服务端点的字段，这次的类型为 grpctransport.Handler。此处实现接口的方法在适当的处理程序上会调用 ServeGRPC 方法。该方法实际上会先解码请求，然后调用适当的终结点函数，获取响应并对其进行编码，进而将其发送回发出请求的客户端来满足请求。

protocol buffer 类型转换

前面已经使用过 pb 包中的 request 和 response 对象，但是请记住，端点使用了先前添加的 service.go 结构，因此，需要为每种类型使用一种方法，以便在自己的类型之间进行转换。

在 server_grpc.go 中，添加以下功能：

```
1.  func EncodeGRPCHashRequest(ctx context.Context,
2.    r interface{}) (interface{}, error) {
3.    req := r.(hashRequest)
4.    return &pb.HashRequest{Password: req.Password}, nil
5.  }
```

此函数是 Go kit 定义的 EncodeRequestFunc 函数，用于将自己的 hashRequest 类型转换为可用于与客户端通信的 protocol buffer 类型。它使用 interface{} 类型，因为它很通用，并且可以存放任意类型，而在具体使用过程中又可以再从任意类型反向转换为确定类型，本例就是将传入的请求强制转换为 hashRequest（自己的类型），然后使用适当的字段构建新的 pb.HashRequest 对象。

下面同时对 Hash 和验证端点的请求和响应进行编码和解码。将以下代码添加到 server_grpc.go：

```
1.  func DecodeGRPCHashRequest(ctx context.Context,
2.   r interface{}) (interface{}, error) {
3.    req := r.(*pb.HashRequest)
4.    return hashRequest{Password: req.Password}, nil
5.  }
6.  func EncodeGRPCHashResponse(ctx context.Context,
7.   r interface{}) (interface{}, error) {
8.    res := r.(hashResponse)
9.    return &pb.HashResponse{Hash: res.Hash, Err: res.Err},
10.     nil
11. }
12. func DecodeGRPCHashResponse(ctx context.Context,
13.  r interface{}) (interface{}, error) {
14.   res := r.(*pb.HashResponse)
15.   return hashResponse{Hash: res.Hash, Err: res.Err}, nil
16. }
17. func EncodeGRPCValidateRequest(ctx context.Context,
18.  r interface{}) (interface{}, error) {
19.   req := r.(validateRequest)
20.   return &pb.ValidateRequest{Password: req.Password,
21.     Hash: req.Hash}, nil
22. }
23. func DecodeGRPCValidateRequest(ctx context.Context,
24.  r interface{}) (interface{}, error) {
25.   req := r.(*pb.ValidateRequest)
26.   return validateRequest{Password: req.Password,
27.     Hash: req.Hash}, nil
28. }
29. func EncodeGRPCValidateResponse(ctx context.Context,
30.  r interface{}) (interface{}, error) {
31.   res := r.(validateResponse)
32.   return &pb.ValidateResponse{Valid: res.Valid}, nil
33. }
34. func DecodeGRPCValidateResponse(ctx context.Context,
35.  r interface{}) (interface{}, error) {
36.   res := r.(*pb.ValidateResponse)
37.   return validateResponse{Valid: res.Valid}, nil
38. }
```

如你所见，为了使工作正常进行，要写很多样板代码。

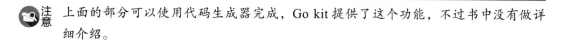

> **注意**　上面的部分可以使用代码生成器完成，Go kit 提供了这个功能，不过书中没有做详细介绍。

为了使 gRPC 服务器正常工作，要做的最后一件事是提供一个助手函数来创建 grpcServer 结构的实例。在 grpcServer 结构下面，添加以下代码：

```
1.  func NewGRPCServer(ctx context.Context, endpoints
2.  Endpoints) pb.VaultServer {
3.    return &grpcServer{
4.      hash: grpctransport.NewServer(
5.        ctx,
6.        endpoints.HashEndpoint,
7.        DecodeGRPCHashRequest,
8.        EncodeGRPCHashResponse,
9.      ),
10.     validate: grpctransport.NewServer(
11.       ctx,
12.       endpoints.ValidateEndpoint,
13.       DecodeGRPCValidateRequest,
14.       EncodeGRPCValidateResponse,
15.     ),
16.   }
17. }
```

像 HTTP 服务器一样，采用上下文以及通过 gRPC 服务器公开的实际 Endpoints 的实现。此处创建并返回一个新的 grpcServer 类型的实例，通过调用 grpctransport.NewServer 为 hash 和 validate 设置处理程序。本例将 endpoint.end-point 函数用于服务，并告诉服务在每种情况下要使用的编码 / 解码函数。

22.5　创建服务器命令

到目前为止，所有的服务代码都在 gokitexample 包中。现在，将使用该包创建一个新工具来公开服务器功能。

在 gokitexample 中创建一个名为 cmd 的新文件夹，并在其中创建一个名为 Vaultd 的文件夹。将命令代码放入 Vaultd 文件夹中，这样一来，即使该代码位于主程序包中，默认情况下该工具的名称仍为 Vaultd。如果仅将命令放在 cmd 文件夹中，则该工具将内置到名为 cmd 的二进制文件中，这会非常令人困惑。

用于构建的工具启动时（带有 d 的后缀，表示它是守护程序或后台任务）将同时启动 gRPC 和 JSON/HTTP 服务器。每个程序都将在各自的 goroutine 中运行，系统将捕获来自服务器的任何终止信号或错误，这将导致程序终止。

在 Go kit 中，main 函数最终是很大的，这是设计使然。下面在 Vaultd 文件夹的新

main.go 文件中逐步构建主要功能，首先从相当大的导入列表开始：

```
1.  import (
2.    "flag"
3.    "fmt"
4.    "log"
5.    "net"
6.    "net/http"
7.    "os"
8.    "os/signal"
9.    "syscall"
10.   "your/path/to/vault"
11.   "your/path/to/vault/pb"
12.   "golang.org/x/net/context"
13.   "google.golang.org/grpc"
14. )
```

在上述代码中，your/path/to 前缀应替换为从 $ GOPATH 到项目所在位置的实际路由。也要注意上下文的导入，从 Go kit 过渡到 Go 1.7，很有可能只需要键入 context 而不是此处列出的 import。最后，来自 Google 的 gRPC 软件包提供了所需要的一切，借助此软件包，开发人员可以通过网络公开 gRPC 功能。

现在，看一下 main 函数。请记住，这一节之后的所有节都位于 main 函数的主体内部：

```
1.  func main() {
2.    var (
3.      httpAddr = flag.String("http", ":8080",
4.        "http listen address")
5.      gRPCAddr = flag.String("grpc", ":8081",
6.        "gRPC listen address")
7.    )
8.    flag.Parse()
9.    ctx := context.Background()
10.   srv := vault.NewService()
11.   errChan := make(chan error)
```

在网络上公开服务时，JSON/HTTP 服务器提供了合理的默认端口：8080，且为 gRPC 服务器提供合理的默认端口：8081。

然后，使用 context.Background() 函数创建一个新的上下文，该函数会返回一个非零、空的上下文，该上下文没有指定取消或截止日期，并且不包含任何值，非常适合所有服务的上下文（context）。请求和中间件可以自由地从该对象创建新的上下文对象，以添加请求范围的数据或截止日期。

接下来，使用 NewService 构造函数创建一个新的 Service 类型，并创建一个零缓存区通道。

现在，将添加捕获终止信号（例如 Ctrl + C）并向 errChan 发送错误的代码：

```
1.  go func() {
2.    c := make(chan os.Signal, 1)
3.    signal.Notify(c, syscall.SIGINT, syscall.SIGTERM)
```

```
4.      errChan <- fmt.Errorf("%s", <-c)
5.    }()
```

在这里，一个新的 goroutine 中 signal.Notify 会监听 SIGINT 或 SIGTERM 信号。发生这种情况时，信号将沿 c 通道发送，这时信号会被格式化为字符串（将调用其 String() 方法），然后被转换为错误，并向下发送 errChan，进而导致程序终止。

22.5.1　使用 Go kit 端点

现在是时候创建一个可以传递到服务器的端点实例了。将以下代码添加到 main 函数内：

```
1.  hashEndpoint := vault.MakeHashEndpoint(srv)
2.  validateEndpoint := vault.MakeValidateEndpoint(srv)
3.  endpoints := vault.Endpoints{
4.    HashEndpoint:     hashEndpoint,
5.    ValidateEndpoint: validateEndpoint,
6.  }
```

实际上，此功能让 endpoints 变量最终成为 srv 服务的包装器。

22.5.2　运行 HTTP 服务器

现在，将 goroutine 添加到主函数体中，用以制作并运行 JSON/HTTP 服务器：

```
1.  // HTTP transport
2.  go func() {
3.    log.Println("http:", *httpAddr)
4.    handler := vault.NewHTTPServer(ctx, endpoints)
5.    errChan <- http.ListenAndServe(*httpAddr, handler)
6.  }()
```

Go kit 中的代码已经完成了所有繁重的工作，在调用标准库的代码之前，只需要调用 NewHTTPServer 函数，传入后台上下文和希望公开的服务端点即可。http.ListenAndServe 会在指定的 httpAddr 中公开处理程序功能。如果发生错误，会将其发送到错误通道。

22.5.3　运行 gRPC 服务器

要运行 gRPC 服务器，还有很多工作要做，但这些工作相对来说比较简单。首先创建一个低级 TCP 网络侦听器，并在此之上为 gRPC 服务器提供服务。将以下代码添加到主要功能主体：

```
1.  go func() {
2.    listener, err := net.Listen("tcp", *gRPCAddr)
3.    if err != nil {
4.      errChan <- err
5.      return
6.    }
7.    log.Println("grpc:", *gRPCAddr)
```

```
8.        handler := vault.NewGRPCServer(ctx, endpoints)
9.        gRPCServer := grpc.NewServer()
10.       pb.RegisterVaultServer(gRPCServer, handler)
11.       errChan <- gRPCServer.Serve(listener)
12.   }()
```

上面的代码首先在指定的 gRPCAddr 端点上创建 TCP 侦听器，将所有错误发送到 errChan 错误通道。本例使用 vault.NewGRPCServer 创建处理程序，且再次传入后台上下文和要公开的 end-points 实例。

然后从 Google 的 gRPC 软件包中创建一个新的 gRPC 服务器，并通过 RegisterVaultServer 函数使用前面生成的 pb 软件包，并对其进行注册。

服务器自行服务时，如果发生错误，会将所有错误抛出到同一错误通道中。

22.5.4　防止 main 函数突然终止

如果到这一步关闭 main 函数，它将立即退出并终止所有服务。这是因为正在做的所有事情都会阻止它出现在自己的 goroutine 中。为防止这种情况的出现，需要一个在最后阻止该功能的方法，实现在一些必须完成的事情结束后再通知主程序结束。

使用 errChan 错误通道进行错误处理是一个理想的选择。开发人员可以设定程序只监听该通道，该通道（在没有发送任何内容的情况下）将阻塞并允许其他 goroutine 进行工作。如果出现问题（或收到终止信号），则执行 <-errChan 调用解除阻塞并退出，并且所有 goroutine 将停止。

在 main 函数的底部，添加 final 语句和关闭块：

```
log.Fatalln(<-errChan)
```

当发生错误时，将其记录下来并以非零代码退出。

22.5.5　通过 HTTP 使用服务

现在已经完成了所有的工作，可以使用 curl 命令或任何可以发出 JSON/HTTP 请求的工具来测试 HTTP 服务器了。

从终端转到 cmd/vaultd 文件夹并启动程序：

```
go run main.go
```

服务器运行后，将看到以下内容：

```
http: :8080
grpc: :8081
```

现在，打开另一个终端并使用 curl 发出以下 HTTP 请求：

```
curl -XPOST -d '{"password":"hernandez"}' http://localhost:8080/hash
```

使用 JSON 主体向 Hash 端点发出 POST 请求，其中包含想要进行 Hash 处理的密码。然后，得到如下内容：

```
{"hash":"$2a$10$IXYT10DuK3Hu. NZQsyNafF1tyxe5QkYZKM5by/5Ren"}
```

给定指定的密码后，结果 Hash 将存储在数据存储中。当用户尝试再次登录时，使用他们输入的密码以及此 Hash 将请求发送到验证端点：

```
curl -XPOST -d '{"password":"hernandez", "hash":"PASTE_YOUR_HASH_HERE"}'
http://localhost:8080/validate
```

通过复制和粘贴正确的 Hash 并输入相同的密码来发出此请求，将看到以下结果：

```
{"valid":true}
```

现在，更改密码（这等效于用户输入错误的密码），将看到以下信息：

```
{"valid":false}
```

可以看到，保管库服务的 JSON / HTTP 微服务公开已完成并且正在运行。

接下来，研究如何使用 gRPC。

22.6　构建一个 gRPC 客户端

与 JSON/HTTP 服务不同，gRPC 服务对于人类而言并不容易交互。它们实际上是作为机器对机器的协议使用的，因此，如果要使用它们，必须编写一个程序。

为了做到这一点，首先要在库服务中添加一个名为 vault/client/grpc 的新程序包。假设从 Google 的 gRPC 包中获得了 gRPC 客户端连接对象，它将提供一个对象，该对象会执行适当的调用、编码和解码，所有这些都隐藏在开发人员实现的 vault.Service 接口后面。因此，使用该对象就像它只是接口的另一种实现一样。

现在，在 Vault 中创建新文件夹，以便拥有 Vault/Client/grpc 的路径。将以下代码添加到新的 client.go 文件中：

```
1.  func New(conn *grpc.ClientConn) vault.Service {
2.    var hashEndpoint = grpctransport.NewClient(
3.      conn, "Vault", "Hash",
4.      vault.EncodeGRPCHashRequest,
5.      vault.DecodeGRPCHashResponse,
6.      pb.HashResponse{},
7.    ).Endpoint()
8.    var validateEndpoint = grpctransport.NewClient(
9.      conn, "Vault", "Validate",
10.     vault.EncodeGRPCValidateRequest,
11.     vault.DecodeGRPCValidateResponse,
12.     pb.ValidateResponse{},
13.   ).Endpoint()
14.   return vault.Endpoints{
15.     HashEndpoint:     hashEndpoint,
16.     ValidateEndpoint: validateEndpoint,
17.   }
18. }
```

在上述代码中，grpctransport 包指的是 github.com/go-kit/kit/transport/grpc，读者应该

对它已经熟悉了。这里将基于指定的连接创建两个新的终结点，这次明确说明了 Vault 服务的名称以及终结点名称为 Hash 和 Validate。先从包中传入适当的编码器和解码器，然后再将空响应对象包装到添加的库中。该结构实现了 vault.Service 接口，该接口只是触发了指定的端点。

22.6.1　使用服务的命令行工具

在本节中，将编写一个命令行工具（或 CLI 命令行界面），该工具使开发人员能够通过 gRPC 协议与服务进行通信。如果要在 Go 程序中编写其他服务，则要使用与编写 CLI 工具相同的方式来使用客户端软件包。

使用空格分隔命令和参数后，工具将能够在命令行上流畅地访问服务，以便对密码进行 Hash 处理：

```
vaultcli hash MyPassword
```

还能够使用以下 Hash 值来验证密码：

```
vaultcli hash MyPassword HASH_GOES_HERE
```

在 cmd 文件夹中，创建一个名为 vaultcli 的新文件夹。添加一个 main.go 文件并插入以下主要功能：

```
1.  func main() {
2.    var (
3.      grpcAddr = flag.String("addr", ":8081",
4.       "gRPC address")
5.    )
6.    flag.Parse()
7.    ctx := context.Background()
8.    conn, err := grpc.Dial(*grpcAddr, grpc.WithInsecure(),
9.    grpc.WithTimeout(1*time.Second))
10.   if err != nil {
11.     log.Fatalln("gRPC dial:", err)
12.   }
13.   defer conn.Close()
14.   vaultService := grpcclient.New(conn)
15.   args := flag.Args()
16.   var cmd string
17.   cmd, args = pop(args)
18.   switch cmd {
19.   case "hash":
20.     var password string
21.     password, args = pop(args)
22.     hash(ctx, vaultService, password)
23.   case "validate":
24.     var password, hash string
25.     password, args = pop(args)
26.     hash, args = pop(args)
27.     validate(ctx, vaultService, password, hash)
28.   default:
29.     log.Fatalln("unknown command", cmd)
```

```
30.    }
31. }
```

确保将 client/grpc 软件包导入为 grpcclient，并将 google.golang.org/grpc 导入为 gRPC。

在与 gRPC 端点建立连接之前，像往常一样解析标志并获取背景上下文。如果一切顺利，将推迟连接的关闭，并使用该连接创建 Service 客户端。请记住，此对象实现了 vault. Service 接口，因此可以像调用普通方法一样调用这些方法，而不必担心通信是通过网络协议进行的。

然后，开始解析命令行参数，以决定采用哪种执行流程。

22.6.2　在 CLI 中解析参数

在命令行工具中解析参数非常普遍，并且在 Go 程序中有一种简洁的惯用方式可以做到这一点。所有参数都可以通过 os.Args 切片获得，或者如果使用的是标志，则可以使用 flags.Args() 方法（该方法将去除带有标志的参数）。从切片中取出每个参数，并按顺序使用它们，这将有助于确定要在程序中采用的执行流。本例将添加一个名为 pop 的辅助函数，该函数将返回第一项，并修剪掉第一项的切片。

下面编写一个快速的单元测试，以确保弹出功能能够如预期工作。请记住，可以通过导航到终端中的相应文件夹并执行以下操作来运行测试：

```
go test
```

在 vaultcli 中创建一个名为 main_test.go 的新文件，并添加以下测试函数：

```
1.  func TestPop(t *testing.T) {
2.    args := []string{"one", "two", "three"}
3.    var s string
4.    s, args = pop(args)
5.    if s != "one" {
6.      t.Errorf("unexpected "%s"", s)
7.    }
8.    s, args = pop(args)
9.    if s != "two" {
10.      t.Errorf("unexpected "%s"", s)
11.    }
12.    s, args = pop(args)
13.    if s != "three" {
14.      t.Errorf("unexpected "%s"", s)
15.    }
16.    s, args = pop(args)
17.    if s != "" {
18.      t.Errorf("unexpected "%s"", s)
19.    }
20.  }
```

希望每次调用 pop 都会产生切片中的下一项，并在切片为空时产生空参数。

在 main.go 的底部添加 pop 函数：

```
1.  func pop(s []string) (string, []string) {
2.    if len(s) == 0 {
3.      return "", s
4.    }
5.    return s[0], s[1:]
6.  }
```

22.7　服务中间件的速率限制

现在，已经构建了完整的服务，相信读者已看到，将中间件添加到端点以扩展服务而不涉及实际实现本身是多么容易。

在实际的服务中，明智的做法是限制处理的请求数，以免该服务过载。如果进程需要的内存超过可用内存，则可能会发生这种情况。如果进程占用过多的 CPU，也可能会导致性能下降。在微服务体系结构中，解决这些问题的策略是添加另一个节点并分散负载，这意味着我们希望每个实例都受到速率限制。

客户端应该添加速率限制，这将防止过多的请求进入网络。如果许多客户端试图同时访问相同的服务，对服务器增加速率限制也是明智的。幸运的是，Go kit 中的端点可同时用于客户端和服务器，因此可以使用相同的代码在两个地方添加中间件。

添加基于令牌桶的速率限制器，可以在 https://en.wikipedia.org/wiki/Token_bucket 上了解更多信息。有人已经编写了一个 Go 实现，可以通过导入 github.com/juju/ratelimit 来使用，Go 工具包为此实现了中间件，这将节省开发人员很多时间和精力。

速率限制的总体思路是，有一个令牌桶，每个请求都需要有一个令牌才能完成工作。如果令牌桶中没有令牌，则表示已达到限制，无法完成请求。

导入 github.com/juju/ratelimit 并在创建 hashEndpoint 之前，插入以下代码：

```
rlbucket := ratelimit.NewBucket(1*time.Second, 5)
```

NewBucket 函数会创建一个新的速率限制令牌桶，该令牌桶将以每秒一个令牌的速率重新填充，最多可添加五个令牌。这是很低效的，但是能够帮助开发人员在开发过程中手动达到极限。

由于 Go kit ratelimit 软件包与 Juju 软件包具有相同的名称，因此需要使用其他名称来导入它，示例如下：

```
import ratelimitkit "github.com/go-kit/kit/ratelimit"
```

22.7.1　Go kit 中的中间件

Go kit 中的端点中间件由端点指定。中间件功能类型如下：

```
type Middleware func(Endpoint) Endpoint
```

中间件只是一个返回 Endpoint 的函数。请记住，Endpoint 也是一个函数：

```
1.  type Endpoint func(ctx context.Context, request
```

```
2.    interface{}) (response interface{}, err error)
```

上面的函数与为 http.HandlerFunc 构建的包装器相同。中间件函数返回一个 Endpoint 函数，该函数在调用被包装的 Endpoint 之前和（或）之后执行某些操作。传递给返回中间件的函数的参数被封闭，这意味着内部代码可以使用它们，而不必将状态存储在其他任何地方。

下面将使用 Go kit 的 ratelimit 包中的 NewTokenBucketLimiter 中间件，通过阅读源代码可以看到它如何使用闭包并返回函数，以将调用传递给令牌桶的 TakeAvailable 方法，然后再将执行传递给 next 端点：

```
1.  func NewTokenBucketLimiter(tb *ratelimit.Bucket)
2.    endpoint.Middleware {
3.    return func(next endpoint.Endpoint) endpoint.Endpoint {
4.      return func(ctx context.Context, request interface{})
5.      (interface{}, error) {
6.        if tb.TakeAvailable(1) == 0 {
7.          return nil, ErrLimited
8.        }
9.        return next(ctx, request)
10.     }
11.   }
12. }
```

Go kit 中出现了一种模式，可以在其中获取端点，然后将所有中间件改编后立即放入自己的块中。返回的函数在被调用时被赋予端点，并且相同的变量会被结果覆盖。

以下代码是一个简单的示例：

```
1.  e := getEndpoint(srv)
2.  {
3.    e = getSomeMiddleware()(e)
4.    e = getLoggingMiddleware(logger)(e)
5.    e = getAnotherMiddleware(something)(e)
6.  }
```

现在，将对端点执行此操作。更新 main 函数中的代码以添加速率限制中间件：

```
1.  hashEndpoint := vault.MakeHashEndpoint(srv)
2.  {
3.    hashEndpoint = ratelimitkit.NewTokenBucketLimiter
4.      (rlbucket)(hashEndpoint)
5.  }
6.  validateEndpoint := vault.MakeValidateEndpoint(srv)
7.  {
8.    validateEndpoint = ratelimitkit.NewTokenBucketLimiter
9.      (rlbucket)(validateEndpoint)
10. }
11. endpoints := vault.Endpoints{
12.   HashEndpoint:     hashEndpoint,
13.   ValidateEndpoint: validateEndpoint,
14. }
```

这里没有太多改变，只是在将 hashEndpoint 和 validateEndpoint 变量分配给 vault.

Endpoints 结构之前对其进行更新。

22.7.2 速率限制

与其返回错误，不如使服务器仅保留部分请求并在可进行节流时执行该请求。对于这种情况，Go kit 提供了 NewTokenBucketThrottler 中间件。

更新中间件代码，使其使用此中间件功能：

```
1.   hashEndpoint := vault.MakeHashEndpoint(srv)
2.   {
3.     hashEndpoint = ratelimitkit.NewTokenBucketThrottler(rlbucket,
4.       time.Sleep)(hashEndpoint)
5.   }
6.   validateEndpoint := vault.MakeValidateEndpoint(srv)
7.   {
8.     validateEndpoint = ratelimitkit.NewTokenBucketThrottler(rlbucket,
9.       time.Sleep)(validateEndpoint)
10.  }
11.  endpoints := vault.Endpoints{
12.    HashEndpoint:     hashEndpoint,
13.    ValidateEndpoint: validateEndpoint,
14.  }
```

NewTokenBucketThrottler 的第一个参数与前面的端点相同，但是现在添加了第二个 time.Sleep 参数。

现在，从早些时候开始重复测试，但是请注意，这次永远不会收到错误提示，而是会将终端挂起一秒钟，直到请求可以满足为止。

22.8　小结

本章演示了一个微服务的真实示例，该示例涵盖了很多内容。虽然在没有自动生成代码的情况下，微服务开发会增加很多手动工作，但是大型团队和大型微服务体系结构的好处是通过管理来保证每个微服务的技术相似性，从而让手动工作有一致性。

学习完本章可以了解 gRPC 和协议缓存区如何提供客户端和服务器之间的高效传输通信。本章使用 proto3 语言定义了服务（包括消息），并使用这些工具生成了 Go 包，该包提供了客户端和服务器代码。

本章探讨了 Go 工具包的基础知识以及如何使用端点来描述我们的服务方法。当使用项目中包含的软件包来构建 HTTP 和 gRPC 服务器时，可让 Go kit 完成繁重的工作。文中还讲解了如何利用中间件功能轻松地使端点适应速率限制服务器必须处理的流量。

最后，本章介绍了 Go 语言中的构造函数，这是解析传入的命令行参数的巧妙技巧，使用 bcrypt 包进行 Hash 处理和验证是一种明智的方法，可避免完全存储密码。

实现微服务还有很多事情要做，建议到 Go kit 网站 https://gokit.io 学习或通过 gophers.slack.com 的 # go-kit 频道加入对话，了解更多。

Go 语言中的关键字

break	default	func	interface	select
case	defer	go	map	struct
chan	else	goto	package	switch
const	fallthrough	if	range	type
continue	for	import	return	var

推荐阅读

推荐阅读

JavaScript编程精解（原书第3版）

作者：Marijn Haverbeke ISBN：978-7-111-64836-9 定价：99.00元

世界级JavaScript程序员力作，JavaScript之父Brendan Eich高度评价并强力推荐

本书从JavaScript的基本语言特性入手，提纲挈领地介绍JavaScript的主要功能和特色，包括基本结构、函数、数据结构、高阶函数、错误处理、正则表达式、模块、异步编程、浏览器文档对象模型、事件处理、绘图、HTTP表单、Node等，可以帮助你循序渐进地掌握基本的编程概念、技术和思想。而且书中提供5个项目实战章节，涉及路径查找、自制编程语言、平台交互游戏、绘图工具和动态网站，可以帮助你快速上手实际的项目。此外，本书还介绍了JavaScript性能优化的方法论、思路和工具，以帮助我们开发高效的程序。

本书与时俱进，这一版包含了JavaScript语言ES6规范的新功能，如绑定、常量、类、promise等。通过本书的学习，你将了解JavaScript语言的新发展，编写出更强大的代码。

推荐阅读

R语言经典实例（原书第2版）

作者：JD Long，Paul Teetor ISBN：978-7-111-65681-4 定价：139.00元

基于R语言的金融分析

作者：Mark J. Bennett, Dirk L. Hugen ISBN：978-7-111-65821-4 定价：119.00元

金融数据分析导论：基于R语言

作者：Ruey S.Tsay ISBN：978-7-111-43506-8 定价：69.00元

机器学习与R语言（原书第2版）

作者：Brett Lantz ISBN：978-7-111-55328-1 定价：69.00元